U0338205

从网格计算到云计算

"粤教云"工程起源与发展

许 骏 柳泉波 著

本书出版得到广东省重大科技专项和应用型科技研发重大项目
（2017B030306020，2015B010131013）资助

科学出版社

北 京

内 容 简 介

本书介绍作者及其领导的团队在计算机网络与分布式系统领域所做的工作,揭示网格计算、对等网络、自组织网络、云计算和云原生计算等近 20 年来陆续涌现的新技术背后的本质问题。全书共 4 章,绪论介绍分布式系统研究视角、主要科学问题与前沿课题,讨论互联网技术架构从服务化到云原生的演进发展过程;第 1 章介绍网格计算的起因、发展脉络以及协同服务网格、P2P 网格和数字教育服务网格;第 2 章介绍云计算和"粤教云"工程的起源与发展,讨论教育云整体解决方案及其关键技术;第 3 章重新审视云应用管理及大型分布式系统面临的挑战,介绍云原生计算的背景及技术特征,讨论云原生应用引擎的体系结构、关键技术及其在"粤教云"工程中的应用。"粤教云"工程的相关成果对工业互联网平台及其他行业云建设具有示范引领作用。

本书可供计算机网络与分布式系统等相关领域的科技人员参考,也适合高等学校计算机科学与技术相关专业研究生阅读,对从事行业信息化顶层规划与技术架构决策的管理人员也有参考价值。

图书在版编目(CIP)数据

从网格计算到云计算:"粤教云"工程起源与发展/许骏,柳泉波著. —北京:科学出版社,2019.10
　　ISBN 978-7-03-060329-6

Ⅰ.①从… Ⅱ.①许… ②柳… Ⅲ. ①云计算-研究 Ⅳ.①TP393.027

中国版本图书馆 CIP 数据核字(2018)第 298817 号

责任编辑:孙露露 都 岚 / 责任校对:赵丽杰
责任印制:吕春珉 / 封面设计:武守友

科 学 出 版 社 出版
北京东黄城根北街 16 号
邮政编码:100717
http://www.sciencep.com

北京中科印刷有限公司 印刷

科学出版社发行 各地新华书店经销

*

2019 年 10 月第 一 版 开本:B5(720×1000)
2019 年 10 月第一次印刷 印张:14 彩插:1
字数:269 000

定价:113.00 元
(如有印装质量问题,我社负责调换〈中科〉)
销售部电话 010-62136230 编辑部电话 010-62135763-2010

许 骏

博士，教授，博士生导师，享受国务院特殊津贴专家，曾获全国优秀教师奖章和广东省杰出教师奖。长期从事计算机、通信与自动控制技术研究，主要研究领域为计算机网络与分布式系统、计算机控制系统与机器人技术。拥有在高校领导国家重点学科建设和在高新技术企业(集团)担任总工程师的跨界工作经历。现任华南师范大学二级教授、广东高校计算机网络与信息系统工程技术研究中心主任，广州市电子行业协会副会长，中国人工智能学会智能信息网络专业委员会副主任。近年来带领团队主要从事云计算、大数据和人工智能技术研究，主持国家自然科学基金、广东省重大科技专项和应用型科技研发重大项目，作为专家组组长兼首席专家，牵头负责广东省"粤教云"工程，在云计算关键技术及新一代通用云操作系统与行业云整体解决方案研究方面取得重要进展。合著出版《面向服务的网格计算——新型分布式计算体系与中间件》等学术专著6部，主编出版《计算机系统原理与应用》等高校教材6部。

柳泉波

博士，现任广东高校计算机网络与信息系统工程技术研究中心副主任、广东省教育云服务工程技术研究中心副主任。分别于 1997 年和 2000 年毕业于北京师范大学计算机应用技术专业（本科）和电子与信息系统专业（研究生），获工学硕士学位，2003 年在北京师范大学信息科学学院获理学博士学位。2005 年起在华南师范大学工作，长期从事计算机、通信与人工智能技术研究，主要研究领域为计算机网络与分布式系统、人工智能与计算机教育。主持国家自然科学基金、广东省重大科技专项和应用型科技研发重大项目等，带领团队在国内较早从事容器云及云原生计算研究，突破云应用引擎共性关键技术，牵头负责广东省"粤教云"工程总体架构设计及技术标准研制，研发新一代通用云操作系统并提供行业云整体解决方案，相关成果已转化为云计算技术标准和国家发明专利。合著出版《面向服务的网格计算——新型分布式计算体系与中间件》等学术专著 4 部。

前　言

　　本书的写作和出版对我们来说具有非同寻常的意义。

　　2018 年是我们团队从事云计算研究 10 周年。当初选择云计算研究，并非赶时髦、追热点，而是顺势而为，因为我们团队此前主要从事计算机网络与分布式系统研究，从网格计算到对等网络再到自组织网络，一直处于技术发展前沿，有比较扎实的工作基础和研究积累。2003～2005 年，在清华大学计算机科学与技术系，我们带领团队承担了国家自然科学基金重大研究计划重点项目，在网格计算与协同服务研究方面取得重大进展，出版了专著《网格计算与 e-Learning Grid——体系结构·关键技术·示范应用》和《协作社群形成与演化机制——理论与算法》。科研创新不止于专著论文，应用示范工程——国家远程学习评价网格 LAGrid 在全球最大的现代远程教育系统——中央广播电视大学（现称国家开放大学）应用，创造了显著的社会效益和经济效益。2004 年 12 月，"数字教育网格支撑环境及关键技术与远程学习评价网格 LAGrid"在清华大学通过教育部主持的科技成果鉴定，总体达到国际先进水平，2005 年 4 月 1 日的《中国教育报》第 1 版以"我国网格技术教育应用取得重大进展"为题报道了该成果。2005 年秋，我们来到华南师范大学工作，当年获批国家自然科学基金项目"对等科研协作网络研究"，随后又承担了广东省科技计划项目"教育服务网格关键技术与示范工程"和"移动自组织网络体系结构与先进路由技术研究"等，提出融合网格计算、对等计算和自组织网络优势的新型网格体系结构，出版了学术专著《面向服务的网格计算——新型分布式计算体系与中间件》，清华大学的研究工作在华南师范大学得到延续和发展。2009 年，我们牵头组建广东高校计算机网络与信息系统工程技术研究中心，获广东省教育厅立项建设。该中心聚焦云计算关键技术、云服务应用创新和行业云研究。近年来，我们带领团队承担了国家自然科学基金、广东省重大科技专项和应用型科技研发重大项目等，在国内较早从事容器云及云原生计算研究，突破跨数据中心大规模集群管理等云应用引擎关键技术，研发新一代通用云操作系统，提供行业云整体解决方案，相关成果已转化为云计算技术标准和国家发明专利，并在"粤教云"工程中实际应用。2018 年 8 月，"云计算关键技术及新型云应用引擎与'粤教云'工程"在广州通过中国人工智能学会主持的科技成果鉴定，总体达到国际先进、国内领先水平。这是专家对我们团队研究工作的肯定和鼓励，更是专家对我们的勉励与期待。

从网格计算到云计算,是我们团队近 15 年从事计算机网络与分布式系统的研究历程,本书总结我们团队所做的工作,解读互联网技术构架从服务化到云原生的演变发展过程,揭示网格计算、对等网络、自组织网络、云计算和云原生计算等十多年来陆续涌现的新技术背后的本质问题,"从网格计算到云计算"作为本书的名字最为贴切;加上"'粤教云'工程起源与发展"这个副标题,是因为我们团队亲历和见证了"粤教云"工程 8 年不寻常的发展之路。

迈出第一步,共看云起时。2010 年,《国务院关于加快培育和发展战略性新兴产业的决定》提出促进云计算的研发和示范应用。当时,国内云计算产业缺乏具有实际价值的重大应用,"空中楼阁"现象非常突出,应用落地已成为当务之急。以行业云为突破口是实现云计算重大应用落地的最佳路径,《中国云科技发展"十二五"专项规划》把公共云服务和行业云服务作为重点。从 2008 年年初开始,我们团队一直在论证云计算重大科研项目,需要一个示范工程。国家远程学习评价网格 LAGrid 是我们团队此前完成的成果,随着研究重点从网格计算转向云计算,我们很自然地想到将教育网格推向教育云。2011 年,教育部发布《教育信息化十年发展规划(2011—2020 年)》,提出建立国家教育云服务模式。临大势应顺而有为。2011 年下半年,利用参加《广东省教育信息化发展"十二五"规划》编制工作的机会,我们向广东省教育厅提出实施"粤教云"计划的建议。2012 年 8 月,我们牵头的项目"云计算若干关键技术及产业化与'粤教云'工程"获广东省重大科技专项支持,《广东省教育信息化发展"十二五"规划》也正式发布,"粤教云"列为五大行动计划之一,广东省人民政府《关于加快推进我省云计算发展的意见》将"粤教云"列为七大重点行业云之一。至此,"粤教云"工程完成了论证立项,正式启动实施。2013 年 3 月,广东省教育厅成立"粤教云"工程领导小组和专家组,时任厅长罗伟其任领导小组组长,许骏担任专家组组长,随后又被广东省教育厅聘为"粤教云"工程首席专家。2013 年 12 月,广东省科技厅批准由我们牵头组建广东省教育云服务工程技术研究中心,作为"粤教云"工程协同创新平台,负责"粤教云"工程总体设计、技术标准和实施方案研究,为广东省教育厅提供决策咨询。

聚焦"总抓手",更上一层楼。"粤教云"工程早期主要在基础设施(IaaS)和云应用(SaaS)两个层面发力,总体处于云计算 1.0——虚拟化阶段,存在 IT 基础设施利用率低、不能形成云应用服务生态等突出问题。这并非"粤教云"独有的问题,同一时期各地建设的各类行业云都存在类似问题,因为云计算发展一直呈现"两头大、中间小"的态势,即 IaaS 和 SaaS 发展迅猛,PaaS 研发及应用一直徘徊不前。以容器和容器云为标志,云计算发展进入云原生计算时代,为构建通用PaaS 提供了新机遇。《广东省云计算发展规划(2014—2020 年)》将"粤教云"工程列入社会服务领域重点项目,《广东省"互联网＋"行动计划(2015—2020 年)》

提出加快"粤教云"平台建设。2015 年初，我们受广东省教育厅委托，负责"十三五"粤教云工程（又称为"粤教云"2.0）总体规划与顶层设计，目标是从根本上解决"十二五"粤教云工程（又称为"粤教云"1.0）存在的突出问题，超前考虑"十三五"面临的新挑战：①基础设施多种建设模式并存，多云融合将成为常态，跨数据中心大规模集群管理成为当务之急；②云应用的类型和数量日益增多，微服务架构和无服务器架构等新型云应用崛起，大数据和分布式机器学习等应用领域不断拓展，支持多应用混合部署、建设开放服务生态势在必行。"粤教云"2.0 总体架构引入云应用引擎，它本质上是一个通用 PaaS，向下自动管理跨地域的混合基础设施，按需动态调整基础设施的组成，避免资源闲置和浪费；支持不同应用的混合部署，极大地提高了资源利用率。云应用引擎向上自动管理应用生命周期，支持云应用的自动化部署和运维，标志着云计算进入自动化阶段。我们团队在容器云及云原生计算领域取得的创新性成果，为"粤教云"2.0 奠定了坚实的技术基础。2015 年 10 月 29 日，在《广东省教育发展"十三五"规划（2016—2020年）》编制座谈会上，我们建议"十三五"期间继续推进"粤教云"工程建设，完善"粤教云"公共服务体系。2016 年 8 月 4 日，广东省教育厅赵康巡视员主持召开"粤教云"工程专题研讨会，我们汇报了"粤教云"2.0 总体设计、系统架构、技术标准及建设方案，会上明确了"十三五"期间"粤教云"工程的目标与任务，定位为广东省教育信息化总抓手。2017 年 1 月，《广东省教育发展"十三五"规划（2016—2020 年）》正式发布，提出以"粤教云"为总抓手，积极发展"互联网＋教育"。当前，工业互联网已成为推动互联网、大数据、人工智能和实体经济深度融合的关键抓手，PaaS 是工业互联网平台发展的聚焦点和突破口，"粤教云"工程的成功实践，对工业互联网平台及其他行业云建设具有示范引领作用。

　　能有机会谋划并组织实施"粤教云"工程，我们深感荣幸，也倍感责任重大。"粤教云"工程从论证、立项、研发到示范应用，让我们有一种如履薄冰、如临深渊的感觉，毕竟这不是一件容易的事情。正是"粤教云"工程重大应用需求，倒逼我们在云计算关键技术及行业云解决方案研究上不懈努力，从"粤教云"工程发现和凝练科学问题，成果回归实际应用，实现关键技术创新性突破，科研成果从实验室迅速走向示范工程，这是我们在云计算研究方面的特色和优势。工程技术强调团队合作和集体攻关，合作不仅是一种态度，更是一种能力。"粤教云"工程是一项大工程，需要多家单位共同合作完成。由我们牵头，联合广东省教育技术中心等 8 家单位共同承担广东省重大科技专项计划项目"云计算若干关键技术及产业化与'粤教云'工程"，拉开了大联合、大协作的序幕。随着项目的不断推进，更多单位加入"粤教云"工程建设，示范应用规模也在不断扩大，充分体现了大团队同心筑梦的力量和开拓创新的勇气。"粤教云"工程是坚持政府统筹引导、鼓励多方参与、产学研用协同创新的成果，是项目各参与单位大团结、大协作的产物。在此，感谢广东省教育厅原厅长罗伟其、巡视员赵康、副厅长朱超华、副厅长王创以及"粤教云"工程领导小组各位领导的关心与支持！感谢广东省教育技术中心原主任彭红光、主任唐连章和副主任李昶、云永先、许力的支持与配合！感谢中国工程院院士倪光南研究员、中国科学院院士张景中教授以及"粤教云"工程专家组各位专家的鼓励与指导！感谢所有以不同方式为"粤教云"工程做出贡献的同志和朋友们！

2018年是我国改革开放40周年。改革开放的好政策为我们提供了干一番事业的舞台和机会，躬逢其盛，是一种幸运。我们选择计算机这个行业，把自己的兴趣爱好变成职业，也是一种幸运。在我们看来，科研是工作，更是一种爱好，快乐做人，开心做事，一路走来，水到渠成。我们特别感谢各级领导的关心与支持、各位专家的鼓励与指导以及同事们的合作与帮助！

感谢清华大学史美林教授将我们带入计算机网络与分布式系统研究前沿领域。从网格计算到云计算研究经历了清华大学和华南师范大学两个研发时期，感谢我们团队的同事向勇、李玉顺、王桂玲、王冬青、任光杰、韩后，他们为项目研究做出了重要贡献，本书凝聚了他们的真知灼见，部分内容引用了团队共同承担的相关项目研究报告。感谢不同时期由项目各参与单位组成的大团队的各位同事和朋友们！正是他们的支持、帮助与配合，项目研究才得以顺利实施，由于篇幅所限，这里无法一一列举他们的名字。真实的感谢永远只存于内心，我们永远铭记大家的支持与帮助，我们一起走过的日子将成为美好的回忆。项目研究成果固然重要，但团队成员之间的友谊更加珍贵，一项成果领先不了多长时间，但友谊地久天长。

早在2001年，我们合著的第一部专著《IT技能测评自动化——理论·技术·应用》在科学出版社出版，随后在2003~2008年，我们在科学出版社出版了《面向服务的网格计算——新型分布式计算体系与中间件》等3部专著。时隔10年，承蒙科学出版社的厚爱，本书又在科学出版社出版，这也是一种缘分。

本书写作过程中参阅了大量国内外文献资料，我们尽可能详细地注明了这些文献的出处，以方便读者查阅。在此，对这些文献的作者表示感谢！

由于我们的学识与能力有限，对一些新概念和新技术的理解可能不尽准确，在某些问题上只能说是一孔之见，不妥和错误之处在所难免，诚恳期待各位专家和读者朋友不吝赐教，我们深为感激。

许骏　柳泉波

2018年12月

目　录

绪　　论

按照"解读技术演进与发展轨迹，介绍前沿问题与关键技术研究最新进展，展示重大示范应用工程成果"的写作思路，作者试图勾画计算机网络与分布式系统研究领域的发展脉络与趋势，揭示网格计算、面向服务体系架构、对等网络、自组织网络、云计算和云原生计算等关键技术背后的本质问题，系统总结作者及其领导的团队所做的相关研究工作和取得的成果。

0.1　研究视角

通常从基础设施（infrastructure）、平台（platform）和应用（application）三个层面考察计算机网络与分布式系统研究，即 IPA 研究视角，如图 0-1 所示。其中，平台层类似于单机系统的操作系统，其核心功能是资源管理和应用管理。具体来说，平台层向下管理分布式基础设施资源的生命周期，实现资源共享，提高资源利用率；向上管理分布式应用的生命周期，支持不同应用协同工作，构建开放融合的应用生态。为了降低应用开发和运维的难度，平台层还提供托管的各类共性服务，包括领域无关和领域相关两大类。衡量一项分布式系统研究的价值，主要看它在 IPA 三层所做的工作及其创新水平。

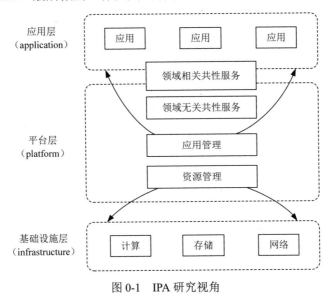

图 0-1　IPA 研究视角

0.2　科学问题与前沿研究课题

　　分布式系统的组成节点通常是市场上通用的软硬件产品，存在一定的失效概率，各个节点的时钟并不同步；连接节点的计算机网络有可能因为连通性、延迟和带宽限制而出现数据或报文包乱序、重复和丢失等情况，严重时整个分布式系统分裂成多个互不相通的网络分区。因此，分布式系统研究的主要科学问题是如何屏蔽计算节点、存储节点和网络通信的不可靠性，最大程度地保证分布式应用的高可用和一致性。对于异构、广域分布和动态变化的大规模分布式系统，问题变得尤其复杂。

　　聚焦分布式系统研究的主要科学问题，作者及其领导的团队大约每 5 年确定一项研究主题——从早期网格计算到云计算，再到现在的云原生计算和智能云计算，始终处于技术发展前沿，如图 0-2 所示。这些研究主题之间相互衔接，相关研究连续获得国家和广东省重大、重点科技计划项目支持。研究工作持续深入且系统完整，始终贯穿分布式系统研究的目标——高效可靠的分布式资源管理和分布式应用管理。不同的研究主题，像云计算、云原生计算和智能云计算，并非彼此取代的关系，而是技术的持续创新、发展和提高，推动整体技术解决方案进入更加通用和智能的新阶段。

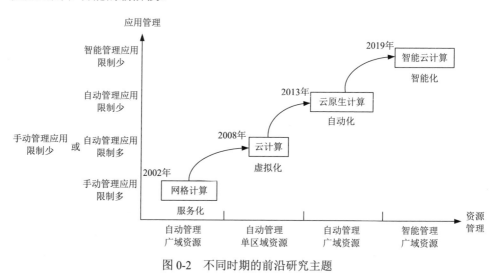

图 0-2　不同时期的前沿研究主题

　　网格计算（grid computing）主要研究在分布、异构、自治的网络资源环境动态建构虚拟组织，实现跨组织计算资源、数据资源和服务资源的有效聚合与按需共享，支持大规模计算、数据密集处理和群组协同工作为特征的应用。2002～2005年，作者带领团队承担国家自然科学基金重大研究计划重点项目"网格计算环境下的协同工作理论与关键技术研究",解决了网格计算与协同服务若干理论与技术问题,提出三维协作感知模型、动态数据聚合模型及其算法,建构了相似关系可计算判定和度量的理论与算法,出版了学术专著《网格计算与 e-Learning Grid——体系结构·关键技术·示范应用》和《协作社群形成与演化机制——理论与算法》。2005~2008 年,作者带领团队承担国家自然科学基金项目"对等科研协作网络研究"和广东省科技计划项目"教育服务网格关键技术与示范工程"和"移动自组织网络体系结构与先进路由技术研究",提出融合网格计算、对等计算和自组织网络优势的新型网格体系结构,出版了学术专著《面向服务的网格计算——新型分布式计算体系与中间件》。

随着计算机网络和分布式系统应用的深入和技术的进步,网格计算的不足日益凸显。网格计算管理的基础设施资源分别属于不同的管理域,部署专有的网格操作系统,主要运行专门的科学计算应用,应用类型有限。基础设施层、平台层和应用层之间紧密耦合,由系统管理员和开发人员手动管理应用。云计算管理位于单一区域数据中心的普通服务器,将云主机集群聚合成为按需使用的动态资源池,支持用户透明访问,部署通用操作系统,运行通用应用。因此,云计算得到持续高速的发展,而网格计算研究热潮已经逐渐消退。凭借在计算机网络与分布式计算领域的扎实工作基础与研究积累,作者带领团队从 2008 年开始布局云计算研究,2009 年牵头组建广东高校计算机网络与信息系统工程技术研究中心,聚焦云计算关键技术攻关、云服务创新应用和重点行业云建设,中心建设获得广东省教育厅立项支持。2012 年获批广东省重大科技专项"云计算若干关键技术及产业化与'粤教云'工程"项目。"粤教云"是广东省人民政府《关于加快推进我省云计算发展的意见》(粤府办〔2012〕84 号)确定的七大重点行业云之一。2013 年,广东省科技厅批准由作者牵头组建广东省教育云服务工程技术研究中心,作为"粤教云"工程协同创新平台,受广东省教育厅委托,作者团队负责"粤教云"工程总体设计、技术标准和实施方案研究。

云计算明确了基础设施即服务(Infrastructure as a Service,IaaS)、平台即服务(Platform as a Service,PaaS)和软件即服务(Software as a Service,SaaS)三种服务模式,但其发展一直呈现"两头大、中间小"的态势,即 IaaS 和 SaaS 发展迅猛,PaaS 研发及应用一直徘徊不前,主要原因是早期的 PaaS 缺乏通用性,仅支持专有的编程框架、运行时、应用软件包格式和部署方式,支持的云应用类型有限。

随着云计算技术的发展和应用的普及,多云混合的云基础设施已经成为常态,微服务架构和无服务器架构等新型云应用崛起,大数据和分布式机器学习等应用领域不断拓展,对通用 PaaS 的需求日益迫切。以容器和容器云为标志,云计算发展进入云原生计算时代,构建通用 PaaS 的技术瓶颈不复存在。广义云原生计算包含可编程基础设施、云原生应用引擎和云原生应用,其中云原生应用引擎向上自动管理一般分布式应用的生命周期，向下自动管理多云混合的云主机集群，支持多应用混合部署和开放融合服务生态建设。从 2013 年开始，作者带领团队开展容器云研究，"容器云关键技术及产品研发与示范应用"项目获广东省重大科技专项支持，突破跨数据中心大规模集群管理、共享状态乐观调度算法等云应用引擎关键技术，提供行业云通用整体解决方案、容器编排等云计算技术标准填补国内空白，正在转化为地方工业标准和行业技术标准。相关成果首先在"十三五"粤教云工程建设中实际应用，承担了广东省应用型科技研发重大项目"面向'粤教云'教育资源大数据云服务平台建设及规模化应用"。

以云原生计算为基础，智能云计算初见端倪。智能云计算是由人工智能（artificial intelligence，AI）、大数据（big data）和云原生计算（cloud native computing）驱动，涵盖基础设施、平台和应用三个层面的新型云计算，即以云原生计算为基础，从基础设施层、平台层和应用层获取数据，集成分布式存储、大数据、人工智能和机器学习等共性服务，形成一个完整的智能流水线，如图 0-3 所示，实现基础设施、平台和应用三个层面的描述、检测、预测和优化，无论是资源管理还是应用管理，能够从积累的运行数据中学习，动态、自适应地调整系统运行参数和规则，提高系统智能化程度。

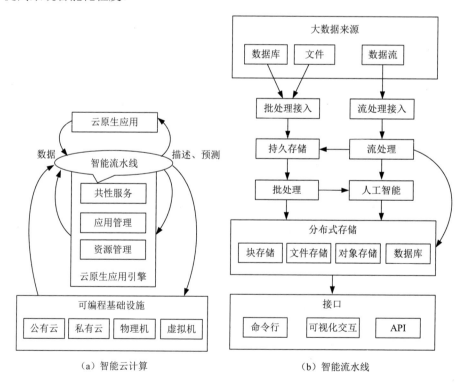

（a）智能云计算　　　　　　　　　　（b）智能流水线

图 0-3　智能云计算与智能流水线

　　纵观不同时期计算机网络与分布式系统研究领域的若干前沿研究主题，可以看出：突破通用、智能化平台共性关键技术是重中之重。通用、智能化平台解除了分布式基础设施和分布式应用之间的耦合，系统管理员和软件开发人员各司其职，互不干扰；自动化（进而智能化）管理广域分布、异构、大规模和动态基础设施资源，减少人为错误，提高资源利用率；自动化（进而智能化）管理分布式应用生命周期，提供托管的共性服务，降低应用开发和运维难度，开发者专注于业务创新。将通用、智能化平台细分为内核、领域无关共性服务和领域相关共性服务，大大拓展了平台的行业应用领域，从根本上解决了各行各业构建分布式系统的大问题。对于每一个行业，充分利用云原生计算和智能云计算的技术优势，保持平台内核和领域无关共性服务不变，只需开发领域相关的共性服务和典型行业应用。从这个意义上讲，通用、智能化平台是真正的大平台，或者说是"平台的平台"，即以此为基础，构建面向不同行业的大规模分布式计算平台。

　　通用、智能化大平台体现了最先进的分布式计算技术，有利于打造精准有效监督、市场决定资源配置的开放服务生态系统。平台细粒度监控资源和应用的使用情况，实现精准有效监督和精细化管理，同时部署满足准入条件的多个同类资源或应用服务，经过实际竞争达到"优胜劣汰"，用户从市场上按需购买或停用资源和应用服务将成为常态。确立"以开发者为中心，聚焦应用生态建设"的理念，以平台为核心构建开发者社区，解决了谁是应用服务提供者这一根本问题，因为最终用户需求的满足和基础设施的价值体现，完全取决于开发者设计和实现的应用服务的质量，应当鼓励有能力的软件开发企业开放应用的关键数据和能力，成为领域相关共性服务提供商。因此，通过标准研制和技术突破，部署面向开发者用户的云应用引擎，就成为行业信息化建设的关键。

0.3　分布式系统的"大"问题与应用示范工程

　　分布式系统的"大"问题表现为大工程和大平台，研究工作挑战大、技术难度高，一旦取得创新性突破，成果应用价值巨大。作者带领团队面向国家或行业重大应用需求，聚焦计算机网络与分布式系统前沿问题与关键技术研究，致力于从根本上解决分布式系统研究普遍存在的"大"问题，以重大工程为依托，积极推进服务创新与行业应用，无论是面向全球最大的现代远程教育系统——中央广播电视大学的数字教育服务网格示范工程，还是《广东省云计算发展规划（2014—2020年）》（粤府办〔2014〕17号）社会服务领域重点项目"粤教云"工程，都属于大工程和大平台，社会经济效益显著。首先，基础设施资源和用户分布广、规模大。中央广播电视大学分校遍布全国，广东省各级各类学校及教育管理机构也分布在全省各地。与之相对应，基础设施资源多种多样，分布在全国或全省各地，中央广播电视大学和广东省中小学在校师生分别超过 300 万和 1600 万。其次，应用种类多，应用集成是刚需。既有传统三层架构 Web 应用，也有微服务架构和无服务器架构等新型应用，应用技术栈类型多种多样，对大数据分析和分布式机器学习框架等共性服务需求日益强烈。每个应用不是隔离的孤岛，数据互通和功能集成是构建开放融合应用生态的前提。最后，无论是管理的基础设施还是分布式应用，它们都随着时间而动态变化，这就要求解除基础设施和应用之间的紧密耦合，由系统自动管理基础设施和应用生命周期。

（1）数字教育服务网格示范工程

将网格计算应用于远程开放教育，研发数字教育服务网格示范工程——学习评价网格 LAGrid，在全球最大的现代远程教育系统——中央广播电视大学应用，总体达到国际先进水平。2005 年 4 月 1 日的《中国教育报》第 1 版以"我国网格技术教育应用取得重大进展"为题报道了该成果。表 0-1 给出了数字教育服务网格示范工程总体架构各层的主要工作。

表 0-1　数字教育服务网格示范工程总体架构各层的主要工作

总体架构各层	主要工作
应用	学习评价
领域相关共性服务	学习资源按需共享
领域无关共性服务	协同服务框架，包括协作感知、协作上下文和网格工作流等；消息中间件；动态数据聚合；协同工作环境
应用管理	应用手动部署和运维
资源管理	融合网格计算、对等计算和自组织网络的资源发现与调度
基础设施	分布在中央广播电视大学系统全国各地分校

（2）"粤教云"工程

"粤教云"工程建设经历了"十二五"和"十三五"两个发展阶段，其中，"十二五"粤教云工程主要在基础设施（IaaS）和云应用（SaaS）两个层面发力，总体架构各层的主要工作如表 0-2 所示，总体技术水平处于云计算 1.0——虚拟化阶段，存在 IT 基础设施利用率低、不能形成以平台为核心的应用生态和开发者生态等突出问题。

表 0-2　"十二五"粤教云工程总体架构各层的主要工作

总体架构各层	主要工作
应用	教育资源管理、学习管理、教育管理
领域相关共性服务	教育用户统一认证与鉴权
领域无关共性服务	存储服务、流媒体服务和分布式工作流

续表

总体架构各层	主要工作
应用管理	应用手动部署和运维
资源管理	分散管理数据中心，人工提供云主机等资源
基础设施	广东省教育数据中心和部分地市数据中心

"十三五"粤教云工程从根本上解决了"十二五"粤教云工程存在的突出问题，超前考虑了"十三五"面临的新挑战：①多云混合将成为常态，跨数据中心大规模集群管理问题亟待突破；②支持多应用混合部署及开放融合服务生态建设势在必行。"粤教云"2.0 总体架构引入云应用引擎，它本质上是一个通用 PaaS。云应用引擎向下自动管理跨地域的混合基础设施，既可以自建，也可以租用公有云基础设施，充分发挥市场在资源配置中的决定性作用，随时按需动态调整基础设施的组成，避免资源闲置和浪费。云应用引擎创新应用容器和容器云等先进云计算技术，支持不同应用的混合部署，极大地提高了资源利用率。云应用引擎向上自动管理应用生命周期，支持频繁、快速的应用部署。云应用能够迅速投入使用，接受用户的实际检验，根据用户反馈调整更新或者淘汰停用。云应用的运行监控、横向扩展、升级等维护管理功能，完全由云应用引擎自动完成，开发者的主要精力放到业务创新上，标志着云计算进入自动化阶段。作者带领团队在容器云及云原生计算领域取得的创新性成果，突破了通用 PaaS 的技术瓶颈，为"粤教云"2.0 奠定了坚实的技术基础。"粤教云"2.0 总体架构各层的主要工作如表 0-3 所示。

表 0-3 "粤教云"2.0 总体架构各层的主要工作

总体架构各层	主要工作
应用	广东省教育资源公共服务平台（二期）、教育大数据、网络学习空间人人通应用、教育测评
领域相关共性服务	教育数据互通和功能集成的开放 API 服务
领域无关共性服务	持续集成/持续部署、服务编排、托管后端服务（消息队列、数据库、大数据分析、分布式机器学习等）
应用管理	自动管理云应用生命周期
资源管理	统一管理跨数据中心云主机集群
基础设施	广东省教育数据中心和部分地市数据中心，各大公有云

2017 年 1 月，《广东省教育发展"十三五"规划（2016—2020 年）》正式发布，提出以"粤教云"为总抓手，积极发展"互联网+教育"。2018 年 8 月，中国人工智能学会在广州主持召开"云计算关键技术及新型云应用引擎与'粤教云'工程"

科技成果鉴定会，"粤教云"工程总体达到国际先进、国内领先水平。为了加强教育信息化的统筹规划和顶层设计，提升总体架构及技术标准在构建服务生态中的支撑引领作用，2018 年 12 月，广东省教育厅在广州召开"广东省教育资源公共服务平台（二期）总体架构以及技术标准发布暨'粤教云'示范应用试验区总结会"。"粤教云"工程的成功实践，对工业互联网平台及其他行业云建设具有示范引领作用。

（3）工业互联网平台

工业互联网平台是新一代信息技术与现代工业技术深度融合的产物，已成为制造业转型升级的现实路径，以工业互联网平台为核心的生态竞争不断升级。2018 年，我国工业互联网相关政策密集出台，发展环境持续优化，工业和信息化部发布了《工业互联网发展行动计划（2018—2020 年）》和《工业互联网平台建设及推广指南》等。广东、上海、天津、浙江、江苏、山东、湖南等省市纷纷出台相应的落实方案，结合本地产业结构和发展现状，加快培育跨行业、跨领域、特定区域和特定行业的各类工业互联网平台。广东省出台了《广东省工业企业上云上平台服务券奖补工作方案（试行）》，从研发设计工具、核心业务系统上云向工业设备上云不断演进。

工业互联网平台技术架构发展趋势是 IaaS 和 PaaS 逐渐分离，形成松散耦合关系。IaaS 成熟度较高，工业互联网平台可使用 IaaS 供应商的服务或合作建设 IaaS。PaaS 是工业互联网平台发展的聚焦点和突破口，它的成熟度和能力水平是工业 SaaS 发展的基础。当前，我国工业互联网平台产业空心化问题比较突出，缺乏开源、开放、可控的通用 PaaS 平台，平台对开发者的"黏性"不强，影响了第三方开发者在平台的快速汇聚，开发者社区建设尚处于初级阶段。云原生计算和智能云计算的通用性和智能性，决定了我们团队在这一领域的相关研究成果完全适用于工业互联网及其他行业云建设，图 0-4 给出从云到端的工业互联网平台总体架构。云原生应用引擎实际上是通用 PaaS 平台，类似工业互联网平台操作系统，它支持第三方开发者在平台快速汇聚，形成资源富集、多方参与、合作共赢、协同演进的制造业新形态，相关成果转化应用可望从根本上解决工业互联网平台产业空心化问题。从 2018 年开始，作者带领团队联合行业龙头企业，开展云原生计算创新研究成果应用转化，建设跨行业、跨领域工业互联网平台，推动工业互联网平台在地方落地，带动重点行业和集聚产业整体提升，相关工作已取得重要进展。

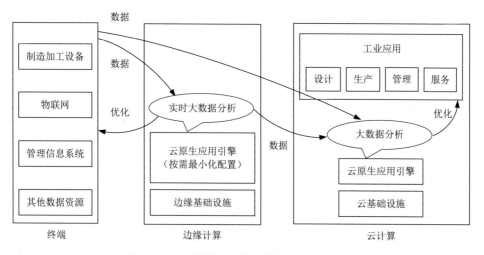

图 0-4　从云到端的工业互联网平台总体架构

第1章 网格计算与协同服务

网格计算是高性能计算和信息服务的战略性基础设施，也是计算机网络与分布式系统研究的前沿问题之一。网格能实现广域计算资源、数据资源和服务资源的有效聚合与按需共享，支持以大规模计算、数据密集处理和群组协同工作为特征的应用，为信息资源的获取、传输和有效利用带来重大变化，深刻影响乃至改变人们的学习、工作和生活方式，尤其是科学研究的方式。

1.1 网 格 计 算

网格被认为是继因特网（Internet）和万维网（World Wide Web，WWW）之后的第三次技术浪潮。基于因特网的共享技术演变历程如图 1-1[①]所示。简单地说，因特网建立了计算机系统与网络设施之间的连接，实现了网络共享；万维网建立了网页的相互链接，实现了不受时空限制的信息获取与共享；而网格则试图在全球因特网范围实现资源整合和按需共享，网格资源包括计算资源、数据资源、存储资源和通信资源等。可见，从万维网发展到网格，实现了从信息共享到资源共享的飞跃。实现多种资源的有效聚合和广泛共享，是网格区别于以往各种共享技术的本质特征。

图 1-1　基于因特网的共享技术演变历程

---

① 引自 IBM 技术报告 Virtualization for Data Centers of Today & Tomorrow，http://docplayer.net/2053768-Virtualization- for-data-centers-of-today-tomorrow.html。

1.1.1 网格计算概念

在 20 世纪 90 年代中期，为了构建适合先进科学和工程领域需求的分布式计算设施，研究人员提出网格的概念[1]。建设网格的最初目标是把多个超级计算中心连接起来，聚合成为一个可远程控制的元计算（metacomputing）设施，从而为一定范围内的高性能应用提供计算资源，这是网格发展的第一个阶段。这一阶段最具代表性的项目有 FAFNER（factoring via network-enabled recursion，基于网络化迭代的因子分解）①和 I-WAY（information wide area year，信息广域年）[2]等。

随着网格技术的发展，网格不仅能运行传统的高性能计算应用，还能够为计算密集型或数据密集型的大规模分布式应用提供计算环境基础设施。这标志着网格发展进入第二个阶段，代表性项目有 Globus②和 Legion[3]等，需要解决的关键问题包括：网格环境下的分布性、异构性、可扩展性和动态性；基于 Internet 在多种异构计算机系统和资源之上建立通用、分布式计算环境，让不同节点和资源可以有效共享与协同工作。1998 年 Ian Foster 把计算网格（computing grid）定义为：计算网格是一个硬件和软件基础设施，它提供对高端计算能力可靠、一致、普遍和不昂贵的接入[4]。这一时期的网格技术主要关注网格中间件的研究与开发。

网格中间件技术解决了计算密集型或数据密集型分布式应用中常见的互操作问题，但不同的开发者采用不同的技术实现网格中间件，导致不同的网格系统之间无法互通。换言之，虽然网格中间件解决了网格资源异构问题，却引发了网格中间件自身的异构问题。研究者因此将面向服务体系架构（service-oriented architecture，SOA）和 Web 服务技术引入网格计算领域，开启服务网格研究新阶段。

SOA 是一种非常适合建构大规模分布式系统的结构框架，它的三种基本操作是服务发布、服务发现和服务绑定，如图 1-2 所示。在 SOA 模型中，服务之间进行交互的基本元素由服务消息、服务契约和服务策略构成。

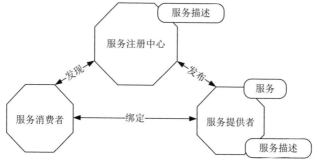

图 1-2　SOA 模型

① http://cs-www.bu.edu/cgi-bin/FAFNER/factor.pl。
② Globus 联盟官方站点，http://toolkit.globus.org/。

SOA 模型定义了三种角色：服务提供者、服务注册中心和服务消费者。服务提供者负责服务的具体实现，并把服务接口、服务访问地址等信息的描述发布到服务注册中心。服务注册中心是一个服务中介，服务消费者可以在这里查找和定位所需的服务。服务注册中心也是实现间接寻址的关键，服务消费者发送查找请求，从服务注册中心获得有关服务的描述，接着使用服务描述文件包含的服务绑定信息，与服务提供者建立绑定关系并调用相应的服务。服务消费者找到服务提供者后，直接与服务提供者进行消息交互。由此可见，SOA 模型中包含三种基本操作：服务发布、服务发现和服务绑定。需要特别指出的是，服务消费者不是一定要通过服务注册中心查找服务，在封闭环境中，也可以直接从服务提供者那里获取服务描述。

Web 服务[4]是架构在 Internet 和 XML 技术之上的分布式计算技术，万维网联盟（World Wide Web Consortium，W3C）下设的 Web 服务体系结构工作组将 Web 服务定义为：Web 服务是由 URI（RFC 2396）标识的软件系统，其公开接口和绑定的定义及描述使用 XML 语法。其他软件系统能够发现 Web 服务，然后按照接口和绑定的定义及描述，与 Web 服务进行基于 Internet 协议传输的 XML 消息交互。①

Web 服务具有松散耦合、与平台和编程语言无关的特点，它提供了服务的描述、发布、发现、调用和组合等功能组件。Web 服务的核心标准包括简单对象访问协议（simple object access protocol，SOAP）、Web 服务描述语言（web services description language，WSDL）和统一描述、发现和集成（universal description，discovery and integration，UDDI）协议。上述标准都采用 XML 作为数据描述和交换的格式，而 HTTP 是实践中最常用的传输协议。当然，这些标准本身是独立于传输协议的。图 1-3 为 Web 服务的描述、发布、发现和绑定示意图。

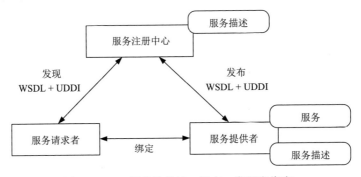

图 1-3　Web 服务的描述、发布、发现和绑定

万维网联盟、结构化信息标准促进组织（Organization for the Advancement of Structured Information Standards，OASIS）和网络服务协同组织（Web Services Interoperability Organization，WS-I）等合作提出一个五层的 Web 服务协议栈[5-7]，

---

① https://www.w3.org/TR/wsa-reqs/。

包括服务组合、服务质量、发布/发现、描述、消息、传输等多个层次，如图 1-4 所示。

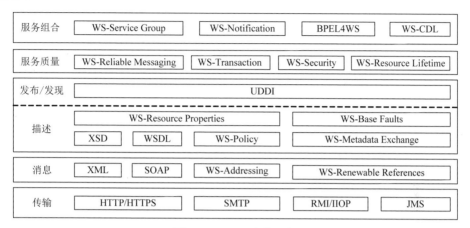

图 1-4　Web 服务协议栈

SOAP、WSDL、UDDI 的组合能够实现 Web 服务的描述、发布和发现等任务，典型的工作流程是：开发者使用 WSDL 对 Web 服务建模，将之与 SOAP 绑定，然后把该服务发布到类似 UDDI 这样的服务注册中心。一种常见的 Web 服务体系结构如图 1-5 所示。

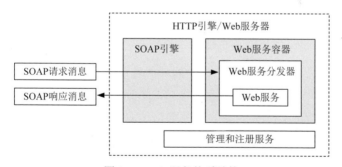

图 1-5　Web 服务体系结构

Web 服务应用通常涉及多个 Web 服务的合作和协作参与，此时的交互模式具有多方参与、（同步或异步）点对点消息交换和有状态等特点。这种情况适合采用 Web 服务组合和协作规范。由于不同的 Web 服务供应商可能会采取不同的方法实现各种 Web 服务规范，基于不同规范实现的 Web 服务仍然可能存在无法互通互操作的情况。网络服务协同组织致力于解决 Web 服务的互操作问题，其目标是实现部署在不同平台、用不同编程语言开发或被多种应用共享的 Web 服务之间的互通。

人们在实践中往往会把 SOA 和 Web 服务技术混为一谈。实际上，SOA 是一个概念模型，并不涉及具体的实现技术。SOA 应用的实现依赖具体的运行时环境或平台。Java EE 和 Microsoft .NET 是两种最常用的 Web 服务平台和框架。

　　在网格研究领域，全球网格论坛（Global Grid Forum，GGF）制定和发布了具有里程碑意义的开放网格服务体系结构（open grid services architecture，OGSA）[1,8]，所有的网格功能都以服务的形式发布，所有的服务均遵循 Web 服务标准，标志着网格发展进入面向服务的网格（service-oriented grid）阶段。服务网格的显著特征是按需服务、协作和多媒体[9]。网格的称谓也由"计算网格"演变为"网格计算"，这反映了人们对网格技术内涵理解的深化。网格计算的本质是"在动态、跨机构的虚拟组织中协调资源共享和协同解决问题"[1]，即资源的提供者和消费者协商创建共享的资源池，以此为基础协同解决问题。2002 年，Foster 提出判断一个系统是否为网格的三个条件：①在非集中控制的环境中协同使用资源；②使用标准的、开放的、通用的协议和接口；③提供非平凡的服务质量。网格计算必须解决多个层次的资源共享和合作问题，通过制定标准，将 Internet 从通信和信息交互的平台提升为资源共享的平台。一言以蔽之，网格计算研究的主要内容是如何在分布、异构、自治的网络环境中动态构建虚拟组织，实现跨越自治域的资源共享与协同工作。

1.1.2　网格体系结构

　　网格计算历经基于沙漏模型的网格体系结构、开放网格服务体系结构和基于 Web 服务资源框架的网格体系结构三个发展阶段，呈现标准化、服务化的发展趋势。

1. 基于沙漏模型的网格体系结构

　　沙漏模型（hourglass model）是最有代表性的网格体系结构，如图 1-6 所示。其中，基础构造层定义了本地资源的接口，本地资源分为计算资源、数据存储资源和通信资源等；连接层定义基本的通信和认证协议，将所有的资源连接起来；资源层定义了对单个资源的共享操作协议；汇聚层则负责全局资源的管理以及资源集合之间的交互；应用层通过不同的协作和资源访问协议使用网格资源。网格事实上的标准 GT2（Globus Toolkit 2.0）就是五层沙漏结构的一个典型实现[1]。

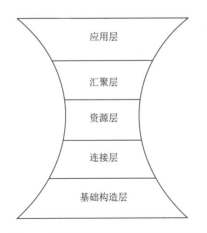

图 1-6　基于沙漏模型的网格体系结构

2. 开放网格服务体系结构

　　开放网格服务体系结构（OGSA）是继沙漏模型之后最重要的一种网格体系结构，它具有两个显著特点：①采用面向服务的体系架构，通过定义的服务接口提供网格服务，方便实现服务调用和服务组合；②与 Web 服务标准相融合，具备跨平台、松散耦合和基于消息传递等特点。采用面向服务体系架构和 Web 服务技术，以服务为中心是 OGSA 的核心思想，整个体系结构如图 1-7 所示。

准确理解 OGSA 的内涵，需要把握以下两个关键点：

1）一切都是服务。在 OGSA 中，所有的资源，包括计算资源、数据存储资源、网络资源、软件模块或者其他系统资源，都可以表示为服务。所有的服务通过统一的标准方法来访问和管理，这完全依赖于 Web 服务技术的强大功能。在 OGSA 中，网格资源的共享变成网格服务的共享。

2）标准化核心服务。OGSA 的目标是识别出各种网格应用所涉及的通用服务，并将之标准化。换句话说，OGSA 要识别网格系统的核心服务，定义这些服务的标准接口和行为。OGSA 涉及的核心服务包括

图 1-7　OGSA 体系结构

基础服务、执行管理服务、数据服务、资源管理服务、安全服务、自我管理服务和信息服务等。

OGSA 模型主要分为开放网格服务基础设施（open grid service infrastructure，OGSI）层和 OGSA 核心服务层。引入 OGSI 层的原因是将早期 Web 服务技术应用到网格计算存在以下三个困难：

1）网格应用中的服务具有动态和短时存在的特点。服务实例会随着系统状态的变化而被创建和销毁。因此，网格应用的服务必须具有包括创建和销毁实例在内的服务生命周期管理接口。而基于早期 Web 服务技术创建的 Web 服务一般是持久存在的，并不提供上述服务接口。

2）网格应用中的服务是有状态的（stateful），而传统的 Web 服务是无状态的（stateless）。传统的 Web 服务具有持久性，因而不存在服务实例的概念，所有的客户应用都与同一个服务交互。Web 服务并不保存交互过程的状态信息，而是通过服务与客户间的消息交换获取状态信息。网格应用中的服务是动态的，每个客户都与一个单独的 Web 服务实例交互，状态信息保存在每个服务实例中。

3）网格应用的客户希望订阅他们感兴趣的服务，这样在目标服务发生改变时，客户可以获得通知，实现回调（callback）操作。早期 Web 服务技术并不支持回调。

为了解决上述问题，OGSI 规范中引入网格服务（grid service）的概念，并提供描述和发现服务属性、创建和销毁服务实例、管理服务生命周期、管理服务分组以及发布和订阅服务通知等标准接口及其相关行为，支持网格服务的创建、管

理及信息交换。

　　网格服务是遵循 OGSI 规范、有状态的 Web 服务，其功能是通过实现各种服务接口来体现的。每一个服务接口都定义了一些行为和操作，这些行为和操作通过交换一系列预定义的消息来激活。因此，网格服务是由接口和服务数据组成的，其结构如图 1-8 所示。任何一个网格服务都必须实现 GridService 接口，该接口主要负责对服务数据的访问和服务的生命周期管理。GridService 接口提供三个操作：FindServiceData，负责查询与网格服务实例相关的服务数据；SetTerminationTime，用以设置（或获取）网格服务实例的终止时间；Destory，负责销毁网格服务实例。

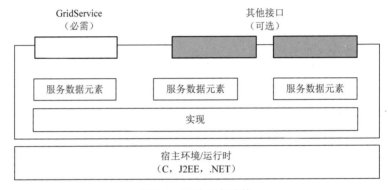

图 1-8　网格服务结构

　　以网格服务及其标准接口为基础，OGSI 定义了网格服务生命周期管理、服务实例状态的反射和发现、服务实例状态改变引发的事件通知、服务实例分组及出错处理等规范。OGSI 的层次结构如图 1-9 所示，GT3（Globus Toolkit 3.0）是 OGSI 规范的一个完整实现。

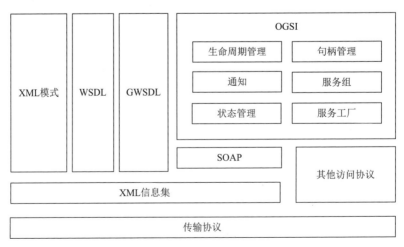

图 1-9　OGSI 的层次结构

　　网格服务、OGSA、OGSI、GT3 和 Web 服务之间具有如图 1-10 所示的关系。网格服务是对传统 Web 服务的扩展，OGSI 定义了网格服务的各种接口规范；而 GT3 则是 OGSI 规范的一种实现。OGSA 规范以网格服务及其标准接口为基础，描述了各种网格应用普遍需要的共性核心服务。

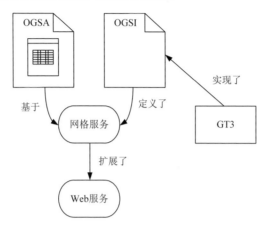

图 1-10　网格服务、OGSA、OGSI、GT3 和 Web 服务的关系

　　虽然 OGSI 规范在网格计算研究和开发领域获得了普遍认可，但它定义的一系列接口和规范与原有 Web 服务标准并不兼容，主要表现为：①OGSI 规范的内容过于繁杂，它在一个规范中描述了很多标准，包括服务实例创建和销毁、生命周期管理、服务分组、状态管理以及事件发布和订阅等；②OGSI 规范不能与现有的 Web 服务标准和工具很好地兼容；③OGSI 规范具有太强的"面向对象"特征，例如，OGSI 定义的网格服务是有状态的，而 Web 服务通常是无状态的。

3. 基于 Web 服务资源框架的网格体系结构

　　为解决 OGSI 规范存在的问题，Globus 联盟成立了一个工作组专门对此进行研究。标志性成果是在 2004 年初由 Globus 联盟、IBM 和 HP 联合提出的 Web 服务资源框架（web service resource framework，WSRF），它扩展了现有 Web 服务标准，增加了服务状态和生命周期管理、服务分组及服务引用等功能支持。

　　WSRF 的组成如图 1-11 所示，从功能上讲，WSRF 是 OGSI 的重构和发展，两者并无本质的差别。

　　WSRF 本身是一种 Web 服务标准。基于 WSRF 的 OGSA 体系结构如图 1-12 所示。可以看到，OGSA 核心服务完全建立在包括 WSRF 在内的通用 Web 服务标准之上。

　　GT4（Globus Toolkit 4.0）是第一个完整的 WSRF 规范实现，整体架构包括安全、数据管理、执行管理、信息服务和通用运行时环境五部分，如图 1-13 所示。

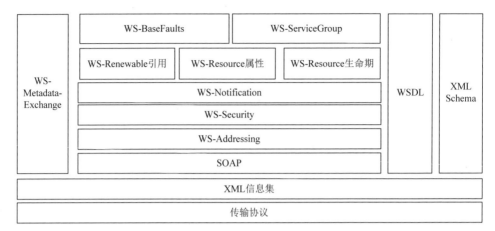

图 1-11　WSRF 的组成

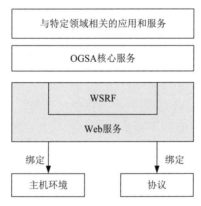

图 1-12　基于 WSRF 的 OGSA 体系结构

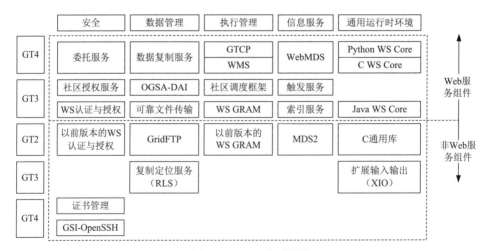

图 1-13　GT4 体系结构

1.2　协同服务网格

协同工作环境研究是欧洲 IST 计划在 2005～2010 年重点关注的问题之一。[①]
Collaboration@work 是欧洲委员会新工作环境小组为下一代协同工作环境（next
generation collaborative working environments，NGCWE）所起的名字，其目标是
支持新的协作形式，提高人们的协同工作能力。

网格计算和协同工作具有很强的关联性，网格计算促进了计算机支持的协同
工作（computer-supported cooperative work，CSCW）研究的深入，使得协同系统更
加开放、高效和智能化；协同工作研究也为实现网格计算应用系统互操作提供了统
一的解决方案。

网格计算环境下的协同工作理论与关键技术研究[②]是一项很有意义的研究项
目（以下简称为"协同服务网格项目研究"）。该项目的目标与任务可以归结为：
分析网格计算环境下协同工作的新特点，研究基于网格的协同工作模型及新体系
结构下的协作机制；对协同服务框架进行理论探索和关键技术攻关，提出协同服
务各个部分的形式化描述方法，建立一套适应网格计算环境的协同工作理论和一
个相对完备、具有广泛适用性的协同服务平台，并在此基础上实现一个具有示范
意义的应用系统。

为了达到上述目标，协同服务网格项目研究的主要内容包括：①协同服务架构、
协作机制及其描述。使用户可以快速构建和部署各种协作应用，实现不同应用之间
的高效交互。②协作数据管理。建立一种有效的数据管理机制，将异构数据整合起
来，实现数据源的透明访问、资源的快速定位、柔性的服务方式和不同网络的适应
性。③协同感知。基于网格的丰富资源，把感知信息与用户定制信息、用户自身档
案（profile）及基本协作服务动态组合，使用户无论在何时何地都可以得到适当和
适时的协作信息和服务（right time，right information）。④基于主体的协作支持和目
标理解，提高协同系统的智能和自适应性。

协同服务网格项目研究的进展主要体现在以下几个方面：提出了一种基于网
格和 Web 服务的协同服务框架 CoFrame、三维协作感知模型、协作上下文模型、
动态数据聚合模型及其算法；定义了一种面向网格的协作感知语言（grid-oriented
cooperative awareness language，GOCAL）；开发了一种知识丰富、目标驱动的网
格工作流框架；在技术集成创新及示范应用方面，研发了教育服务网格示范工程
LAGrid。协同服务网格项目主要研究内容如图 1-14 所示。此外，还对面向服务的

---

① 欧盟信息社会计划，https://ec.europa.eu/jrc/en/science-area/information-society。
② 该项目研究获国家自然科学基金重大研究计划"以网络为基础的科学活动环境研究"重点项目资助。

网格计算架构、基于 QoS 的 Web 服务发现、组合 Web 服务事务模型等进行了研究，解决了新型分布式计算体系若干理论与技术问题[10]。

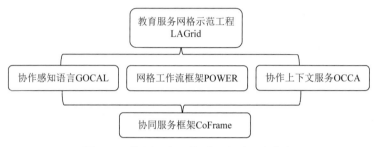

图 1-14 协同服务网格项目主要研究内容

本节集中讨论协同服务框架、协作感知服务、协作上下文服务和网格工作流框架等内容，教育服务网格示范工程 LAGrid 将在 1.4 节介绍。

1.2.1 协同服务框架

网格计算的跨组织资源共享以及对资源普适、虚拟、透明访问的能力，有助于解决长期制约 CSCW 应用的一些关键问题[11]，构建基于网格的大规模协同工作环境（grid-enabled large-scale collaboration environment，GLCE），支持跨组织大规模群组协作，包括协作流程的跨组织运行、协作信息的跨组织共享和协作关系的跨组织动态生成，这需要网格计算基础设施（特别是核心网格中间件）的支撑。这里的大规模群组协作，不仅指参与协作的群体规模大，而且还包括各种协作形态的灵活重构、不同协作强度群组的有序共存和各种规模协作群组的自然演变等。虚拟组织管理是构建大规模协作环境的基础，网格安全设施和网格信息服务等核心网格中间件，能够有效支持虚拟组织的快速动态生成及层次化协作群组管理，协作群组可以依据协作需求动态形成与演化。

构建通用的协同服务框架一直是协同计算及 CSCW 研究的重点。由于群组协作的多样性和不同群组之间的明显差异，实现一种通用协同服务框架并不容易。研究工作的出发点是深入理解协作过程涉及的实体及它们之间的关系，通过集成各种协作要素，支持以人为中心、虚拟组织范围内的大规模群体协作。

一般意义下参与协作的实体及实体之间的关系，如图 1-15 所示。其中，网格环境由各种网格资源组成，包括计算能力、存储介质及网络设施等。网格环境为系统运行提供 IT 基础设施资源。协作任务（cooperative task）反映了协作所要达到的目标。为了完成协作任务，人们使用设备和利用环境中的资源进行交互。在所有的协作实体中，协作任务是基础，是协作的驱动力和联系其他实体的纽带；人是协作行为的具体执行者，也是协作服务最活跃和最具动态性的元素；而设备

则是交互的赋能手段，是协作的必要条件。人和协作任务之间的接口通常与应用
场景相关。

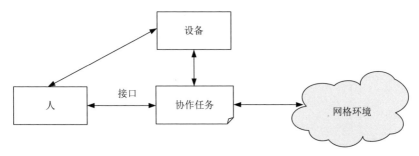

图 1-15　协作服务实体及其关系

与技术发展趋势相适应，在 WSRF 架构的基础上，提出如图 1-16 所示的协同
服务网格层次结构模型，其中协同服务框架 CoFrame 处于总体架构的中间件层。

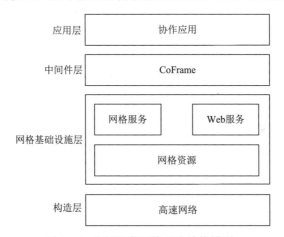

图 1-16　协同服务网格层次结构模型

图 1-16 中的构造层（fabric layer）为上层提供高速通信信道，它支持当前绝
大多数网络标准，如 IPv4、IPv6 和 802.11x 等。随着移动互联网的发展，功能
强大的移动设备被越来越多地采用，可在此层增加对于自组织（ad-hoc）网络的
支持。

网格基础设施层（grid infrastructure layer）划分为两个子层，即资源子层和服
务/接口子层。资源子层管理各种各样的资源，如存储器、软件服务、计算能力及
网络设备等；对这些资源的访问是通过服务/接口子层的网格服务或 Web 服务完成
的，它们分别遵循 OGSI 和 WSRF 标准。

CoFrame 提供多样性的通用协作服务，开发者以此为基础可以快速构建新的
协同应用。图 1-17 给出 CoFrame 的功能视图[12]，从图中可以看出，整个协同服

务框架分成两个层次，即公共服务层和协作设施层，这些服务和设施是从各式各样的协同应用及群件系统中抽象出来的。

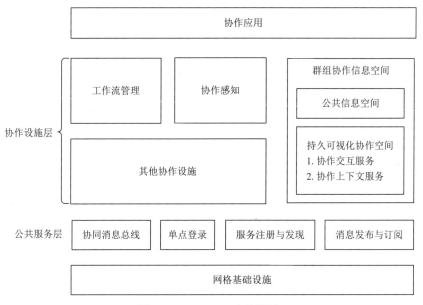

图 1-17 CoFrame 功能视图

1. 公共服务层

公共服务构建在底层网格基础设施之上，它们封装了网格设施的一些常用功能。其中，最重要的两种公共服务是协同消息总线（cooperative message bus，CMB）和单点登录（single sign on，SSO）。

（1）协同消息总线

协同消息总线为 CoFrame 中的设施和其他基本服务提供信息交换通道，它定义了消息规格并为消息路由和组播提供支持：一旦收到消息，传送模块就对其进行解析并将其转发给目标地址。目标可以通过它的标识（DID）或 URL（DURL）和端口（DPORT）两种方式进行定位。如果采用标识定位，传送模块会查询设施注册中心（facilities registry）服务，找出目标服务的真实位置。由于设施登记在使用过程中，可以实时更新，因而能够支持动态服务调用。

CMB 采用面向服务架构的思想，所有模块都作为独立的 Web 服务。与面向消息的中间件或协议相比，CMB 更加灵活，复用性更好，因为它继承了面向服务架构所固有的优点，如平台独立性、松散耦合等。根据实际应用需求，用户通过系统提供的接口可以很容易地对已有服务进行扩展或重组，无须修改底层系统架构，这是 CMB 的一个显著优势。

（2）单点登录

向用户提供透明的访问服务是网格计算的一个重要特征，用户只需向系统提出服务请求，而不用关心服务提供的细节。一项服务可能需要访问分布在网格环境的多个异质资源，涉及网格节点之间复杂的交互过程。这一切对用户都是透明的，用户只需关心系统能够提供的服务及质量。单点登录和统一入口是实现透明访问的重要基础，尤其是在通用的协同服务框架中，单点登录尤为重要。多个不同服务的协作通常会涉及不同的管理域，如果没有单点登录，用户不得不进行多次系统登录，每次使用不同的用户名和密码，每一个系统都要单独管理用户账号及相应权限，整个协作流程将变得复杂而零碎。

2. 协作设施层

协作设施是在公共服务之上构建的一组核心共性服务。各种协作设施通过CMB 连接起来，形成一个整体，为协同应用提供服务。协作设施是 CoFrame 与独立运行的群件系统之间的最大不同。在 CoFrame 中，最重要的三类协作设施是工作流管理、协作感知和群组协作信息空间。

（1）工作流管理

工作流管理提供工作流管理服务。目前，大部分工作流管理系统在流程执行之前要进行细致的流程建模，流程运转所需的全部信息都需要在定义时描述清楚，即所谓"预先完全定义"（full-ahead plan）方式。这种方法并不适合网格这类大规模分布式动态环境。针对已有工作流管理系统存在的不足，我们提出一种全新的动态工作流设计思路：首先，对不同的应用场景进行抽象，形成相应的流程模式（process pattern），作为领域知识表示的手段，将流程和业务目标联系起来，解决工作流自动生成过程中知识不足的难题；其次，引入人工智能规划（AI planning）技术，集成语义网（semantic web）和 Web 服务，实现一个目标驱动的网格工作流系统。这种动态工作流能够根据用户的不同需求动态规划相应的解决方案，而且可以边执行边规划，传统工作流管理系统中建立时和运行时的分界将不复存在，灵活性和自适应性大大增强。

（2）协作感知

协作感知能够极大提高协作效率。CoFrame 提供协作感知服务（cooperative awareness service），它提供两方面的支持：一是协作群组的形成与演化，支持协作群组按需动态生成；二是协作控制信息流的人机协同解析，支持群组成员的自然和谐协作。为提高感知信息处理能力，我们提出三维协作感知模型（3-dimension cooperative awareness model，3DCAM），并在此基础上定义了面向网格的协作感知语言（grid-oriented cooperative awareness language，GOCAL）。GOCAL 提供感知信息类型作用域这一语法要素，将感知信息处理与基于网格的虚拟组织相关联，这是传统分布式系统难以实现的。GOCAL 独立于特定的协作系统，协作感知类型可灵活扩展，适合处理大规模协作群组的感知信息。用户通过定义感知信息类型及其处理策略，能够满足大规模分布式计算系统的应用需求。

（3）群组协作信息空间

群组协作信息空间以协作本体模型为基础，描述协作环境的相关概念及其关系。CoFrame 的群组协作信息空间包括公共信息空间（common information space）和持久可视化协作空间（persistence visual cooperation space）。其中，公共信息空间管理协作过程中使用或生成的数据。考虑到广域大规模群体协作的特点，数据管理包括数据源的透明访问、资源的快速定位、灵活的服务方式（支持不同的用户接口）和不同网络的适应性（高速网络、无线网络和自组织网络等）。持久可视化协作空间是一个虚拟的协作空间，它为整个协作周期提供支持。无论虚拟组织的协作群组规模大小如何，都有与之相应的虚拟协作空间，通常绑定协作交互服务和协作上下文服务，实现控制信息流的人机协同解析。协作交互服务包括同步交互和异步交互两种模式，它以网格服务方式封装并发布到网格系统供协作群组成员共享。不同的协作交互服务（线索化讨论、在线会议、协同写作、群组决策和工作流管理等）代表了不同的协调机制。协作上下文服务包括协作上下文管理和群组协作信息共享服务等。

上下文（context）是协同服务研究的热点问题。为了适应分布、异构、自治的复杂网络环境，一种有效的方法是以中间件方式提供上下文感知服务，把它作为面向服务体系结构的一种基础服务。针对已有上下文感知系统的不足，我们提出基于本体的上下文协作模型及本体分层构建方法，定义了上下文图（context graph），并给出度量用户之间联系的定量计算方法。这种方法的突出特点是：①理解协作环境中不同系统、不同工具、不同参与者所使用的词汇，支持异构的系统和工具；②独立于编程语言、操作系统和中间件，支持基于领域知识的形式化推理。

1.2.2 协作感知服务

针对广域分布群体协作及动态开放环境的应用需求，我们提出一种基于网格消息中间件的感知驱动实现机制，即在协作服务网格消息中间件（CG-MOM）之上实现感知服务，如图 1-18 所示。

GLCE 群组成员来自地域分布的不同组织，相关的成员信息位于地理分布的不同网格节点，因此，事件驱动的感知信息需要广域范围消息分发及网络路由的支持，通常由 CG-MOM 提供，它具有消息可靠传输、持久化存储功能并支持多种路由策略（单播、多播和广播），从而实现感知消息在广域范围的不同感知实体之间可靠传输与高效分发。

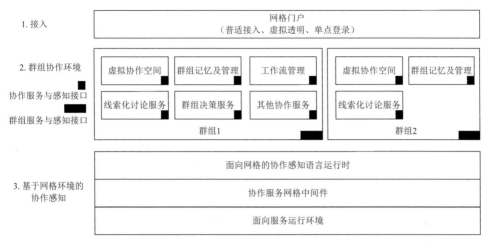

图 1-18 协作服务网格的感知服务

GLCE 的群组不是传统意义上的孤立、封闭群组，它处于更大的协作域，通常以虚拟组织表征，其内部层次结构化群组具有相应的协作感知域。为实现协作感知，实体组织和虚拟组织的群组协作感知信息被映射到统一的感知信息处理平面，经过感知事件路由、过滤和聚合等处理环节，供各类群组使用，从而促进结构化协作关系的形成和跨越群组边界的协作流程驱动，如图 1-19 所示。

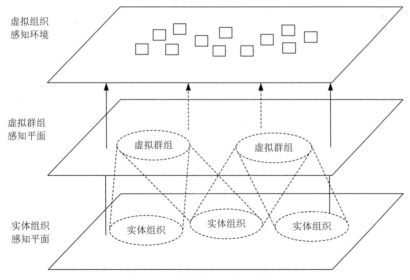

图 1-19 跨群组边界协作感知

协作感知的多样性产生海量的感知信息，为有效处理感知信息，我们设计了一种面向网格的协作感知语言 GOCAL。在讨论 GOCAL 设计思想及其运行时实现方法之前，先介绍三维协作感知模型 3DCAM[①]和 GLCE 协作群组形态，这是设计 GOCAL 的依据。

1. 三维协作感知模型

协作感知具有广泛的信息来源。为了保证感知既能实现有效的系统协调机制，又不明显增加系统负担，我们提出一种三维协作感知模型 3DCAM。

三维协作感知模型的设计理念源于活动理论[②]。活动理论指出，活动是主体（人）利用工具实现活动目标的过程，因此，协作者、构造物（由工具操纵）和协作任务（目标）应成为协作感知信息的主要来源。为增强模型的可编程性和适应大规模协作环境中群组之间的协作需求，3DCAM 模型更进一步将这些维度细分为不同的子维度，如图 1-20 所示。

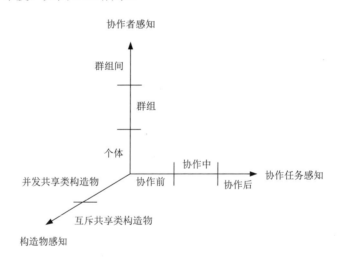

图 1-20　三维协作感知模型

感知信息包括群组间感知信息和群组内感知信息。群组间感知为群组成员提供其所在协作环境中其他群组的状态信息，支持跨群组协作，群组间感知信息总量称为 CA-INTER；群组内感知指某个群组范围内的感知信息，特定群组内的感知信息总量称为 CA-INTRA。感知信息来源于三个维度，即 CAGLCE={CAcooperator, CAtask,CAartifact}，其中 CAcooperator、CAtask 和 CAartifact 分别表示源于协作者、协作任务和构造物维度的感知信息。

---

① The e-Learning Framework, http://www.elframework.org/。

② ITR: A Global Grid-Enabled Collaboratory for Scientific Research, http://pcbunn.cacr.caltech.edu/GECSR_Final.doc。

假设协作域（即虚拟组织）有 k 个协作群组，$k \in \mathbb{N}$。每个群组在上述三个维度的感知信息分别表示为 $CAcooperator_i$、$CAtask_i$、$CAartifact_i$，$i=0,1,2,\cdots,k-1$，则该协作域感知信息空间 $\sum GLCE$ 表示为

$$\sum GLCE = \sum_{i=0}^{k-1}(CAcooperator_i + CAtask_i + CAartifact_i)$$

协作者维度的感知信息 $CAcooperator$ 分为三个层次，$CAcooperator=$ { $CAcooperator\text{-}personal$, $CAcooperator\text{-}group$, $CAcooperator\text{-}intergroup$}，分别表示协作者个体、协作群组及其相关群组的感知信息。

协作任务维度的感知信息 $CAtask$ 依据任务状态不同，分为任务开始 $CAtask\text{-}begin$、任务进行中 $CAtask\text{-}going$ 和任务结束 $CAtask\text{-}end$ 三个阶段，$CAtask=${$CAtask\text{-}begin$, $CAtask\text{-}going$, $CAtask\text{-}end$}。

构造物维度的感知信息 $CAartifact$ 依据构造物的共享形态分为两种情况，即 $CAartifact=${$CAartifact\text{-}syn$,$CAartifact\text{-}asyn$}，其中 $CAartifact\text{-}syn$、$CAartifact\text{-}asyn$ 分别表示并发共享类构造物和互斥共享类构造物的感知信息。

上述不同维度的信息构成 3DCAM 模型的感知环境，为感知信息类型扩展提供了规范化设计依据，也方便了协作感知信息的处理。

实现协作感知服务需要群组层次及形态描述机制，包括封闭型群组、开放型群组、外向型群组和内向型群组四类。群组形态的划分有利于增强协作感知信息处理能力。基于群组层次的协作感知过滤与处理，为群组之间的协作感知交互提供编程接口。

2. 协作感知语言

协作感知语言 GOCAL 是一种基于事件、面向规则的解释性语言，其主要特点体现在以下三方面：

1）基于事件驱动方式构建感知服务的高级阶段。基于事件的协作感知一直是 CSCW 研究的热点问题之一，从已有的研究工作看，NESSIE 试图创建群组感知环境[13]，关注以事件方式传递感知信息；TeamSCOPE 关注在各种协作工具中嵌入事件方式的感知信息[14,15]；CASSIUS 提供通用的感知服务设施，以支持感知信息在不同工具之间的互操作，方便用户订阅不同类型的感知信息[16]；文献[17]提出感知上下文（awareness contexts）概念，增强对基于事件方式感知信息的处理能力。显然，基于事件方式感知服务设计越来越完善，GOCAL 设计目标是为 GLCE 提供统一的感知服务。GOCAL 提供感知信息类型作用域这一语法要素，它适用于群组内（intragroup）、群组间（intergroup）和虚拟组织（virtual organization，VO）。感知信息类型作用域将感知信息处理与网格虚拟组织相关联，传统分布式系统很难做到这一点。

2）基于网格消息中间件实现广域范围感知信息的路由、分发和存储，为群组之间和群组内部感知提供统一的感知服务。传统协作感知服务仅限于固定、不可变更的[14]感知类型，不适合构建 GLCE，因为 GLCE 中感知信息类型具有不确定性和不可穷举性，其运行时必须支持协作感知类型的扩展和感知信息处理策略的动态变更，以满足协作系统动态开放性需求。协作感知作为 CoFrame 框架的基础服务，提供可编程接口支持协作服务扩展与组合。

3）协调机制人机协同解析，强调对开放、动态协作环境的适应性。GLCE 协作感知服务面向大规模协作群组，感知信息量巨大，简单、固定的协调机制及处理流程不能满足需求，需要更加灵活的协作感知协调处理机制。

从协作系统用户角度看，GOCAL 及其运行时所实现的功能包括以下三方面：

1）允许终端用户依据三维协作感知模型定义新的感知消息类型。

2）允许变更感知规则及其控制策略，为不同协作用户或协作群组定义不同的协作感知策略，同时通过感知规则实现异构化协调机制的集成。

3）允许用户进行感知订阅，用户既可以按需使用感知信息，又不会被无关的感知信息所困扰。

3. 协作感知运行时

GOCAL 运行时系统如图 1-21 所示。它由两部分组成：第一部分为用户和感

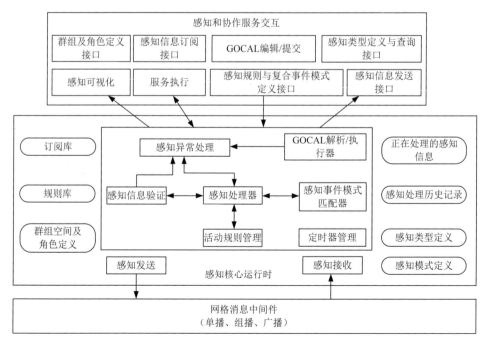

图 1-21 GOCAL 运行时系统

知核心运行时提供接口，提供感知和协作服务交互，包括感知可视化、服务执行、GOCAL 编辑/提交、感知类型定义与查询、感知规则与复合事件模式定义、群组及角色定义、感知信息订阅等；第二部分是协作感知运行时，负责配置感知类型和感知处理规则，提供感知信息处理运行时环境。GOCAL 各语法要素的应用场景不尽相同，运行时系统提供可编程接口，GOCAL 文档提交 GOCAL 解析/执行器执行。

感知可视化模块以同步或异步方式向协作者显示感知信息。服务执行模块借助协作服务总线激活相应的协作服务，处理来自 GOCAL 运行时的结果——活动规则用来解释执行相应的感知类型，并依据解析结果将相应的协作信息（含控制流和信息流）自动流转到下一个协作服务。

感知类型定义与查询接口用于添加新的感知类型，以适应不断变化的感知环境；同时，查询已有的感知消息类型，生成感知规则。群组及角色定义接口可依据需要对群组、角色及群组成员角色关系进行变更与调整。感知信息订阅接口供协作者个体订阅其所感兴趣的感知信息或设置个性化的感知环境。

感知核心运行时由 GOCAL 解析/执行器、感知事件模式匹配器、感知处理器、感知信息验证、感知异常处理、活动规则管理、定时器管理以及各种 GOCAL 运行时库表等构成。其中，GOCAL 解析/执行器分析提交到运行时的 GOCAL 语句，检查语句合法性并依据语法解释执行，结果存放在相关库表中；感知处理器是感知运行时的核心，它执行对感知信息的过滤并调用其他模块完成感知信息处理；感知信息验证模块负责验证进入运行时的感知消息是否符合特定消息类型，如不符合则将该消息交给感知异常处理模块做进一步处理；活动规则管理模块根据活动规则数量及活动执行情况，维护当前系统使用频度最高的规则，以快速响应感知处理器的调用；感知事件模式匹配器模块对系统预定义的感知事件模式进行匹配处理，并维护当前系统使用频度最高的模式以获得更快的响应。

GOCAL 运行时感知事件模式及感知规则表达式检查是一项重要内容，定义以下类型复合事件：

1）顺序事件（SEQUENCE），运行时中以"；"表示。

2）可替代感知模式事件（ALTEANANATION），运行时中以"|"表示。

3）可迭代感知模式事件（ITERATION），运行时中以"$(e_1,e_2,\cdots)_n$"表示，n 为"$(e_1,e_2,\cdots)$"模式事件迭代次数。

4）时限感知模式事件（TIME），运行时中以"$(e_1;e_2)_{time}$"表示。

5）并发感知模式事件，运行时中以"||"表示。

GOCAL 运行时处理的感知消息是在广域范围通过消息路由和传输得到的，在各个网格节点上的次序可能不一致。假定用户设定的感知事件模式为 CAW=$(e_3;e_2;e_1)$，在图 1-22 所示的网格节点感知消息例程中，由于其接收到的感知消息顺序是 $e_3;e_2;e_1$，感知事件模式匹配器将输出一个成功的模式识别，但实际上，这一感知消息发生的顺序是$(e_1;e_2;e_3)$。

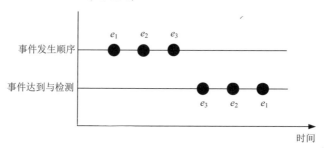

图1-22 分布式系统的事件检测

GOCAL运行时必须考虑感知事件模式检测问题，集成全局时钟同步、窗口检测和感知事件模式匹配补偿等技术，采用基于树结构的复合感知事件模式检测算法，解决时间相关类感知事件模式检测问题。

事件树由点和边构成，其中椭圆节点代表原始事件，矩形节点代表复合事件；单向边代表复合事件和其子事件间的"组成"关系，如图1-23所示，其中，$\text{sub}(\text{CAW})=\{e_1,e_2,e_3\}$。设$E=\{e_1,e_2,e_3,\cdots\}$代表系统的事件空间，定义

$$\text{sub}(e)=\begin{cases} e_i \mid e_i \in E, e_i < e, i \in \mathbb{N} & \text{如果}e\text{是复合事件} \\ \varnothing & \text{如果}e\text{是简单事件，}\varnothing\text{表示空} \end{cases}$$

设$e \in E$，定义事件e的深度为$\text{deep}(e)$，它是复合事件检测的重要参数，则

$$\text{deep}(e)=\begin{cases} 0 & \text{如果}e\text{是简单事件} \\ \text{deep}(e_1) & \text{如果}e\text{不是一个"严格"的复合事件，且}e_1 < e \\ \max(\text{deep}(e_1),\ \text{deep}(e_2),\cdots)+1 & \text{不是以上情况，且}e_i < e \end{cases}$$

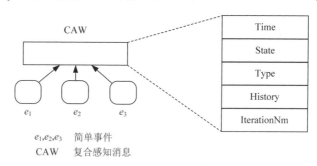

图1-23 复合感知事件树结构

在上述复合感知事件树结构中，除IterationNm属性（仅用在可迭代感知事件模式）外，每个节点主要有以下四种属性：

1）Time：感知事件模式实例的生成期。

2）State：感知事件模式树节点状态，即事件识别状态机的状态。

3）Type：节点类型，包括原始事件、顺序事件、可替代感知模式事件、可迭代感知模式事件、时限感知模式事件、并发感知模式事件等。

4）History：在模式检测窗口有效期内，纠正和识别因路由及传输而失序的感知事件模式，模式树结构的每个节点都有事件历史记录。

当出现原始事件时，将为与该原始事件相关的复合事件模式创建实例。在复合事件检测窗口内，任一复合事件模式最多有且只有一个复合事件实例存在，其实例状态如图 1-24 所示。

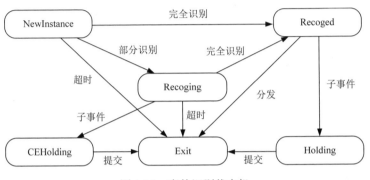

图 1-24　事件识别状态机

在图 1-24 中，NewInstance 表示一个新事件实例的开始状态；Recoging 表示该事件实例正在被识别，此时，该复合事件实例只有部分子事件已被识别，当所有子事件全部按复合事件模式规范描述的方式发生和识别后，该复合事件进入 Recoged 状态。实例状态也可能被标识为 Holding 或 CEHolding 状态，表示该事件是其他事件的子事件，且有可能被识别。Exit 状态表明该事件实例已经无效。事件实例对象是动态创建的，当复合事件时限失效后，将进入 Exit 状态。

协作感知运行时支持五种感知事件模式，它们分别是顺序感知事件模式、可替代感知事件模式、可迭代感知事件模式、时限感知事件模式和并发感知事件模式。

（1）顺序感知事件模式

如图 1-23 所示，当事件 e_1 被识别后，检测算法就确定其可能是 CAW 的子事件，将 e_1 的状态设置为 Holding，由于 CAW 被部分识别，创建 CAW 的实例并将其置于状态 Recoging，同时启动检测窗口机制。由于该事件模式是时序敏感的，在检测时限内，无论次序如何，都将 e_1、e_2 和 e_3 事件实例放置在各自节点的 History 属性中，并在每一类事件实例按时间顺序由前向后排列，直到所有子事件实例填充完毕，查询顺序事件模式。如果检测到模式实例，则将 CAW 实例的状态置为 Recoged；如果检测窗口超时而检测不到顺序事件模式，则将 CAW 实例的状态置为 Exit。

（2）可替代感知事件模式

这种情形最简单，当复合事件 CAW 的任何一个子事件被识别时，该复合事件即被标识为 Recoged。

（3）可迭代感知事件模式

这种情形的事件次序不是时间敏感的，因此，除了不依据 History 属性对事件进行排序外，其检测过程与顺序感知事件模式类似。如图 1-23 所示，当事件 e_1、e_2 和 e_3 中的任何一个事件被检测后，该事件的状态即被置为 Holding，同时创建 CAW 实例，并将其置于 Recoging 状态，当 CAW 所有的子事件都被检测到后（不考虑先后次序），一次事件模式迭代结束，将 CAW 的属性 IterationNm 计数加 1。重复以上过程，直到该迭代感知事件模式出现。

（4）时限感知事件模式

这类复合感知事件通常只有两个子事件，出现事件 e_1 后即启动 CAW 实例，并将其置于 Recoging 状态，在检测窗口时限内，e_1 实例节点 History 中插入后续的 e_1 实例（如果有），并在收到 e_2 实例后即进行时限条件检查，将不符合条件的 e_2 丢弃，若符合条件则将 CAW 实例状态置为 Recoged。

（5）并发感知事件模式

这类事件模式需要定义并发区间（T_p）。对于任何感知事件，将其起始时间 T_s 加上 T_p，就是该事件的并发检测区间 T，即

$$T = [t^s;\ t^e]；其中\ t^s = T_s,\ \ t^e = T_s + T_p$$

设有一组事件 $E_k = \{e_0, e_1, e_2, \cdots, e_{k-1}\}$，其中 $k \in \mathbb{N}$，每个事件 e_i 所对应的并发检测区间为 $T_i = [t_i^s;\ t_i^e]$，其中 $0 \leqslant i \leqslant k-1$；如果存在一个时间点 t，对于任意 $i \in [0, k-1]$，都满足 $t_i^s \leqslant t \leqslant t_i^e$，则事件组 E_k 就是一组并发感知事件。

当事件 e_1、e_2 和 e_3 中的任何一个事件被检测后，该事件的状态即被置为 Holding，同时创建 CAW 实例，并将其置于 Recoging 状态，当 CAW 所有的子事件都被检测到后（不考虑先后次序），即开始上述的并发检测过程，如果检测出非并发事件组，则将 CAW 实例的状态置为 Exit。

当复合事件树深度大于 1 时，下层已识别复合事件可能是更高层复合事件的子事件，重复这一过程直至检测到根复合事件。复合事件树的构建是自顶向下的过程，而其识别算法是一个自底向上的过程。复合事件生成具有不可回溯性，即在深度大于 1 的复合事件检测中，子复合事件历史记录的有效事件是第一次事件模式出现时的相关事件，而不管检测窗口范围内出现的其他相同模式，已识别的复合子事件状态被置为 CEHolding。

GOCAL 运行时中感知规则条件表达式是以树形结构表示的，其处理过程类似于复合事件的检测过程。

1.2.3　协作上下文服务

早期的上下文研究关注外在的上下文内容，如位置与邻近性等，并不关注人

类的认知活动。随着 CSCW 应用的普及，与协作者相关的内在上下文开始受到重视，包括目标、任务、工作上下文、商业流程和个人协作事件等[18]。上下文感知应用也受到极大关注[19]，它被定义为"如果一个系统利用上下文提供相关的信息和（或）服务给其使用者，且这些信息或服务关联着用户的任务，则这个系统就是上下文感知的"。上下文感知计算已成为协作上下文研究的新课题[20]。

处于协作上下文情景的协作者，需要与上下文有密切的交互。协作系统的一个重要部件是上下文管理器（context manager，CM），它是协作者活动和上下文敏感的应用之间的桥梁，图 1-25 给出了协作上下文管理器和计算环境支持协作者执行协作活动的过程。

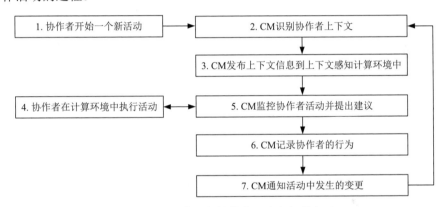

图 1-25　协作者与协作上下文之间的交互

一个功能完善的协作系统应该提供上下文信息共享，如图 1-26 所示①。

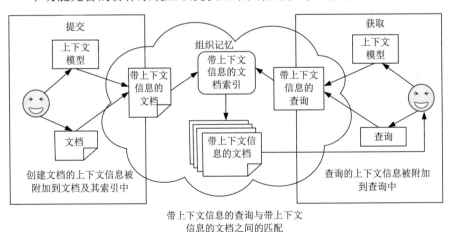

图 1-26　上下文信息共享

---

① Klemke, Roland. 2002. RWTH Aachen University. http://publications.rwth-aachen.de/record/57040。

1. 基于本体的协作上下文建模

由于协作上下文的丰富性，不可能也不需要再现协作流程的全部上下文，只需关注其中有价值的信息。也不能简单利用上下文概念开发上下文感知应用，重要的是理解上下文属性及上下文之间的关系，尤其要关注与之密切关联概念的关系，如任务或活动、用户和群组等[21]，这需要对协作上下文进行建模，它是协作上下文管理最重要的方面[17,22]。上下文建模框架支持上下文信息的捕获、再现和重新获取。利用本体建构知识管理和上下文信息系统[23-25]，可以将离散、非结构化的组织知识引入上下文环境，从而促进知识在群组成员中的存取、分发和重用。

协作上下文管理是协同服务框架 CoFrame 非常重要的内容。根据本体定义和本体构建原则，协作上下文建模首先要定义协同工作的实体概念及这些概念之间的相互关系，如图 1-27 所示。

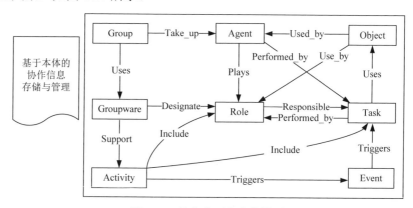

图 1-27　协作上下文本体模型

（1）概念

概念反映对象本质属性，抽象所感知事物的共同本质特点并加以概括就成为概念。概念具有内涵和外延。下面是协作系统的一些共同概念。

1）群件系统（Groupware）：协作者在协同过程中应用的群件系统。目前的群件系统按协作模式可分为会话模型（如聊天系统、电子邮件系统等）、会议模型（如视频会议系统）、过程模型（如工作流管理系统）、活动模型和层次模型等。这些群件系统的属性包含类型、使用群件的组成员以及操作对象（如文档、消息、视频等）、开始及最后状态等。

2）任务（Task）：指通过代理执行某一活动并达到某一目的。协同工作任务可分解成单元任务或者基本任务，任务按一定的顺序执行，任务开始由其他任务完成状态或者事件触发。

3）对象（Object）：对象包含属性和属性值，对象被某一任务或某类动作改变状态。对象具有层次结构，它可以包含其他对象，也可以是其他对象的一部分。对象一般被任务使用，它也可能由于引发事件的发生而影响任务执行顺序。

4）代理（Agent）：任务执行的主体，通常是指人或能完成一定功能的软件。

5）角色（Role）：关于某一类权限及职责的集合，协同系统可以将这组权限及职责集合指定给某个（组）用户，从而在角色所指定的权限范围内完成所担负的任务。角色和用户之间是一种动态的多对多关系。

6）事件（Event）：指协同过程中某一时间点上状态的改变。事件通过触发任务影响任务的执行顺序。

（2）关系

关系是指事物之间的相互作用、相互影响的状态。协同工作环境中关系无处不在。主要的关系本体包括以下种类：

1）Adopts(Task,Tool)：某一协同任务，协作者采用何种协作工具或者群件进行协作。

2）Uses(Task,Object,Action)：表示任务在执行过程中施加于对象的动作。

3）Triggers(Task/Event,Triggeredtask,Triggertype)：在特定任务流程中，Triggers是一种最基本的关系，当协同过程某一状态或者任务发生变化时，可以触发新的任务。

4）Plays(Agent,Role,Appointment)：代理扮演某一类或者多类角色完成相应的任务。

5）Performed_by(Task,Agent/Role)：指定任务由哪个代理执行，但不是代理承担该类任务，而是指代理所扮演的角色承担该任务。

6）Subtask(Task,Subtask)：将任务分解成较小的子任务。

7）Subrole(Role,Subrole)：说明角色的分层关系，一个角色包含某一类子角色时，同时也将包含子角色对应的任务。

8）Responsible(Role,Task)：指角色承担的某类任务。

9）Used_by(Object,Agent/Role,Right)：说明谁可以使用哪一类对象，相应的对象和角色可以对它进行什么样的操作，说明代理可以使用的权限。

（3）基于本体的上下文协作模型

从协同服务网格的协作上下文服务需求出发，我们提出一种基于本体的上下文协作模型（ontology for contextual collaborative applications，OCCA）。OCCA采用分层构建本体的方法，协作上下文服务独立于编程语言、操作系统和中间件，能够基于领域知识进行形式化推理。

协作空间中的任何实体都有它的上下文，既有通过物理感知获取的上下文信息，也有来自虚拟协作空间人机交互过程的上下文信息，还有不同来源的上下文信息聚合、抽象形成的高层上下文信息及其历史记录。考虑到协作环境中上下文信息来源的多样性，OCCA 采用分层方法构建本体，顶层本体是各领域最一般的概念，而下面各层是各领域下的细分子领域概念。底层本体以"即插即用"方式与具体上下文服务绑定，可以根据应用场景不同动态加载不同的上下文服务。

OCCA 将协作环境信息分为八类：人和群组（Person）、任务（Task）、交互活动与过程（Process）、构造物（Artifact）、协作工具（Tool）、情景（Environment）、协作控制策略（Policy）和协作历史（History）。协作上下文模型 OCCA= {Per, Tsk, Process, Art, Tool, Env, Pol, His}。

图 1-28 给出 OCCA 顶层本体及其关系。

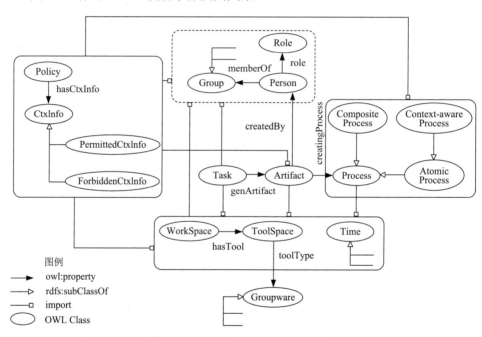

图 1-28　OCCA 顶层本体及其关系

1）人和群组：增加了个体存在（Presence）、个体意图（Intention）、个体角色、个体所处位置信息及个体权限等描述，丰富了群组基本信息。

2）任务：包括任务名（name）及基本描述（desp）、任务时间限制（deadline）、管理任务的群组（groupInCharge）、任务产生的构造物（genArtifacts）、任务参与者（attendee）及任务协作空间（inWorkSpace）。

3）交互活动及过程：包括过程（Process）、原子过程（Atomic Process）、上下文感知过程（Context-aware Process）等，这是 OCCA 的核心。过程具有输入、输出、前提条件和后置条件等属性，复杂过程由原子过程组合而成。

4）构造物：构造物共同的属性主要包括：名字（art:name）、文件大小

（art:fileSize）、文件类型（art:fileType）、内容分类（art:category）、创建者（art:createBy）、创建时间（art:createOn）、修改时间（art:modifiedOn）等。其他如 art:createInProcess 及 art:lastmodifiedBy 等属性，分别描述构造物是在哪个活动中创建以及谁最后一次修改了它，其值域分别为 occa:Process 和 occa:Person。构造物分为文本、声音媒体、静态图像、动态图像或视频、可计算等五类。

5）协作工具：定义协作工具所能够支持的协作类型及领域等内容。

6）情景：主要包括对位置和时间的描述，与一般"时空推理"的时间本体、空间本体不同，这里的位置和时间都与协作环境相关。其中，位置有物理位置和虚拟空间位置两类，后者用协同工作空间（WorkSpace）描述，它由多个协作工具空间（ToolSpace）构成，其状态（spaceStatus）属性描述"空闲"和"忙中"状态。

7）协作控制策略：由策略类（Policy）描述，其属性 creator、createdOn 分别表示策略制定者和制定时间。为了表达策略及控制规则，定义属性 permit 和 forbid 描述共享协作感知信息的允许和禁止规则，其定义域都是 Policy 类，前者的值域是 PermittedCtxInfo，后者的值域是 ForbiddenCtxInfo，它们被定义为协作感知信息属性 CtxInfo 的不相交子类。

8）协作历史：为了描述协作历史信息，引入具名图概念，定义 CM（context memory）为上下文记忆，它可被看作一个 RDF 数据集：

$$CMi = \{Cxt, (<u1>, Cxt1), (<u2>, Cxt2), \cdots, (<un>, Cxtn) \}$$

其中，$(<ui>, Cxti)$表示具名图，Cxt 表示具名图的元数据，Cxti 是事实集合，它发生在以 Cxt 描述的情景中。当事件发生或者发布信息时，事件或信息本身的描述连同其上下文信息被存储在 CM 中，称为上下文记忆。

2. 基于上下文图的关联关系

从协作上下文中挖掘感兴趣的规则和模式，是提高协作质量的重要保证。我们提出一种基于上下文图的关联关系发现算法。

RDF 数据集是指形如$\{G, (<u1>, G1), (<u2>, G2), \cdots, (<un>, Gn) \}$的集合。其中，G 和 Gi 表示图，而$<ui>$表示互不相同的 IRI（internationalized resource identifier）。G 称为默认图（default graph）或背景图（background graph），而$(<ui>,Gi)$称为具名图。将本体及其实例表示为 RDF 数据集的形式，在背景图中存储具名图的 IRI 及其实体描述，而在具名图中存储对这些实体的上下文或情景描述。若背景图中两个实体是同一个类的子类，并且通过它们各自具名图的交集而产生相交关系，我们就为这两个实体建立一条边。如此，背景图中多个相交的实体连接在一起构成了一个新的无向图，称为上下文图。

下面给出度量用户之间联系的定量计算方法。

设 r 表示上下文图的资源，e 是它的具名图（以 ng 表示）中的实体，N_e 是它的具名图中实体总数，N_c 是它与其他资源相交的实体总数，$\mathrm{wt}(e)$ 是具名图相交实体的权值，则资源 r 的重要性可根据下式计算：

$$R(r) = \sum_{e \in ng} \frac{N_c}{N_e} \mathrm{wt}(e)$$

其中，$\mathrm{wt}(e)$ 包含联合权值和用户自定义权值两部分。

（1）联合权值

从协同工作的角度看，若两个协作者经常参与相同的活动或者执行相同的任务，则他们之间的关系是比较紧密的，受此启发，可根据协作者拥有的相同实例对协作关系进行定量分析，得到联合权值，它由联合活动权值和联合构造物权值组成，分别按照下述公式计算：

$$\mathrm{wt}(e_{P_1,P_2})_{\mathrm{Activity}} = \frac{\sum_{k=1}^{n}(P_{1_k} - \overline{P_1})(P_{2_k} - \overline{P_2}) + 1}{2\sqrt{\sum_{k=1}^{n}(P_{1_k} - \overline{P_1})^2 \sum_{k=1}^{n}(P_{2_k} - \overline{P_2})^2}}$$

其中，n 为活动数目。$\overline{P_1} = \frac{1}{n}\sum_{k=1}^{n} P_{1_k}$，$\overline{P_2} = \frac{1}{n}\sum_{k=1}^{n} P_{2_k}$。

$$\mathrm{wt}(e)_{\mathrm{Task}} = 1 - \frac{1}{\#t}$$

其中，$\#t$ 指相同任务的数目联合构造物权值，它与共同操作构造物（类）相关，计算方法如下：

$$\mathrm{wt}(e)_{\mathrm{Artifact}} = 1 - \sum_{A} \frac{1}{\#A(H_A/|H|)}$$

其中，$\#A$ 表示相同构造物的数目，H_A 为该构造物在层次树 H 中的位置，$|H|$ 为构造物层次树的高度。

（2）用户自定义权值

联合权值根据协作者参与执行相同任务、参加相同活动或者操作相同构造物等情况计算权值，没有考虑协作者"相同兴趣"这一因素，为此引入用户自定义权值，其计算方法如下：

$$\mathrm{wt}(e_{P_1,P_2})_{\mathrm{user\_define}} = \frac{\sum_{k=1}^{N}(r_i P_{1_k} - \overline{P_1})(r_i P_{2_k} - \overline{P_2}) + 1}{2\sqrt{\sum_{k=1}^{N}(P_{1_k} - \overline{P_1})^2 \sum_{k=1}^{N}(P_{2_k} - \overline{P_2})^2}}$$

其中，$\overline{P_1} = \frac{1}{N}\sum_{k=1}^{N} r_i P_{1_k}$，$\overline{P_2} = \frac{1}{N}\sum_{k=1}^{N} r_i P_{2_k}$，$N$ 是用户兴趣区域 R 所有实体、属性及其实

例元素的数目，r 是对应兴趣区域的权重，而 P_k 则是用户 P 的具名图中所具有的 R 中第 k 个元素的数目。

综合上述分析，可以得到

$$\text{wt}(e) = k_1 \times \text{wt}(e)_{\text{Activity}} + k_2 \times \text{wt}(e)_{\text{Task}} + k_3 \times \text{wt}(e)_{\text{Artifact}} + k_4 \times \text{wt}(e)_{\text{user\_define}}$$

其中，k_1, k_2, k_3, k_4 与应用场景相关且满足约束条件 $k_1 + k_2 + k_3 + k_4 = 1$。

1.2.4 网格工作流服务

工作流是指根据一系列预定义的规则，文档和数据在参与方之间传递的自动过程，最终达到一个总目标[26]。基于工作流管理联盟（Workflow Management Coalition，WfMC）①发布的工作流参考模型，文献[27]提出如图 1-29 所示的网格工作流管理系统模型。

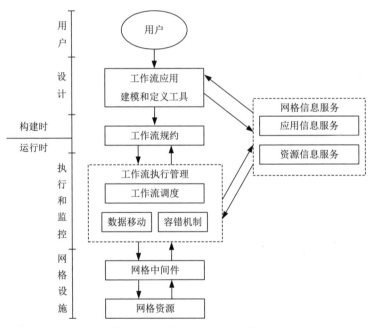

图 1-29　网格工作流管理系统

工作流管理系统包括工作流应用构建时和运行时两部分，前者主要关注工作流任务及其依赖关系的定义和建模，后者负责管理工作流的执行以及与网格资源的交互。用户使用工作流建模和定义工具创建一份反映应用需求的工作流规约。工作流规约由工作流执行管理组件负责实施并对执行过程进行监控。无论是工作流的建模、定义还是工作流的执行，都要用到网格信息服务，以便获取有关应用

---

① 工作流管理联盟，http://www.wfmc.org。

和资源的信息。工作流服务建立在其他网格服务的基础上，例如，数据移动和容错机制完全可由数据管理中间件提供。因此，这里重点讨论工作流的设计和调度问题。

1. 工作流设计

工作流设计包括四个关键因素：工作流结构、工作流模型、工作流组合及 QoS 约束。

一个工作流是由多个任务依据它们相互之间的依赖关系连接而成的，而工作流结构能够表征任务之间的时序关系，它可以用有向无环图（directed acyclic graph，DAG）建模，DAG 提供了三种时序关系：顺序、并行和条件选择。有些工作流结构还支持迭代（循环）时序关系，此时对应的任务图就不再是有向无环图了。

工作流模型描述了工作流的任务定义和结构定义，它可以分为抽象和具体两种类型。抽象工作流模型是指以一种抽象形式描述工作流，并不涉及工作流执行时需要用到的网格资源。与之相比，具体工作流模型把工作流任务与指定网格资源绑定，因此它又被称为可执行的工作流模型。抽象工作流模型把工作流与底层实现分开，有利于工作流规约的移植和共享。由于网格环境的动态性，抽象工作流模型更适合于网格工作流的描述。在执行工作流之前，再把抽象模型转换为具体模型。

工作流组合是指用户把多个组件装配为一个工作流，这个过程既可以手工也可以自动完成。根据工作流组合工具的不同，可以把工作流组合细分为基于语言的组合和基于图的组合两种形式。支持工作流建模的标记语言包括各种 XML（如 XLANG①、WSFL②、BPEL4WS 和 GridAnt[28]）和 Gridbus③工作流等。利用基于图的工作流建模工具，用户可以通过点击和拖动图形元素的方式定义工作流。Petri 网和 UML 是两种常见的图形化工作流建模工具。Petri 网是一类特殊的有向图，它能够对任务执行的四种时序关系（顺序、并行、选择和循环）进行建模。UML 活动图经扩展后也可用于工作流建模。使用标记语言编写工作流对用户的要求很高，图形化建模工具更符合人的直觉，但是当工作流所涉及的图形元素很多，对图形布局的要求也会更高。

在网格环境中，有很多资源可以支持同一个任务的执行，这些资源具备相似的功能，但有可能提供不同的服务质量（QoS）。基于 Web 服务的服务质量模型[29,30]

---

① BizTalk Server 2000 技术文档，https://www.microsoft.com/en-us/download/details.aspx?id=56421。

② Web 服务工作流语言（WSFL 1.0）规范，http://xml.coverpages.org/WSFL-Guide-200110.pdf。

③ Gridbus 中间件，http://www.cloudbus.org/middleware/。

可以从以下五个方面度量网格工作流的服务质量：

1）时间：指整个工作流执行完毕所耗费的时间，也就是总跨度时间（makespan）。

2）成本：执行工作流所付出的总成本，包括管理工作流和使用网格资源付出的成本。

3）保真度（fidelity）：对工作流执行完毕后的输出结果进行度量。

4）可靠性：与工作流执行过程中的故障发生次数有关。

5）安全性：与工作流执行过程中所涉及的认证、授权、保密和信任等因素有关。

一种保证网格工作流 QoS 约束的方法是首先指定单个任务的 QoS 约束，在此基础上考虑整个工作流的 QoS 约束，即所谓任务级别 QoS 约束。另外一种方法是工作流级别 QoS 约束，即首先指定整个工作流的 QoS 约束，由工作流调度组件决定每个任务的 QoS 约束。QoS 约束分解策略有最终截止期限、有效截止期限、同等松弛和同等灵活策略[31]等。

2. 工作流调度

工作流调度必须考虑网格资源的异构性及 QoS 约束问题。根据体系结构的不同，可以把工作流调度分为集中式（central）、分布式（distributed）和层级结构（hierarchical）三种。集中式工作流调度存在一个中央调度组件，由它负责对工作流包含的所有任务进行调度，前提是中央调度组件能够获取所有任务和资源的信息。层级结构的工作流调度存在一个中央调度组件和多个二级调度组件。中央调度组件负责把工作流分解成多个子工作流（sub-workflow），并把它们分配给对应的二级调度组件。二级调度组件负责把子工作流映射到调度范围内的相关资源。分布式工作流调度模式同时存在多个平等的调度组件，调度组件之间通过会话和协商，把子工作流分配到最优的调度组件，由该调度组件负责完成子工作流与资源的映射。

工作流调度的基本步骤是：首先调度组件对任务在资源上执行的性能进行估计，然后根据某种调度策略决定任务-资源映射关系，把抽象工作流转换为可执行的具体工作流。上述过程涉及性能预测（performance estimation）、调度策略（scheduling strategy）和规划模式（planning scheme）三个关键概念。

性能估计是指对任务在资源上的执行表现作出准确评估。常见的性能估计方法包括如下几种：

1）仿真。基于仿真环境来模拟工作流的执行，根据模拟结果对性能作出评估[32,33]。

2）模型分析。首先建立能够表征任务执行性能表现的模型，然后根据模型进行预测。例如，GrADS 系统的调度组件利用模型预测任务的内存需求和计算时间[34]。

3）历史数据追溯。根据以前执行用户应用时获得的性能数据进行预测[35-37]。

4）在线学习。无须先验信息，调度组件根据资源的最新表现进行预测。文献[38]提出一种算法，它能够通过在线学习某个资源执行任务的最新性能表现，来预期被调度任务在该资源上的执行性能。

5）混合方法。把几种方法集合在一起用于性能预测，文献[39]中的任务性能预测算法就用到了分层队列模型和历史数据追溯两种方法。

从本质上讲，工作流是一个有依赖关系的任务，有依赖关系任务的调度算法对工作流调度同样具有意义。从这个角度出发，工作流调度的策略包括以下三类：

1）基于任务执行性能的调度策略。该策略的优化目标是获得最优执行性能和最少的总执行时间[40]。大多数网格工作流调度系统均采取这种策略，这也是各种有依赖关系任务调度算法的优化目标。例如，GrADS 系统采用 Min-min、Max-min 和 Suffrage 三种启发式算法实现基于有向无环图模型工作流的最优调度[34]，使用遗传算法和循环消除（cycle elimination）技术实现非有向无环图模型工作流的调度。

2）市场驱动的调度策略。该策略的基本思路是基于市场模型把任务分配给资源，也就是在调度系统和资源提供者之间建立一个开放的电子市场，调度组件从资源提供者那里购买服务，并为任务执行付出一定形式的电子货币。工作流调度由调度组件在运行时根据资源价格、质量和可利用情况动态完成，目标是获得预期的服务质量，包括截止期限和预算限制等。Nimrod/G 和 Gridbus 数据资源代理系统[41]使用了市场驱动的工作流调度策略。

3）信任驱动的调度策略。该策略是调度组件根据资源的信任等级进行资源选择，完成任务调度。以 GridSec 系统为例[42]，首先基于安全策略、累积声誉、自我防护能力和攻击历史等属性建立资源的信任等级模型，然后调度组件把任务映射到信任等级高于用户需求的资源。

工作流规划模式是指如何把抽象工作流模型转换为具体工作流模型的方法，包括静态和动态两类规划方法。静态规划发生在工作流被执行之前，它所依据的是规划时的资源状态。静态规划可进一步分为用户手动参与和基于仿真两类。动态规划则会依据资源的动态状态信息进行工作流规划，它又可以分为基于预测和实时规划两类。

3. 网格工作流框架

工作流作为构建复杂分布式计算系统的重要技术，受到广泛关注，但目前大部分工作流系统都在流程执行之前进行细致的流程建模，称为"预先完全定义"（full-ahead plan），它不适合网格这类大规模分布式动态环境。我们将人工智能规划方法引入动态工作流构建，提出并实现了一个知识丰富、目标驱动的网格工作流框架（pattern oriented workflow engine framework，POWER）[43-45]，它是网格工作流应用的基础。引入流程模式的概念，模式可以视为特定环境下解决特定问题的专家经验或知识，基本的模式结构如表 1-1 所示，包括问题、场景和解决方案三个部分。"问题"描述需要处理的任务或需要达成的目标；"场景"说明这个问题所处的上下文环境；"解决方案"提供在此种环境下解决该问题的方法和流程。实际中应用的模式可能包括更多的属性。

表 1-1　流程模式的基本结构

基本结构	功能
问题	业务目标
场景	上下文环境
解决方案	问题解决方法和流程

网格工作流框架 POWER 利用语义网技术对流程运行环境的相关概念和知识建模，利用流程模式表示业务领域知识，以此为基础进行工作流动态细化和构建，工作流上下文为流程细化与运行提供决策信息。POWER 采用目标驱动模式取代传统工作流系统的过程驱动模式，允许在流程执行阶段进行工作流动态变更与细化，以提高工作流执行的灵活性与自适应性，业务层目标驱动降低了用户使用的复杂度。由于规划器和知识库相互独立，可以通过增加相应问题领域的知识来支持新的流程应用，从而提高系统的通用性。

POWER 框架分为目标层、业务层和执行层，如图 1-30 所示。目标层将用户业务目标通过解析形成初步的目标模型；业务层则对其进行模式匹配、评估和组合，生成可执行的流程定义；执行层采用面向服务的架构 SOA 实现，主要包括调度器、协调器和监控器。调度器负责逻辑流程执行的资源调度，协调器为生成的工作项在信息服务目录中查找并绑定合适的服务。监控器收集流程运行状态和相关的上下文信息。

POWER 不仅提供自上而下的目标分解和流程细化，而且还提供自下而上的反射机制（reflective mechanism），流程在执行过程中可以逐步细化。当运行出现异常时，协调器重新进行调度或规划，部分流程运行时故障或冲突可以自动修复。

POWER 框架的特点体现在以下方面：

1）基于流程模式（process pattern）的知识表示。提出流程模式作为领域知识表示的手段，将流程和业务目标自然联系起来，解决了工作流自动生成过程中知识不足的难题。

2）目标驱动的工作流动态生成。以流程模式为基础，集成语义网、Web 服务、智能规划等技术，降低用户定义流程的负担，大大增强了工作流系统的灵活性和自适应性。

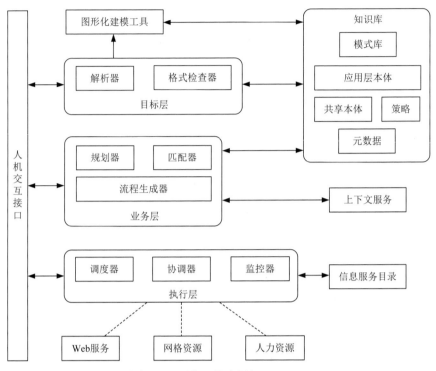

图 1-30   网格工作流框架 POWER

3) 强调人在流程生命期的参与作用,通过人机交互接口,用户可以在流程运行的各个阶段主动参与控制流程的匹配、规划和调度,可以接受、拒绝或者自主选择适用的模式,提高系统的可靠性和用户的满意度。

面向流程模式规划方法的基本过程如图 1-31 所示。知识库分为本体库、模式库和策略库。本体库除了共享本体外,还包括系统业务目标。模式库保存相关的流程模式。策略库有目标-上下文关系及规则、用户偏好及业务约束。这些知识对工作流动态生成有着重要作用。

规划过程主要包括以下关键步骤:

1) 用户提交业务目标,它可以是应用层词汇描述。系统解析用户请求,将其变换为系统的目标形式及相关的上下文信息。

2) 系统检查策略库的目标-上下文关系,查找与目标最相关的上下文,调用上下文服务得到一个规范的目标和一组对应的上下文信息。

3) 系统进行领域过滤和目标匹配。每一个目标都有它所属的应用领域,系统将当前目标的领域在模式库中过滤、筛选,从而缩小模式搜索范围。接着对问题领域的模式进行目标匹配,得到一组可以解决目标问题的备选模式。

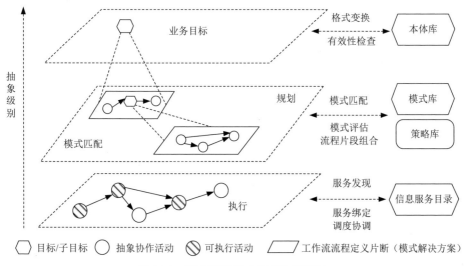

图 1-31　面向流程模式的工作流规划

4）系统进行上下文匹配判断当前情况和备选模式场景的匹配程度。模式场景描述了决定该模式是否适用的上下文环境。在完成上下文适用度评估后，系统为用户目标选择最适合（即分值最高）的模式。所选择模式的解决方案就是可以完成模式任务的流程定义。通过模式匹配和规划，业务目标可能被映射到多个流程片段，可以根据所选不同模式的依赖关系，拼接组合成完整的流程定义。

5）调度器将该流程指派到合适的服务或者绑定相关资源执行，执行引擎可以是分布式作业调度器、服务编排引擎或第三方开发的执行引擎。

1.3　P2P 网格

分布式系统模型主要分为客户端/服务器（client/server，C/S）模型[46]和对等（peer-to-peer，P2P）模型[47]两种，如图 1-32 所示。

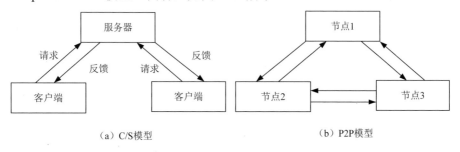

（a）C/S模型　　　　　　　　　　　　　　（b）P2P模型

图 1-32　C/S 模型和 P2P 模型

在 C/S 模型中，服务器总是保持运行，监听客户端的请求，在接收到客户端的请求后进行处理并将结果反馈给客户端；客户端主动发送请求给服务器，等待并接收来自服务器的反馈。从 C/S 架构又发展出三层架构[48]，其中展示层提供用户界面，逻辑层执行具体的业务逻辑，数据层提供数据存储业务。如果进一步根据需要将逻辑层细分为多层，此时的架构模型又被称为 N 层模型。

对等计算是指通过网络节点之间的直接交换来共享计算机资源和服务的一种计算模式。参与对等计算的各个节点具有对等的地位，它们彼此连接形成一个对等网络。对等网络不依赖专用的中央服务器，每个节点既可以向其他节点请求共享资源和服务，又可以充当服务器，为其他节点提供服务。根据网络拓扑结构的不同，可以把对等网络分为集中式、环形、分级/树形、非集中控制等基本的网络结构，如图 1-33 所示。有些 P2P 系统具有混合型网络拓扑，即由几种基本拓扑类型混合而成。例如，集中式和环形的混合、集中式和非集中控制的混合等。

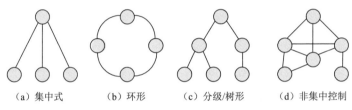

| （a）集中式 | （b）环形 | （c）分级/树形 | （d）非集中控制 |

图 1-33　P2P 网络拓扑类型

P2P 模型是指"充分利用位于 Internet 边际的资源（包括存储、CPU 周期、内容和个人专长）的一类应用"①。在 P2P 模型中，服务器与客户端的界限消失了，每个节点同时承担客户端和服务器的角色，网络上所有的节点都可以平等地共享其他节点的资源。

P2P 系统可分为非结构化和结构化两种。

1）非结构化系统对网络拓扑结构的构成没有严格的限制，节点可以自由地动态加入网络，每个节点可以随意地决定其要共享的数据和共享数据的位置，不保证每个搜索都能成功。典型的系统有 Napster、Gnutella 和 Freenet 等。

2）结构化系统提供从文件标识符到存放该文件的节点标识的映射服务，然后把查询请求路由到该节点。结构化系统的搜索方法通常是基于分布式哈希表（distributed Hash table，DHT）的查找和路由算法。典型的结构化 P2P 系统包括 Pastry、Tapestry、Chord 和 CAN 等。

根据子系统之间的耦合程度，又可以将分布式系统分为松散耦合和紧密耦合两类。松散耦合使得应用程序环境更敏捷，能更快地适应流程更改，降低风

---

① SHIRKY C. What Is P2P... and What Isn't?, http://anet.sourceforge.net/cached/p2p/13/472.html。

险。前面提及的 SOA 是目前最常见的一种松散耦合架构。

　　"现代服务业信息支撑技术及大型软件"是《国家中长期科学和技术发展规划纲要（2006—2020 年)》中的重点领域和优先发展主题。从业务模式来看，现代服务业信息化应用正从孤立系统逐渐转向基于 Internet 的大型分布式系统。大型分布式系统的构建非常复杂，同时其应用价值又很大，所以该方向一直是计算机网络和分布式计算领域的研究热点。

　　现代服务业具有三个显著特点：①广域和跨组织：现代服务业不仅要求在组织内部实现信息和资源共享，还要求支持跨部门、跨组织的协同工作；同时，经济全球化的现实也要求现代服务业能够灵活地整合自身和合作伙伴的业务，快速应对市场的挑战。②开放性：构建支撑现代服务业的系统平台并非一朝一夕之事，其解决方案必须具有开放性和互操作性，使现有的软件系统在未来仍然可以很好地利用，而且可与新开发的软件系统整合与集成，提供一致的服务。③知识密集：要求构建的平台必须具备海量数据和信息的存储、管理、传输和检索能力。

　　现代服务业的上述特点决定了任何单独的一种网络计算模式，都无法满足现代服务业的应用需求，必须将这些计算模式进行融合与集成创新。不同的网络计算模式侧重点各不相同。对等计算模式弱化集中服务器功能，强调系统中所有个体的作用。每一个参与者既是客户又是服务方，共享行为被提高到一个更高的层次。网格计算则是一种在虚拟组织中实现资源共享的体系架构。

　　无论是哪一种网络计算模式，最终目标是一致的，即广泛共享、有效聚合和按需分发。广泛共享是指通过各种方法、技术和设施将网络上的各种资源提供给众多的用户共享使用；有效聚合是指将网络上的信息和资源通过协同工作集成起来，产生巨大的综合效能，以协同工作的方式完成应用任务。按需分发是指将网络上的多种资源的聚合效能按照需求传递给用户，为用户提供个性化服务。

　　网格计算实现了基于标准、安全的资源管理，但它的可扩展性和自我管理能力不如 P2P 系统；P2P 系统的可扩展性和容错性能都很强，能够实现自我管理，但是标准化和安全性是它的缺陷。P2P 网格集成了网格计算和 P2P 技术的各自优势，即从网格计算模式借鉴安全架构、互操作性和标准化，从 P2P 技术借鉴可扩展性、容错和自我管理，有效支持广域、跨组织的知识与数据密集应用，以及通过服务组合按需动态集成应用系统，提供安全且有服务质量保证的服务，获得最佳的资源共享性能。事实上，网格计算和 P2P 技术的融合已成为人们的普遍看法与共识[49,50]。

　　移动自组织网络（mobile ad hoc network，MANET）是一种在没有固定基础设施的条件下，由系统中的通信节点通过分布式协议互连的网络系统，具有无中心、节点对等、多跳（multihop）、自发现（self-discovering）、自配置（self-configuring）、自组织（self-organizing）、自愈（self-healing）等特点，它不依赖固定的基础设施，能自动快速地部署独立的通信网络或有效延伸已有通信网络的覆盖范围，在民用和军事方面均有广泛的应用前景。移动自组织网络与传感技术相结合形成的无线传感网络，将改变人类与自然的交互方式，极大地扩展现有网络的功能和人类认识世界的能力。随着网络技术的发展和应用的普及，自组织网络的概念逐渐泛化为各种具有自组织特性的网络新理念、新技术和新设施研究，它与网格计算、P2P网络等融合发展的趋势日渐明显，提出了自组织网格（ad hoc grid）[51]的概念，即"无须预定义的固定基础设施，只需最低程度的管理而由异质计算节点自发形成的逻辑社区"[52]。由于在自组织网格中没有集中式的管理结构，因此必须建立有效的机制，负责节点之间的信任关系、声誉管理及资源发现，P2P 领域的研究成果可为此提供借鉴[53,54]，即 P2P 网格[55]。在自组织网格和 P2P 网格基础上发展形成的对等科研协作网络，是网络环境下科研活动的新形态，作为一项新课题正日益受到重视。

P2P 网格系统架构如图 1-34 所示。

图 1-34　P2P 网格系统架构

P2P 网格系统架构的核心中间件层是关键，系统实现的主要任务是研究现代服务业的共性服务及其实现机制，研发一系列核心中间件，包括：具备复杂事件处理机制、集成语义数据的企业服务总线；基于 DHT 分布式资源发现算法和启发式资源调度算法的资源管理中间件；支持海量数据分布式存储、具备自适应动态数据副本管理能力的海量数据管理中间件；实现工作流自动编排的工作流管理中间件；基于安全代理授权认证体系和跨虚拟组织信任模型的信任与安全中间件；兼容 GMA 并支持多种信息存储结构和消息分发模式的系统监控中间件等。

要在网格应用系统中实现动态资源共享，必须建立基于 P2P 模式的资源发现机制，与集中管理机制结合，如图 1-35 所示，图中虚线框部分是采取集中管理服务方法的网格架构。

行业信息化建设需要基于 Internet 的基础支持平台。怎样实现资源的合理、均衡使用以避免浪费，解决信息孤岛难题以促进信息交流与共享，以及解决大型信息系统开发难度大、运行成本高等问题，都属于直接影响并制约行业信息化的关键问题。P2P 网格系统架构及核心中间件可以提供一种行之有效的解决方案及其实现技术，特别适用于已有信息系统的整合和实现互操作，能够有效降低大规模分布式系统及其应用的开发、调试、部署、管理和维护成本。

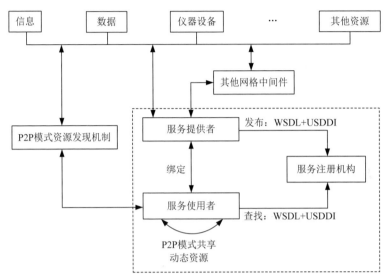

图 1-35　P2P 模式资源发现与共享机制

资源发现是实现资源共享的基本前提，也是网格计算和 P2P 技术的主要融合点。由于网格和 P2P 系统具有动态、分布式的特点，因此 P2P 网格资源发现已经成为研究的重点和难点。

1.3.1　P2P 网格资源发现

随着网格计算系统规模的不断扩大，原先集中式、分级式的网格信息系统已经难以保证系统的可扩展性和容错性。与此同时，P2P 技术已成功应用于大规模的资源共享。因此，一种很自然的想法是把 P2P 技术应用于网格资源的共享，尤其是资源发现。也就是说，以 P2P 系统取代网格系统使用的集中式或分级式资源发现服务。

P2P 技术直接应用于网格资源发现，至少存在两个障碍：

1）网格资源具有动态性。例如，某个存储设备的可用空间会随着时间的变化而变化。在分布式 P2P 系统中进行动态数据的定位，要比查找静态数据困难得多。

2）传统 P2P 资源发现算法仅支持单属性精确查询。在网格系统中，执行作业之前的资源定位和发现，要求用到多属性区间查询（multi-attribute range query）。单属性精确查询是指 P2P 系统对数据内容进行索引，建立一系列的键值对；查询时，系统返回与指定键值精确匹配的数据对象。而在多属性区间查询系统中，通常使用多个属性描述资源；查询时需要指定各个属性的取值区间。下面是一个多属性区间查询请求的例子。

$$Q = \left\{ R \in \{R_1, R_2, \cdots, R_N\} \left| \begin{array}{l} \text{CpuSpeed}[R] \geqslant 2.0\text{GHz} \\ \text{RamSize}[R] \geqslant 512\text{MB} \\ \text{Utilization10}[R] \leqslant 0.3 \\ 100\text{MB} \leqslant \text{FreeSpace}[R] \leqslant 300\text{MB} \end{array} \right. \right\}$$

上述查询的含义是在网格资源集合中寻找符合下列条件的资源 R：R 的 CPU 频率不低于 2.0GHz，内存容量不少于 512MB，最近 10min 内 R 的利用率最多是 30%，并且可用磁盘空间在 100～300MB。

P2P 网格资源发现系统由 N 个节点组成，记作 $P = \{P_i | 1 \leqslant i \leqslant N\}$。用 Resource($P_i$)表示存储在节点 P_i 上的所有网格资源。资源通常可表示为一系列<属性，值>的形式，假设资源属性共有 M 种，记作 $A = \{A_i | 1 \leqslant i \leqslant M\}$。属性 A_i 的取值，记作 v_i；资源 r 的属性 A_i 取值，记作 $r.v_i$。

系统 P 的多属性区间查询 Q 被定义为 $Q := Q \text{ and } Q \mid Q \text{ or } Q \mid v_l \leqslant v_i \leqslant v_u$，其中 v_l 和 v_u 分别表示属性 A_i 的取值下限和取值上限。显然，约束条件 $v_l \leqslant v_i$、$v_u \geqslant v_i$ 和 $v_i = v$ 分别是 $v_u = +\infty$、$v_l = -\infty$ 以及 $v_l = v_u = v$ 时的特例。

文献[56]提出一种基于树向量的动态资源发现算法。用 $T = (P, E)$ 表示节点集合 P 的扩展树，其中 $E \subseteq \{\{P_i, P_j\} | 1 \leqslant i, j \leqslant N\}$ 表示两个节点之间的连接。扩展树一共包含 $N-1$ 条连接。对于每一个节点 $P_i \in P$，用 Neighbor(P_i)表示在覆盖网中直接与节点 P_i 相连的所有节点，即邻居节点集合。用 $T(P_i \rightarrow P_j)$ 表示 T 的一棵子树，该子树包含节点 P_j，但是不包含 P_j 的邻居节点 P_i。换言之，$T(P_i \rightarrow P_j)$ 是从 T 中去掉 $P_i \rightarrow P_j$ 连接后包含节点 P_j 的子树，如图 1-36 所示。

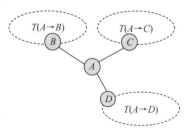

图 1-36　子树 $T(P_i \rightarrow P_j)$ 示例

假定属性 A_i 的值域是区间[a, b]，把区间[a, b]分为互不相交的 k 个区间[a_i, a_i+1)，$i = 0, 1, \cdots, k-1$，并且满足 $a = a_0 < a_1 < \cdots < a_k = b$。给定资源 r 的属性 A_i 的取值 v_i，它可以被编码为由 k 个二进制位组成的向量 $\text{DataIdx}(r.v_i) = (x_0, x_1, \cdots, x_{k-1})$，其中 $x_i = 1$，当且仅当 $r.v_i \in [a_i, a_i+1]$。

节点 p 对应于属性 A_i 的索引向量被定义为

$$\text{NodeIdx}(p, A_i) = \bigvee_{r \in \text{Resource}(p)} \text{DataIdx}(r.v_i)$$

也就是把节点 p 拥有的所有资源的属性 A_i 取值表示为 k 个二进制位组成的向量后进行或运算，就得到节点 p 对应于属性 A_i 的索引向量。如图 1-37（a）所示，该系统由六个节点组成，每个节点的索引向量包含四个二进制位。

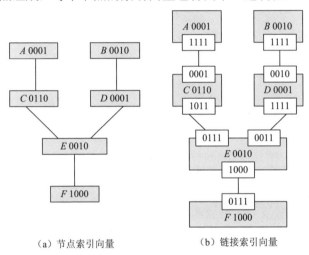

（a）节点索引向量　　　　　（b）链接索引向量

图 1-37　索引向量树示例

任意一个节点 P_i 以及它的邻居节点 $P_j \in \text{Neighbor}(P_i)$，定义链接 $P_i \to P_j$ 对应于属性 A 的索引向量为

$$\text{LinkBitIdx}\left(P_i \to P_j, A\right) = \text{NodeIdx}\left(P_j, A\right) \vee \left(\bigvee_{P \in \text{Neighbor}(P_j) - P_i} \text{LinkBitIdx}\left(P_j \to P, A\right)\right)$$

以图 1-37（a）为例，LinkBitIdx($E \to F$, A_1) = NodeIdx(F, A_1)=1000。同理，LinkBitIdx($C \to A$, A_1)=0001，LinkBitIdx($D \to B$, A_1)=0010。而 LinkBitIdx($E \to D$, A_1)= NodeIdx(D, A_1)$\vee$LinkBitIdx($D \to B$, A_1)=0001$\vee$0010=0011。按照上述方法，经过迭代计算，得到所有的链接索引向量，如图 1-37（b）所示。链接索引向量表明了从该链接出发，能够找到的资源属性取值范围。

采用上述算法，实际上建立了节点资源属性的区间索引，很容易以此为基础实现 P2P 网格资源的多属性区间查询。

1.3.2　对等科研协作网络

加强科技基础技术条件平台建设，其中很重要的一个方面是建设科学数据与信息平台，即"充分利用现代信息技术手段，建设基于科技条件资源信息化的数字科技平台，促进科学数据与文献资源的共享，构建网络科研环境，面向全社会提供

服务，推动科学研究手段、方式的变革"。满足上述条件的科研协作平台被称为
"collaboratories"[57]，这个词由 William Wulf 合并 "collaboration" 和 "laboratory"
两个词而得到，用以表示 "没有围墙的研究中心"，可翻译为协作实验室。无论科
研人员身处何地，都可以借助协作实验室与同事交流，使用设备，共享数据和计算
资源，访问数字图书馆[58]，如图 1-38 所示。

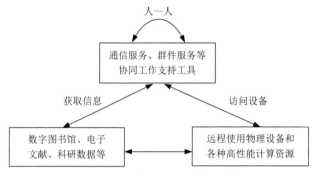

图 1-38 协作实验室的功能结构

协作实验室首先支持各种资源（信息、数据和设备等）的共享，其次强调科
研人员之间的协作。科研人员借助协作实验室进行资源共享和协同工作，形成科
研协作网络（scientific collaboration network，SCN）。

科研协作网络是一种常见的社会网络，其组织模式主要有两种：自上而下
（top-down）和自下而上（bottom-up）。自上而下模式的适用条件如下：

1）科研资源静态存在（如高性能计算资源、设备和数字图书馆资源），由特
定的专门机构提供，资源的使用模式和流程相对固定。

2）科研协作是定义良好的，协作各方预先就协作模式、权限和所用的服务达
成一致，具有稳定性和持久性。自上而下模式基于持久、标准化的信息基础设施
支持资源共享，存在一个权威机构负责成员身份和访问权限的管理。

传统的分布式计算和网格计算[59]均属于自上而下模式，可称之为科研协作网
格，比较有代表性的是英国 e-Science 计划[60,61]和美国高级信息基础设施计划
（Advanced Cyberinfrastructure Program，ACP）[62]。e-Science 项目主要为科学研
究提供三方面的支持：①共享计算资源；②对海量数据集的分布式存取；③为协
作和交流提供数字化平台。而 ACP 计划是支持全球科学家协作开展科学研究的下
一代分布式计算环境，实现人、信息、计算工具和研究设备在全球范围内的真正
互联与共享。

自下而上模式的适用条件是：①资源是动态产生的，无法聚合在统一的节点，
系统包含大规模的节点，集中式管理不可行；②科研协作不是预先计划好的，协
作成员的身份和访问权限是动态变化的。

对等科研协作网络是指采用自下而上模式的科研协作网络，它是网络环境下科学研究活动的重要形态与模式，能有效支持科研资源共享及科研团队协同工作，作为一项新课题正日益受到重视①。对等科研协作网络的特点包括以下方面：

1）无代理（brokerless）：不存在一个权威的管理机构，所有服务的配置和运作具有灵活、可伸缩、动态等特点。

2）自组织：对等科研协作网络是自发形成的，支持潜在科研伙伴的发现，就某个科研问题形成自主群组（ad hoc group）。

3）自治性：用户自行决定是否参加共享和协作，用户的自由和隐私得到最大程度的保护。

1. 对等科研协作平台

从有效支持科研资源共享以及科研协作的目标出发，构建对等科研协作网络支撑平台与实验环境，它一方面可以作为试验床用于课题研究，验证理论与算法的有效性；另一方面，它也有实际应用价值，能够促进科研团队的合作，提高工作效率。对等科研协作支撑平台体系结构如图 1-39 所示。

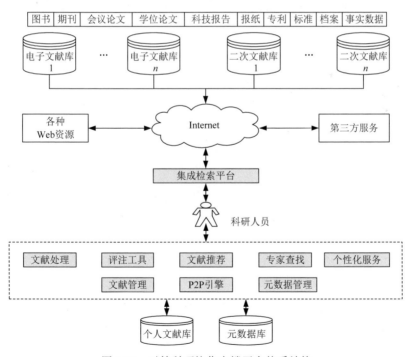

图 1-39 对等科研协作支撑平台体系结构

① 该项目研究获国家自然科学基金资助。

对等科研协作支撑平台的工作流程如图 1-40 所示。

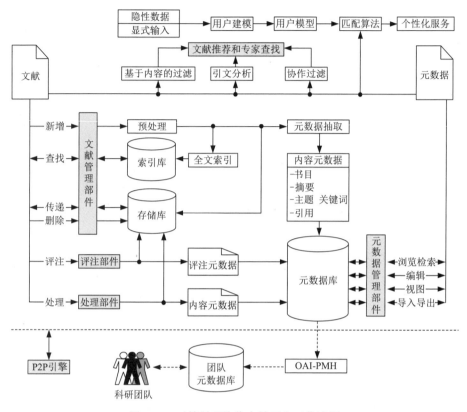

图 1-40 对等科研协作支撑平台工作流程

对等科研协作网络研究采用的技术路线是：①采取开源策略构建对等科研协作网络的支撑平台与实验环境，实现文献管理和处理、元数据管理、评注工具、基于内容的协作过滤、引文分析以及基于隐性数据的用户建模等功能；②将文献推荐和专家查找抽象为二元关系在线学习问题和度量空间的相似性搜索问题，提出解决此问题的算法；③将 SCEAS 算法与对等科研协作网络的结构特征相融合，设计新的引文分析算法；④引入渗流理论和模型以及蒙特卡罗法，结合社会网络的结构特征，提出一种确定冲击概率临界值的方法，并在此基础上设计实现自适应概率冲击算法、区间查询和 kNN（k-nearest-neighbor query，k 最近邻查询）算法；⑤基于支撑平台采集的实验数据，运用社会网络分析方法研究对等协作网络的结构特征，重点关注小世界现象和幂律分布问题，建立能够反映网络动力机制的数学模型。最后，对上述各种算法性能进行分析与评估。项目研究方案与技术路线如图 1-41 所示。

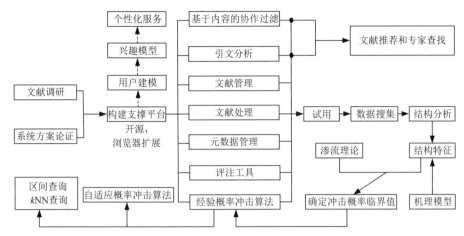

图 1-41 对等科研协作网络研究方案与技术路线

2. 关键问题与核心算法

（1）二元关系在线学习问题

假设集合 A 和 B 的基数分别为 m 和 n，从 A 到 B 的二元关系 R，并且约定任取 $a \in A$ 和 $b \in B$，a 和 b 之间存在或不存在二元关系 R，两种情况必居其一。二元关系的在线学习问题是指循环给定二元组 (a,b)（$a \in A$ 且 $b \in B$），学习机器对 (a,b) 是否属于二元关系 R 进行预测。学习机器的目标是使预测错误次数最小化。

不难看出，帮助研究者寻找最感兴趣的文献是一个二元关系在线学习问题。从研究者集合 A 到文献集合 B 的二元关系 R，$R(a,b)$ 成立，表示研究者 a 对文献 b 感兴趣。文献推荐服务将文献 b 推送给研究者 a，研究者 a 根据文献 b 的内容给出肯定或者否定的结论并反馈给文献推荐服务。同理，可定义研究者集合上的二元关系 R，$R(a,b)$ 成立，表示研究者 a 和研究者 b 具有共同的研究兴趣。

根据计算学习理论，如果学习机器的预测表现比随机猜测好，则二元关系必然存在某种结构。因此，需要为学习机器提供有关二元关系结构的某些先验信息。对于 k 类型二元关系的在线学习问题，学习机器有确定的错误上界和下界。如果能根据科研文献的结构特点，进一步细化二元关系在线学习算法的错误上界和下界，并尝试与统计学习理论（statistical learning theory）整合，有可能建立统一的理论框架。

（2）度量空间中相似性搜索问题

在对等科研协作网络中，节点的加入和离开完全是随机的，从而使得网络资源具有动态性。如何查找这些动态资源，成为对等科研协作网络研究的核心问题。

从数学的角度看，对等科研协作网络中的动态资源查找，可以被视为度量空间（metric space）中的相似性搜索（similarity search）问题。对等科研协作网络资源的键（key）空间被建模为度量空间 (M,d)，其中距离函数 $d:M \times M \to \mathbb{R}$ 满足下面四个特性：

  1）$d(x,y) \geqslant 0$；

  2）$d(x,y) = 0 \Leftrightarrow x = y$；

  3）$d(x,y) = d(y,x)$；

  4）$d(x,z) \leqslant d(x,y) + d(y,z)$。

则相似性搜索可进一步区分为三类：

  1）精确匹配查询：给定一个查询键值 q，要求返回满足键值 $k = q$ 的资源。

  2）区间查询（range query）：给定一个查询键值 q 和区间值 r，要求返回所有键值 k 满足 $d(k,q) \leqslant r$ 的资源。

  3）k 最近邻查询：给定一个查询键值 q 和数字 k，要求返回一个 k 元组 $(t_1, t_2, \cdots, t_k)$，并且满足资源 t_i 的键值 k_i 是 q 的第 i 个最近邻。

  不难看出，精确匹配查询是后两种相似性搜索的基础。

  （3）基于隐性数据的用户兴趣建模

  用户兴趣模型是实现个性化服务的基础。基于隐性数据的用户兴趣建模是指通过观察用户的行为，建立能够表征用户兴趣的模型。这种方法的好处在于无须用户阅读大量文献并明确给出兴趣等级，就能够获得用户兴趣模型。

  （4）基于内容的协作过滤算法

  协作过滤（collaborative filtering）[63]的基本思想是：根据用户以前对数据项的评级为每个用户建立与之兴趣相近的用户列表，当列表中的某个用户给新数据项较高的评级时，相应的数据项将被推荐给当前用户。协作过滤算法已经在科研论文的推荐中得到应用[64]。协作过滤算法存在的主要问题在于：①第一次评级问题，即数据项只有经某个用户评级后才有可能被推荐；②稀疏问题：由于用户一般仅对很少部分的数据项评级，导致不同用户之间的评级向量的交叉部分很少，难以用余弦公式计算兴趣相似度。

  基于内容的过滤（content-based filtering）是指根据当前数据项与用户已经评级过的数据项之间的相似度，决定是否推荐当前数据项给用户。基于内容的过滤算法的主要问题在于无法推荐那些相关但是内容不同的数据项。

  为了更好地实现文献推荐和兴趣相似度计算，一种解决方法是把协作过滤和基于内容的过滤算法结合起来[65]，提出新的基于内容的协作过滤算法。采用支持向量机（support vector machine，SVM）算法计算科研文献的内容相似度，可以解决协作过滤算法的第一次评级和稀疏问题。

  （5）引文分析算法

  除了基于文献的内容和协作过滤推荐，引文分析（citation analysis）被广泛应用于会议、出版物（学术期刊等）以及科研人员的分级（ranking）[66]。引文分析的对象是引用图，图中节点表示科学出版物（如论文、著作等），从节点 x 到 y 的有向边代表文献 x 引用了文献 y。

与查询相关的引文分析算法主要包括 HITS[67] 和 SALSA[68] 等。本研究重点关注与查询无关的 PageRank[69] 算法，引用图中节点 j 的等级值：

$$R_j = (1-d) + d \cdot \sum_{i \to j} \frac{R_i}{N_i}$$

其中，i 是指向 j 的节点标号；N_i 表示节点 i 的出度；d 是一个抑制因子（damping factor），通常设置为 0.85。

将 PageRank 算法直接应用于引文分析存在以下若干问题：

1）对于一个节点 i，如果引用图存在某个大的连通部件 C 且 C 含有指向 i 的节点，则节点 i 将被赋予比较高的等级值。引用图中如果存在环，通常源于论文的自引用，因此赋予 i 高等级值是不合理的。

2）设计 PageRank 算法的初衷是应用于 Web 页面的分级，某个节点的等级值主要由指向它的所有节点的等级值决定的。这在某些情况下不能很好地反映论文的重要程度。

3）即使节点 j 到节点 i 的路径比较长，R_j 的改变仍然会影响到 R_i。引文分析应该确保直接引用关系的两个节点相互影响最大，随着节点间路径长度的增加，影响逐步减小。

文献[66]提出 SCEAS 算法，将计算节点等级值的公式设置为

$$R_j = \sum_{i \to j} \frac{R_i + b}{N_i} a^{-1} \quad (a \geq 1, b > 0)$$

其中，N_i 表示节点 i 的出度，b 是直接引用加强因子（direct citation enforcement factor），因子 a 表示间接引用影响收敛到零的速度，通常取 $a = e$，$b=1$ 或 0。

采用上面的公式分析文献引用的优点在于：节点的等级值主要由被引用次数决定；算法的计算速度和收敛速度都很快。从这个公式可以看出，当节点 i 和 j 之间的路径长度为 x 时，i 对 j 的影响包含一个 a^{-x} 的因子。如果取 $a = e$，则当 $x \geq 7$ 时，i 对 j 的影响近似为零。这意味着参与节点等级值计算的节点数目大大减少，从而提高了计算速度和收敛速度。

引文分析的对象是由个人文献库中的文献及其引用所形成的引用图，目的是根据已有文献的引用关系，向科研人员推荐重要程度高的文献。为此，需要解决以下两个问题：

1）改进和优化引文分析算法。比较和分析各种算法的性能并加以改进，提出满足研究人员实际需求的分级算法，PageRank 算法、SCEAS 算法和统计方法是关注的重点。

2）加权引文分析算法。为了体现文献引用重要程度的差异，引用图变成一

个加权有向图，为此，需要设计并实现加权引文分析算法。

（6）基于社会网络的概率冲击算法

对等科研协作网络的相似性搜索具有两个特征：①查询类型丰富，包括精确匹配查询、关键字查询、区间查询及 k 最近邻查询等；②科研数据和文献资源可能涉及知识产权保护和隐私问题，节点必须高度自治。这些特点决定了对等科研协作网络的资源共享宜采取本地索引和冲击（flooding）查找的方式。但冲击查找方式的效率较低，且容易引起网络流量的急剧增加。一种改进方案是运用启发式方法选择路由节点，例如，为查询请求加上存活时间限制。另一种解决方案是概率冲击（probabilistic flooding）算法[70]，初始节点将查询请求转发给与之相邻的所有节点，每一个接收到查询请求的节点以概率 p 转发查询请求到相邻节点，以概率 $1-p$ 不转发。概率冲击算法的关键是确定概率 p 的取值。

很明显，p 的取值与对等科研协作网络的结构特征有关。文献[71]运用社会网络分析方法研究科学协作网络的结构特性，得到的主要结论包括：①平均而言，网络中任意两个节点之间存在比较短的路径；②如果两个节点有共同的相邻节点，则它们之间建立连接的可能性很高，即节点的聚类系数（clustering coeffcient）高；③至少有 k 个相邻节点的节点数占总节点数的比例大致满足 $k^{-\tau}$ 的形式，其中 τ 是一个正指数，即满足幂律（power law）分布。满足第 1 条和第 2 条的网络被称为"小世界"（small world）现象[72]，满足第 3 条的网络被称为"无尺度"（scale-free）网络[73,74]。无尺度网络的特点是少数超级节点拥有大部分连接，而大部分节点只拥有少量连接。综上所述，科研协作网络可被视为一个复杂网络。

渗流理论（percolation theory）是（统计意义上）定量分析复杂网络的概念框架。结合对等科研协作网络具有的"小世界"现象和幂律分布的特征，运用渗流理论和模型，采用蒙特卡罗方法确定冲击概率的临界取值，从而实现概率冲击算法。概率冲击算法中所有节点转发查询请求的概率取值是相同的。如果再根据节点的局部密度采取不同的概率值，则称为自适应的概率冲击算法。

3. 对等科研协作网络分析

运用社会网络分析方法研究对等协作网络的结构特征，重点关注"小世界"现象和幂律分布问题，建立能够反映网络动力机制的数学模型，并探索对等科研协作网络中社会资本的特点及其与信息通信技术的关系。

从数学的角度看，对等科研协作网络可以被视为一个图 $G = (V, E)$，图中的节点表示个体，节点间的边表示社会关系。

需要重点关注科研协作网络的结构特征及其时变特性[75]，包括以下方面：

1）网络直径的计算。它包括四种不同方法：①任意两个节点间最短路径的最大值；②任意两个连通节点间最短路径的最大值；③平均最短路径；④连通节点间最短路径的平均值。

2）"小世界"现象研究。它包含两种含义：①大部分节点之间存在比较短的路径；②可导航性，即每个节点只需要局部信息及有关整体结构的一些信息，就可以找到目标。

3）聚类系数。非正式地讲，聚类系数是指具有共同相邻节点的两个节点也相邻的概率。对于图 $G=(V,E)$ 中的节点 $v\in V$，其聚类系数为 $\dfrac{E(N(v))}{\binom{N(v)}{2}}$。其中，$N(v)$ 表示节点 v 的相邻节点集，$E(N(v))$ 表示 $N(v)$ 包含的节点间存在的边的总数。整个网络的聚类系数是所有节点聚类系数的平均值。典型社会网络的聚类系数大约是 10^{-1}。

4）度分布（degree distribution）。在典型的社会网络中，度的取值至少为 k 的节点所占比例 $P(k)$ 满足幂律 $P(k)\propto k^{-\tau}$，其中 $\tau>0$ 是一个常量，取值范围通常为 2.1～2.5。满足幂律分布规律的社会网络也被称为无标度网络。另外一种可能的分布是对数正态分布（lognormal distribution）：如果随机变量 X 满足正态分布，则随机变量 e^X 满足对数正态分布。利用对等科研协作网络支撑平台与实验环境获取实际运行数据，研究分析科研协作网络所满足的度分布规律，是一项有意义的工作。

5）巨连通部件（giant component）。社会网络通常包含一个非常大型的连通部件，该部件几乎涵盖了所有节点，因此，有必要分析科研协作网络包含的巨连通部件的大小。

6）混合类型。根据节点在网络中的位置，分析节点的度之间存在的关系，包括两种类型：①同类混合（assortative mixing）——节点的度与其相邻节点的度正相关，即度取值高的节点倾向于与其他度取值高的节点相邻；②异类混合（dissortative mixing）——节点的度与其相邻节点的度负相关，即度取值高的节点倾向于与其他度取值低的节点相邻。

7）社群结构。运用聚类分析方法发现科研协作网络中的社群（即聚类或簇，cluster 或 clique），并对社群的大小等特征进行分析。

机理研究是指建立对等科研协作网络的数学模型，随着系统的演化，呈现各种网络结构特征。最简单的模型是随机图模型：对于社会网络中的每一个节点 v，根据幂律分布计算出 v 的度，生成对应的半截边（终点是 v）。然后随机地连接所有节点的半截边，最终得到符合分布规律的社会网络。文献[76]提出一种"偏好附着"（preferential-attachment）模型，在每个时间步 t 引入一个新的节点 v_t 到系统中，选择节点 u 作为 v_t 的相邻节点的概率满足

$$\Pr[v_t \to u] \propto \deg(u)$$

显然，系统中度取值高的节点更有可能成为新加入节点的相邻节点。根据科研协作网络的结构特征，建立能够解释网络动力机制的理论模型，是对等科研协作网络研究的另一个重要任务。

1.4　教育服务网格

《国家中长期科学和技术发展规划纲要（2006—2020 年）》将现代服务业信息支撑技术及大型应用软件列为优先发展的项目，提出"重点研究开发网络教育等现代服务业领域发展所需的高可信网络软件平台及大型应用支撑软件、中间件、嵌入式软件、网格计算平台与基础设施等关键技术，提供整体解决方案"。教育部《2003—2007 年教育振兴行动计划》提出"构建教育信息化公共服务体系，建设硬件、软件共享的网络教育公共服务平台"，并将网格计算技术列入重点攻关内容。

数字化教育（e-Learning）是信息时代的一种重要学习方式，已成为构建全民学习、终身学习的学习型社会的重要基础。e-Learning 支撑环境突出了协同协作、资源共享和个性化服务，学习评价问题受到广泛重视。新一代 e-Learning 关注构建广域教育资源共享与协同工作环境，特别是国家或区域 e-Learning 基础设施建设，面向服务的体系结构和中间件是技术解决方案的主要特征，所有这些都与网格计算的理念与技术紧密相关。网格计算与 e-Learning 的交叉融合形成了e-Learning Grid（数字化教育服务网格，简称"教育服务网格"）这一新的研究方向，为 e-Learning 的研究与发展带来新机遇。国外对 e-Learning Grid 研究相当活跃，既有将传统 e-Learning 系统向网格计算环境迁移的研究[77]，也有新型e-Learning Grid 系统研发[78]，主要集中在资源共享与协同工作环境建构，欧洲LeGE-WG（Learning Grid of Excellence Working Group）的目标是建构欧洲学习网格基础设施，发展新一代的 e-Learning 平台。

网络计算要真正成为解决实际问题的有效手段，研究工作必须加强与应用行业和产业部门的合作，开展具有典型示范意义和行业带动性的重大工程建设。我们以全球最大的现代远程教育系统——中央广播电视大学系统作为应用背景，在国内率先开展 e-Learning Grid 研究，在体系结构与关键技术研究方面取得重大进展，应用示范工程——学习评价网格 LAGrid[①②]（Learning Assessment Grid）在国内外率先将网格计算技术应用于远程学习评价研究，通过多元评价促进学生的学习与发展，实现从计算机辅助评价（computer assisted assessment，CAA）向基于

---

① 2004 年 12 月，教育部在清华大学组织召开该项科技成果鉴定会，鉴定委员会给予高度评价，认为项目团队在数字教育网格支撑环境研究做了开拓性工作，在体系结构、关键技术、示范应用等方面均取得重要的创新性成果，填补了国内 e-Learning Grid 研究的空白，达到国际先进水平（〔教 NF2004〕第 020 号）。

② 2005 年 4 月 1 日，《中国教育报》第 1 版以"我国网格技术教育应用取得重大进展"为题报道了该成果。

网格计算环境的普适评价（ubiquitous assessment）发展。

1.4.1　教育服务网格概述

1. 数字教育支撑平台

自 20 世纪 90 年代出现 e-Learning 概念以来，基于计算机与网络的 e-Learning 系统取得了长足的发展，学习资源可以在广域范围共享，任何人可以在任何时间、任何地点根据个人的需要进行学习。新一代 e-Learning 支撑平台研究一直是学术与产业界关注的热点问题之一，比较有影响的是 IBM 提出的方案，它把 e-Learning 支撑平台从功能上划分为三部分：学习管理系统（learning management system，LMS）、学习内容管理系统（learning content management system，LCMS）和虚拟教室（virtual classroom，VC）。

LMS 主要关注学习者与学习资源之间的交互行为，跟踪并管理学习者的进步和表现，通过学习评价获取学习者个人特征信息，作为课程序列化和适应性内容配送服务的依据，提供个性化学习服务支持。LMS 的学习评价问题一直是研究的重点，并逐步发展为一个独立的研究方向——计算机辅助评价。图 1-42 给出了 LMS 的一般模型①，其中，测评服务（testing & assessment service）是 LMS 的核心。

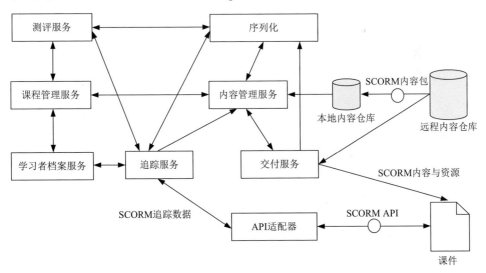

图 1-42　LMS 的一般模型

LMS 向 iLMS（intelligent LMS）发展的趋势值得关注，其显著特征是与智能导师系统（intelligent tutoring system，ITS）相融合[79]，系统的适应性（adaptivity）

---

① 先进分布式学习促进会，https://adlnet.gov/。

和智能（intelligence）明显提升。美国 ADL（Advanced Distributed Learning）[1]的目标就是要在国防领域的 e-Learning 平台中创建个性化的学习环境，以引领 e-Learning 技术发展的潮流。

　　虚拟课室提供协作感知（cooperative awareness）和交流工具，在师生分离的远程学习环境中增强交互与反馈，特别是对广域大规模跨组织的动态协作提供支持。以 VC 研究为突破口，虚拟教学环境和协作学习环境成为 e-Learning 研究的热点，提供协作学习支撑环境与工具逐渐成为商业化 e-Learning 平台追求的目标，如 TopClass[2]、Sumtotal[3]和 Allencomm 的虚拟协作学习系统[4]等。协同协作研究已成为新一代 e-Learning 平台的核心问题之一，由 Michigan、MIT 和 Standford 等几所大学联合发起的 Sakai 项目，就是一个关注协作学习支持环境研究的项目[5]。

　　为实现跨越不同 LMS 系统边界的学习内容共享、复用与互操作，LCMS 从 LMS 中分离出来成为一个独立的功能系统，如图 1-43 所示。LCMS 关注学习对象（learning object，LO）粒度的学习资源共享，以学习对象为单位进行学习资源的重组、复用与互操作，显著提高学习资源的使用效率和再利用价值。

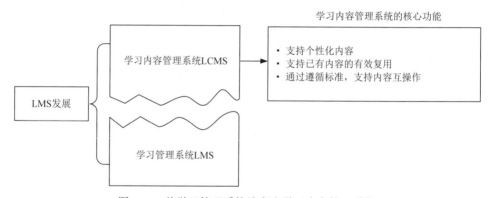

图 1-43　从学习管理系统演变出学习内容管理系统

　　学习管理系统、学习内容管理系统和虚拟教室工具之间具有图 1-44 所示的层次关系。显然，学习管理系统和学习内容管理系统的功能有重叠，主要体现在学习内容交付模块，这是因为学习内容的交付既需要学习管理系统提供的学习者特征描述，也需要学习内容管理系统提供的内容复用与互操作功能。

---

① 先进分布式学习促进会，https://adlnet.gov/。

② TopClass 学习管理系统，https://www.wbtsystems.com。

③ Sumtotal 学习管理，https://www.sumtotalsystems.com/。

④ https://www.allencomm.com/。

⑤ Sakai 学习管理系统，https://www.sakaiproject.org。

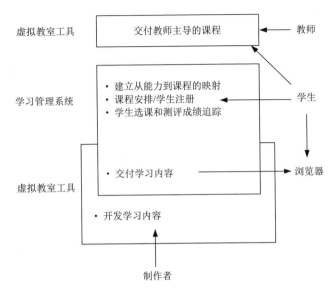

图 1-44 典型 e-Learning 平台

　　总的来说，新一代 e-Learning 支撑平台应重点突破以下关键问题：①资源共享是 e-Learning 永恒的主题。当前，资源共享研究已经从早期对共享途径的关注转移到对共享粒度的关注[①]，即关注学习资源的共享与复用、互操作及各种模式的交互等，最终实现资源的跨组织协作应用；②协作关系普遍存在于 e-Learning 环境的学生群体、教师群体、管理者群体及这些群体之间，如何建构人-系统-人协同工作环境，支持动态、开放、群体行为的跨组织大规模协作，是一个亟待突破的研究课题；③个性化学习支持服务是 e-Learning 最为重要但最困难的研究课题之一。e-Learning 系统拥有丰富的数据资源，其中隐藏的知识、模式与趋势对支持学生学习、优化教学过程及辅助教育决策均具有重要价值，面向 e-Learning 的数据挖掘和学习分析日益受到重视。

　　e-Learning 支撑平台在向开放体系结构转移，面向服务的体系结构是技术解决方案的主要特征。在商业领域，很多企业都提出了面向服务体系结构的 e-Learning 平台发展战略；在研究领域，由 MIT 发起的 OKI 计划[②]也是以面向服务的方式构建 e-Learning 平台支撑环境；在标准化领域，也将新一代 e-Learning 平台定位于面向服务的体系结构，如 IMS 提出的 IAF（IMS Abstract Framework）就使用服务单元定义学习系统的功能[③]，LCMS 联盟也提出以服务方式实现学习内容管理的 e-Learning 平台架构。

① IMS 全球学习联盟，http://www.imsproject.org。

② 开放知识促进会（OKI），http://web.mit.edu/oki/。

③ IMS 抽象框架白皮书，http://www.imsproject.org/af/afv1p0/imsafwhitepaperv1p0.html。

2. 教育服务网格研究内容

数字化教育服务网格（e-Learning Grid）是应用需求牵引与技术推动相结合的产物，有望成为新一代 e-Learning 平台基础设施。e-Learning Grid 的主要研究内容包括以下方面：

1）数字教育服务网格体系结构研究。提出新型分布式计算体系结构，能够有效支持广域、跨组织、异构环境的海量资源和信息共享，以及通过服务组合按需动态集成应用系统。当前网格体系结构事实上的标准是 OGSA，它集中管理成员身份和访问权限，要求共享资源的各方预先就共享模式和权限达成一致，所涉及的资源具有持久性和稳定性的特点。数字教育服务的很多资源是动态产生的且位于 Internet 边缘，要共享此类资源并有效地支持协作学习，需要探索新型的网格体系架构。例如，通过扩充 OGSA 以支持 P2P 对等计算模式。需要解决的关键技术问题包括：①安全和信任问题。OGSA 的一个基本假设是系统有统一的信任机制和较高的安全性，对等计算并不能满足上述假设，需要提供保证服务可靠性和质量的新机制。②动态资源发现机制。对等网络节点加入或离开的随机性使得网络资源具有动态和分布的特点，如何发现这些动态资源是实现资源共享的前提。③连通性问题。必须处理对等网络节点的 IP 地址是动态（DHCP 或 roaming 用户）或者未知（防火墙或 NAT）的情况。

2）规范化的数字教育服务研究。应该提供哪些类型的数字教育服务以及这些服务的"网格化"封装方法（包括接口类型、参数与标准），如学习内容管理服务、学习内容序列化服务、学习内容配送服务、学习内容追踪服务、学习者特征分析服务、测试与评价服务、课程管理服务、协作交互服务等。进一步关注的问题是依据不同的教育模式（协作学习、个性化学习、混合学习等）对数字教育服务进行动态绑定、组合，从而生成高级服务。

3）面向服务的网格中间件研究。数字教育服务涉及的资源具有大规模、分布式和异构等特点，要实现广域范围、跨组织、安全和 QoS 保证的资源按需共享，中间件技术是关键。为此，要研究教育领域共性服务的功能特征、实现机制和关键技术，研发一组核心网格中间件，重点关注资源分配与调度、消息中间件、服务聚合、网格信息服务、协同服务和安全服务等。

4）学习资源按需共享和个性化服务研究。资源特征描述、学习者模型构建和匹配算法是实现学习资源共享和精准个性化服务的关键，重点关注：①资源描述与资源组织的语义技术，包括资源描述元数据及本体建模等；②资源共享平台体系结构与关键技术，包括基于发布/订阅通知机制、概念检索模型的资源推拉服务及资源共享质量保证问题等。

5）协同工作平台及其关键技术研究。支持人机和谐协同工作是数字教育服务网格的主要功能之一。数字教育服务的协同协作具有动态、开放、跨组织和群体行为等特征，需要解决协同工作框架、分布式工作流、协作上下文服务、协作感知及感知驱动机制等关键问题。

6）示范工程建设。为了体现成果应用的示范性和行业带动性，我们与中央广播电视大学合作，研发服务国家远程教育的学习评价网格 LAGrid，并开展应用试验与效果评估。LAGrid 体系结构具有可扩展性，能够敏捷地响应组织结构的变化并满足不断变化的应用需求。LAGrid 实现广域跨组织大规模评价活动的有效组织与全局监控，保证评价反馈的时效性及追求数字教育资源服务的精准化、个性化和智能化，在中央广播电视大学系统中的应用，创造了显著的社会经济效益，对国内网格计算应用研究起到了示范引领作用。

1.4.2 教育服务网格体系结构

综合 e-Learning 研究的新成果和网格计算技术的发展趋势，我们提出如图 1-45 所示的 e-Learning Grid 体系结构模型[10]，自底向上分为五层，分别是基础设施层、基本面向服务体系结构层、网格中间件层、公共服务层及领域服务与应用层。其中，最底层的基础设施层提供基本网络计算支撑环境。

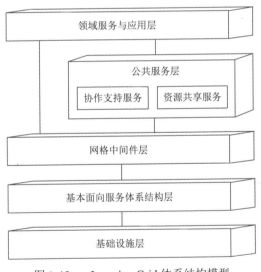

图 1-45　e-Learning Grid 体系结构模型

1. 基本面向服务体系结构层

该层提供面向服务架构（service-oriented architecture，SOA）的基本实现环境，SOA 是一种用于构建分布式系统的方法，它将软件功能作为服务交付给终端用户，已成为解决异构系统整合、应用系统集成的理想方案。SOA 架构的特点是可以利用现有资源,实现跨平台的整合,增加程序功能部件的重复利用,减少开发成本,加快新应用的部署,降低系统实施风险,已经对软件集成的体系架构和开发方法产生深刻影响。Web 服务是包括 XML、SOAP、WSDL 和 UDDI 等技术的集合,它针对特定的消息传递和应用程序集成问题构建编程解决方案,是 SOA 的一个范例。

2. 网格中间件层

网格中间件层是网格体系结构的核心。网格应用涉及大量的数据和计算资源,这些资源通常需要跨越组织边界安全共享,为减少应用开发的复杂性,网格中间件成为网格基础设施的关键部分[80],它屏蔽网络计算资源的异构性,支持网络计算资源的统一管理、分布调度与安全控制。面向服务的网格中间件技术是构建 e-Learning Grid 系统的主要内容。网格中间件层包括一组基于 SOA 的中间件,它为共享与协作等网格特性提供支持。消息中间件(message-oriented middleware,MOM)、服务聚合(service aggregation)、数据中介服务(data mediation service)、网格信息服务(grid information service)和可靠数据传输(reliability bulk file transfer,RBFT)等是 e-Learning Grid 的核心中间件。其中,消息中间件对上层提供稳定可靠的传输保证及异步通信机制,在此基础上可以构建松散耦合、可靠的分布式应用系统;服务聚合将一组相关的服务映射为一个逻辑服务,它屏蔽了服务发现、选择和异常处理的复杂性;网格信息服务负责管理网格系统各种资源实体的元数据,包括网格节点、组织、区域及服务元数据等,它支持网格环境中数据、资源及服务的发现与发布,提供网格资源实体元数据的静态统一视图和动态管理界面;可靠数据传输服务保证广域范围跨组织大数据的可靠传输。为保证网格系统运行的可靠性、稳定性和可维护性,网格中间件层还设置了网格监控和服务管理等中间件。其中,网格监控服务负责监控网格运行状态,包括网格中间件工作状态、Web 服务及其实例的调用状态、网格节点的运行状态等;服务管理提供服务注册、注销和地址绑定变更等功能。为支持语义与知识网格等高级应用,网格中间件层还提供本体服务和服务匹配引擎等。其中,本体服务支持学习资源本体、服务本体和协作上下文本体的查询与使用;服务匹配引擎提供基于语义的服务查询和协作上下文查询等。服务组合提供 Web 服务的动态组合功能,支持不同粒度的服务调用,以 Web 服务方式关联跨组织的业务流程;复制管理服务支持网格环境下的透明数据迁移与复制及数据副本使用的透明选择等,为网格环境下的资源共享提供质量保证。

3. 公共服务层

共享与协同是网格系统的根本特征,跨组织广域大范围资源协调与问题解决是网格应用的主要目的。公共服务层主要提供网格环境下的协作支持服务和资源共享服务，它位于网格中间件层的上方。协作关系在 e-Learning 环境中普遍存在，为了支持开放、动态、群体行为的大规模协作，实现广域环境下协作流程的跨组织运行，需要提供协作感知服务，通过虚拟组织促进群组成员和谐自然协作。针对资源的分布性、存取的普适性以及完成大协作任务的多资源动态分配问题，需要在统一的调度框架下协调资源的使用，从而优化系统整体性能。不同规模的协作群组可以通过虚拟群组协作空间绑定的协作工具完成相应的协作任务，支持群组成员之间自然持久的在线协作。协作上下文管理（cooperative context management）是提供协作者上下文感知的纽带，它为群组协同任务的解决提供上下文信息共享空间。在资源共享环境中，通过语义标注和语义查询服务，借助消息中间件和服务聚合中间件的支持，基于发布/订阅通知机制以及概念检索模型实现学习资源的推拉（push/pull）服务。

体系结构的公共服务层和中间件层完成从领域应用到网格基础设施的映射，图 1-46 说明了这种映射关系。例如，领域应用需要根据用户所在的逻辑组织将应用请求分发到相应的服务，中间层应具备组织映射功能，即从网格用户的逻辑组织到物理地址映射的信息模型；领域应用需要将用户的请求分解到不同的服务去执行并聚合结果，中间层应提供有效的服务发现和服务匹配机制；领域应用要求业务流程能够跨组织运行，中间层应提供消息基础设施，实现可靠、灵活、跨组织的消息传输和路由机制；领域应用需要根据系统负载情况分配合适的服务给用户请求，中间层应提供统一的资源调度机制。

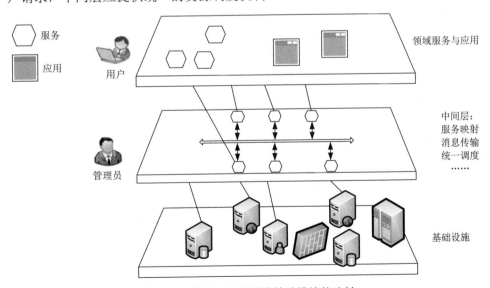

图 1-46　领域应用到网格基础设施的映射

LAGrid 公共服务层和中间件层采用面向服务的体系结构, 具有松散耦合和服务可组合的特点, 通过构建虚拟化服务环境解决从领域应用到网格基础设施的映射问题。在一组基于 SOA 的网格公共服务和核心网格中间件的支撑下, LAGrid 的学习评价及相关服务、资源共享与协作活动均被映射到虚拟化服务环境中。

自治性 (autonomy) 是 e-Learning Grid 运行环境的重要特点, 构成 LAGrid 的网格节点隶属于不同的组织域, 跨组织域的资源共享与协同应用必须服从各自治域的安全和管理策略。

动态性 (dynamic) 是 e-Learning Grid 的另一个重要特点。e-Learning Grid 本身是一个不断变化的环境, 部署和维护系统要考虑以下情况: 在某区域包括的多个组织中, 某个组织从原支撑网格节点迁移到新的网格节点; 支撑某区域的网格节点增加新的组织; 新增一个网格节点支撑新的区域等。从体系结构观点看, 敏捷地响应组织变化, 为网格环境的部署、运行、监控和管理提供支撑, 必须考虑系统的可扩展性 (scalability) 和灵活性 (flexibility) 问题。此外, 网格节点自身状态的动态性也决定了网格监控和网格运行性能优化的重要性, 需要提供 QoS 保证的服务。

4. 领域服务与应用层

领域服务面向特定的应用领域, 就 LAGrid 而言, 该层主要提供与测评活动相关的服务, 这些服务分布在各个网格节点, 可以跨组织共享, 如远程学习评价的测评任务发布、测评响应处理与反馈等。为突出评价对学习过程的支持, 该层还提供学习追踪、学习分析、学业水平测试、个性化内容推荐及在线智能导师服务等。

与远程学习评价相关的领域服务至少面临以下三个特殊问题:

1) 如何协调广域分布的协作群体行为, 保证评价反馈的时效性? 这需要构建人-系统-人协同工作环境, 支持动态、开放、群体行为的跨组织大规模协作。

2) 如何有效汇聚与按需共享广域范围的学习资源, 提供高质量的反馈内容和个性化支持服务, 从而有效地改善和促进学习? 这需要构建资源共享环境, 以及解决个性化的资源配送服务问题, 其中, 实现有 QoS 保证的跨组织资源共享是关键。

3) 如何实现对学习评价活动的有效组织和管理? 这需要建构有利于系统监测与控制的虚拟化透明操作环境, 其中, 实现分布在不同区域的数据资源共享与可视化是关键。

教育服务网格在实际应用过程中, 有许多社会、法律和技术方面的问题需要解决。其中, 安全和隐私问题是一个很重要的方面[81]。e-Learning Grid 安全的基本目标是保护作者版权不被侵犯, 保护教师不因学生破坏学习评价系统而被欺骗, 保护学生在使用系统的时候不会被教师过分严格监控等。有关 e-Learning Grid 安全和隐私研究主要包括：①认证和授权；②数据完整性；③隐私保护；④数字版权保护；⑤交互过程保护等。

网格计算的动态分布式特征使得安全成为一个关键问题，e-Learning Grid 安全体系覆盖了系统体系结构的每个层次，如表 1-2 所示[10]，采用统一入口、单点登录、访问授权、安全令牌服务及 WS-Security 等技术。在用户接口层，为了防止用户敏感数据在传输过程被窃听，客户端采用 HTTPS[82]方式与 Web 服务器进行交互。在业务层实现认证和授权，确保只有合法用户才能使用该系统，并且用户操作不会超越系统授予的权限，从而防止用户的过失操作或恶意操作造成不良影响。认证过程通过单一登录[83]技术为用户提供透明访问。网格中间件层从两个方面增强系统的安全性：机密通信和安全令牌服务。机密通信通过消息加密和消息签名机制提供消息级的安全性，能够有效防止消息在传输过程被窃听或被篡改，这里的消息是指 Web 服务调用过程的 SOAP 消息，消息加密和消息签名是基于开放标准实现的，包括 WS-Security[84]、XML-Encryption[85]、XML-Signature[86]等。安全令牌服务提供网格节点相互认证和机密通信所需的安全令牌，通过动态密钥生成和安全密钥交换保证虚拟组织的共享资源不会被非授权用户使用。数据层主要依赖本地平台提供安全保证，如 Windows 操作系统和 SQL Server 提供的安全机制。上述单一登录、安全令牌服务都是基于一种对称密钥基础设施（symmetric key infrastructure，SKI）实现的。

表 1-2 e-Learning Grid 安全体系

用户接口层	HTTPS	
应用层	单一登录 身份验证 角色授权	对称密钥基础设施 （SKI）
网格中间件层	信息加密与安全 （WS-Security）	
	安全令牌服务 （密钥动态生成与安全交换）	
数据层	数据库操作系统安全	

1.4.3 教育服务网格核心中间件

中间件技术在网格计算的发展进程中一直扮演着重要角色，它经历了从基于函数库的中间件到面向服务的中间件的发展历程。第一代网格中间件以 GT2、

Legion、Condor 为代表，以工具集形式提供。随着网格技术的发展及 Web 服务技术的成熟，采用 Web 服务标准开发面向服务的网格中间件已经成为主流。将功能以服务形式提供是这类网格中间件的主要特征，从而实现网格资源的虚拟化，通常称为第二代网格中间件，如 GT4、LeSC[①]和 gLite[②]。第二代网格中间件普遍采用 GGF 定义的开放网格服务架构 OGSA，其核心是 OGSI/WSRF 层和 OGSA 服务层。OGSI/WSRF 定义了面向服务网格框架的标准规范，这一规范基于 Web 服务平台与技术。

e-Learning Grid 信息服务采用动态、可扩展的体系结构，如图 1-47 所示，它支持动态的组织结构、服务注册和发现、消息路由地址动态解析及网格运行环境部署全局信息维护等。其中，信息发布服务、信息发现服务、元数据模式管理服务和信息缓存服务等是关键。网格信息服务与消息中间件的关系最密切，入口节点上的信息服务数据变更需要通过消息中间件同步到各个网格节点。

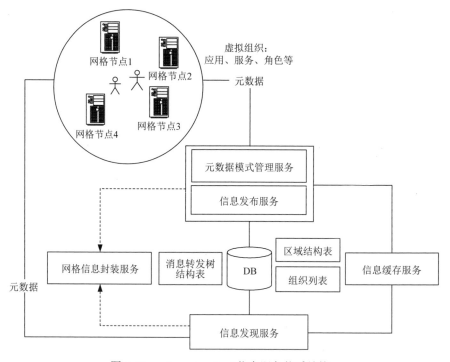

图 1-47　e-Learning Grid 信息服务体系结构

为构建动态、分布、跨组织的协同工作环境和实现广域大规模的可靠分布式应用，消息中间件是关键。

---

① LeSC:伦敦 e-Science 中心，http://www.imperial.ac.uk/london-e-science。
② gLite:轻量级网格中间件，http://cern.ch/grid-deployment/glite-web。

1. 消息中间件

消息中间件建立在异步通信的基础上，它采用消息队列存储和分发消息，支持"点到点"和"订阅-发布"两种消息传输模式，如图 1-48 所示。

图 1-48　消息中间件传输模式

LAGrid-MOM 由三个主要功能模块组成，如图 1-49 所示。其中，核心模块是为应用提供消息发送和接收的 Web 服务，此外还维护消息队列并对消息中间件进行管理；消息中间件的公共服务包括消息接收地址定位服务、安全服务、协议转换服务及消息路由服务等。

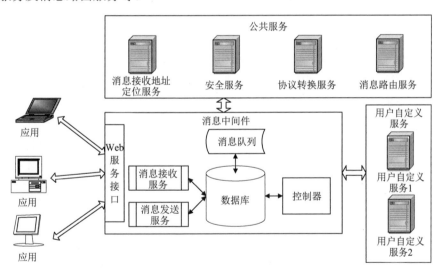

图 1-49　LAGrid-MOM 体系结构

LAGrid-MOM 采用 SQL Server 保存数据。LAGrid-MOM 使用两张关系表：①tMsgQueue 用来保存等待处理的消息；②tMsgLog 用来保存处理完毕的消息。

LAGrid-MOM 定义了数十种消息，这些消息负责不同网格节点之间的业务沟通与交互。

LAGrid-MOM 提供两个发送消息接口：一个需要给出全部消息本体的标准发送接口；另一个只需给出消息最基本元素的简化接口。简化接口的函数原型是：

public static string NewMsg(string from, string to, string body)。

中间件在处理消息时根据消息种类触发相应的处理函数。通过分析 LAGrid-MOM 的体系结构，我们可以抽象出面向服务消息中间件模型 M 的形式化定义，表示为一个四元组：

$$M = \langle D, R, S, F \rangle$$

其中，D、R、S 分别表示消息发送服务集合、消息接收服务集合和其他服务集合，它们可分别表示为

$$D = \{d_i \mid 1 \leqslant i \leqslant m\}$$
$$R = \{r_j \mid 1 \leqslant j \leqslant n\}$$
$$S = \{s_k \mid 1 \leqslant k \leqslant l\}$$

在上述定义中，d_i 代表一个消息发送服务，可表示为

$$d_i = \langle DID \rangle, \langle DURL \rangle, \langle DINTERFACE \rangle, \langle EXCEPTION \rangle$$

r_j 代表一个消息接收服务，可表示为

$$r_j = \langle RID \rangle, \langle RURL \rangle, \langle RINTERFACE \rangle, \langle EVENT \rangle, \langle EXCEPTION \rangle$$

s_k 代表一个其他服务，可表示为

$$s_k = \langle SID \rangle, \langle SURL \rangle, \langle SINTERFACE \rangle, \langle FUNCTION \rangle, \langle EXCEPTION \rangle$$

消息中间件模型 M 中的 F 表示服务间调用关系的集合，每个服务间调用关系包括发起调用的服务、被调用服务、调用规则及异常处理。

在 LAGrid-MOM 模型中，消息传递的定义是

$$msg = \langle d_i, r_j, G \rangle$$

其含义是从某个消息发送服务 d_i 开始，经过 F 子集组成的有序集合 $G = \{g_1 \rightarrow \cdots \rightarrow g_n \mid g \in F\}$，到达某个消息接收服务 r_j 的过程。其中，G 包含的元素可以根据需要进行增加、删除和修改，也可以改变序列的顺序，而应用调用 d_i 发送消息或通过 r_j 接收消息，不会受到 G 的影响。

一个完整的消息中间件技术实现需要考虑很多因素，包括消息格式、消息路由、消息可靠传输及服务质量保证等问题。

与一般的消息中间件不同，e-Learning Grid 中消息中间件的消息基于组织 ID 和区域 ID 进行路由，支持单播、组播和广播，在保证消息可靠传输的基础上，还考虑了消息传输的服务质量问题，这些功能特征是由消息中间件与网格信息服务等其他中间件相互配合实现的，它是构建广域分布式系统的基础。消息中间件继承了 SOA 的优点，可以根据需要对服务进行重组，并扩充用户自定义服务。

2. 动态数据聚合

数据聚合是 LAGrid 的主要服务之一，这里的数据聚合是指从不同的数据源汇集相关数据，需要解决这些数据的分布性、异构性所带来的特殊问题，并提供

基于数据源之间的关系和业务过程的聚合功能。数据聚合是分布式应用尤其是数据密集型分布式应用的普遍需求,LAGrid 涉及很多跨组织的数据聚合问题,例如,实时、跨区域的协作流程监控及资源协调等。聚合数据源的大规模分布性、动态时变性和自治域约束等都增加了网格环境下数据聚合问题的复杂性,如何构建网格中间件屏蔽这些复杂性,从而支持服务的虚拟化,实现分布、异构、自治的数据抽象,以及这些数据与组织内或组织之间数据聚合任务的松散耦合,是一件很有意义的工作。根据 LAGrid 的特点,我们提出一种新的数据聚合模型以及基于中间件的实现机制,它支持统一视图下的透明、按需、动态数据聚合。其中,透明性体现在聚合过程的组织透明、位置透明和数据模式透明等;按需是指可以任意选择聚合的范围、内容和任务触发事件等;动态性是指能够适应网格运行环境的动态变化,满足应用领域的组织重构和业务变化等。

数据聚合过程涉及组织结构、数据实体和聚合流程等三个方面,与此相对应,动态数据聚合模型由三个子模型构成,即组织模型、数据模型和协作模型,如图 1-50 所示。

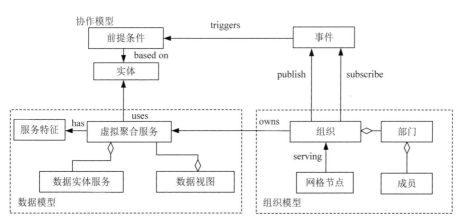

图 1-50　动态数据聚合模型

其中,组织模型描述了以网格节点为核心的组织结构;数据模型描述了聚合过程访问的数据对象;协作模型描述聚合的流程特征。聚合过程的动态性包括组织、数据对象和流程的动态变更,一个完整的数据聚合过程可以从这三个维度进行解析。其中,组织模型将选定的聚合范围映射到物理组织和网格节点;数据模型根据聚合内容发现和绑定相关的服务,并在相应层次上进行服务聚合;协作模型监控和处理聚合流程的事件。

为实现动态聚合,引入"虚拟聚合服务"(aggregator_service,Aggregators)的概念。虚拟组织中的数据聚合任务往往需要不同的服务互相协作完成,不仅存在代理与服务之间的点到点交互,还涉及虚拟组织成员和代理群组之间的协作,其中非结构化协作占很大一部分。采用事件驱动机制协调人与系统的关系,把不同组织的信息源从流程的角度进行关联,可以提高系统的动态性和时效性。因此,协作模型应用了事件-条件-动作(event-condition-action,ECA)规则。

事件驱动机制涉及几个角色:①事件发布者 Publisher(P, E)发布一个事件 E;②事件订阅者 Subscriber(P, E)订阅一个事件 E,事件订阅者收到事件后在同一组织内执行相应的数据聚合活动;③事件协调者 Coordinator(P, E),负责对所有的输入事件和输出事件进行监控,并可以产生起协调作用的新事件。

LAGrid 动态数据聚合的实现框架如图 1-51 所示,它由六个主要部分构成:网格信息服务、服务聚合器、服务协调器、事件处理器、消息中间件和安全服务。其中,网格信息服务用于管理网格系统的元数据;服务聚合器完成相应层次的数据聚合功能;消息中间件实现广域范围跨组织的事件可靠传输及基于组织的路由;服务协调器用于事件的监控和协调等;安全服务提供单点登录和服务安全保证。

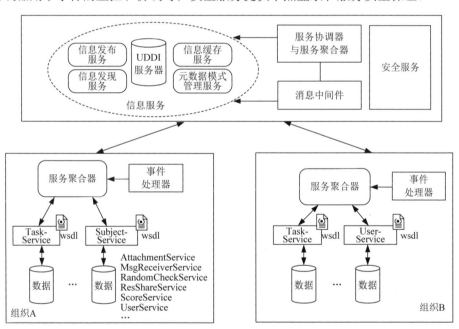

图 1-51　动态数据聚合实现框架

服务聚合器实现服务聚合层和跨组织聚合层的数据聚合,聚合过程中服务的发现需要网格信息服务的支持。服务聚合器顺序访问各个数据源并按指定格式聚合结果。以跨组织数据聚合为例,聚合请求首先进入请求队列等待处理,请求获准后,利用网格信息服务提供的服务发现功能动态寻址虚拟服务并生成服务实例,然后由一个支持异构语义互操作的动态数据聚合算法决定调用虚拟服务实例的顺序。为了支持业务的灵活扩充与变更,不针对每一类数据实体设计虚拟服务,而是为每一类聚合策略设计一种虚拟服务。以对各部门的同类服务聚合为例，虚拟服务接口设计为: ⟨DEPS, ES_TModel, MethodName, Objects, TimeOut, ResultType⟩，其中，DEPS 是部门名称列表，ES_TModel 是数据实体服务的全局名称，MethodName 是该服务的操作（服务方法名），Objects 是请求参数列表，TimeOut 是聚合超时设置，ResultType 是返回结果格式要求。允许设计这类虚拟服务接口的原因在于采用了服务接口动态发现及软件"反射"机制，能够动态获取服务的 PortType 描述文件、生成服务代理类源码、运行时编译并实例化服务。

协作模型支持事件驱动的聚合过程，其前提条件是保证事件的订阅/发布、可靠传输及基于组织的路由，通常有两种实现方法: 基于 Web 服务的消息中间件和基于 UDDI 的发布/订阅机制。LAGrid 采用第一种实现方案。

事件链驱动机制的实现需要服务协调器和事件处理器的支持。首先，由一个开始事件触发服务协调器，启动一个事件链；然后，事件处理器和服务聚合器调用网格信息服务的服务发现功能，根据事件的上下文描述信息选择合适的服务并执行。服务结束时生成一个完成事件，服务协调器收到该事件后判断是否生成新的协调事件。

LAGrid 提供全局流程执行状态和服务质量监控服务，以保证流程执行的敏捷性和动态性。为此，需要实现基于系统全局统一视图的协作流程监控与流程自适应调整，以"大任务"的视角协调资源。例如，课程主持教师需要及时了解远程学习测评任务的执行情况并作出相应的调整，包括对学生完成测评任务情况的全局监控和对评阅教师阅卷情况的全局监控，并以此为基础对评阅教师资源进行动态调度，这些功能主要是通过动态数据聚合实现的，如图 1-52 所示。

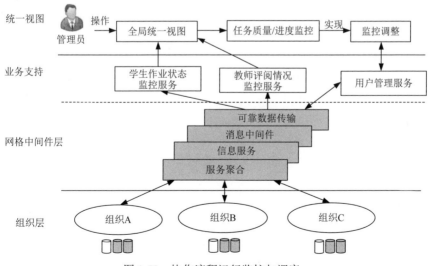

图 1-52　协作流程运行监控与调度

3. 人-系统-人协同工作环境

人-系统-人协同工作环境基于消息中间件的协作感知驱动机制实现，如图 1-53 所示，图中给出了感知信息在不同阶段的应用。协作感知需要消息中间件的支持，它提供消息存储、路由、可靠传送及单播、组播和广播功能，为跨组织协作感知信息提供基本服务。跨组织协作需要协作感知服务的支持，按照三维协作感知模型，分别从任务进程状态、构造物状态和协作者状态三个维度获取、传递和处理感知信息，并基于上述感知信息建构松散耦合的人-系统-人协同工作环境。

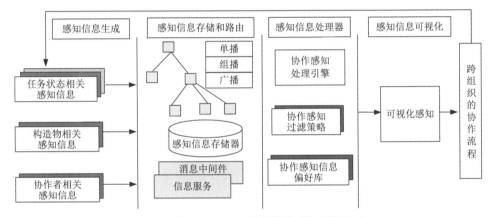

图 1-53 基于消息中间件的协作感知流程驱动

以 LAGrid 测评活动为例，它涉及的群体包括主持教师群体、学生群体、评阅教师群体和管理者群体等，协同协作既发生在这些群体内部，也发生在这些群体之间。测评活动的主要环节有测评任务的制定、发布、响应、提交、处理、监控、反馈与学习支持服务等，广域、大规模、跨组织和群体协作是这些活动的根本特征。LAGrid 通过协作感知服务将人与系统及人与人之间的活动紧密关联起来，从而实现协作流程的跨组织高效流畅运行，如图 1-54 所示。

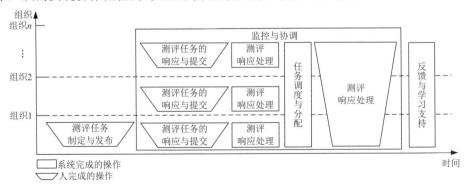

图 1-54 感知驱动下的跨组织协作流程

　　为实现跨组织的资源协调与问题解决，提出一种调度机制与算法，目标是广域分布资源全局协调与系统整体性能优化，如图 1-55 所示。它包含三个主要功能模块：任务耦合（task coupling）、任务调度引擎（task scheduling engine）和任务推送（task pushing）。

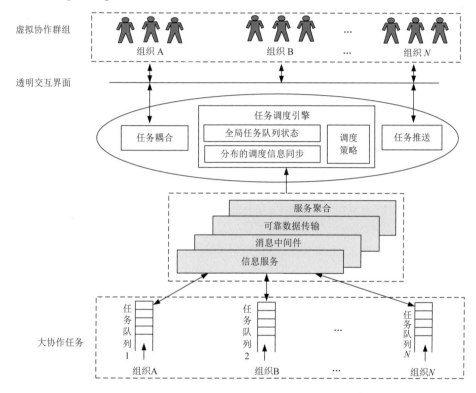

图 1-55　全局协调与系统性能优化模型

　　与紧密型协作任务不同，网格环境下的协作任务具有广域、动态、跨组织的特点，协作群体成员与协作任务之间的耦合程度不高，因此，协作者对任务状态的感知成为提升协作效率的重要因素，任务耦合就是在协作群体与随机协作任务之间建立联系。

　　任务调度引擎负责对分布资源进行全局协调与调度，根据调度策略与任务队列状态分配给协作群组成员不同的任务与资源，从虚拟组织的观点看，广域分布的协作群体成员作为一种资源能够被跨组织共享，任务调度引擎根据应用场景的不同选取不同的调度策略。

　　任务推送负责将任务透明地传送给协作群组成员。广域跨组织资源访问的透明性通过任务调度引擎和任务推送器共同完成。

　　调度信息交换和调度决策是任务调度引擎的重要组成部分。调度信息反映了系统当前的运行状态，是调度决策的基础，其精确程度极大地影响系统的整体性能。但是，实时的调度信息意味着实时的信息交换，从而意味着更多的系统开销。因此，良好的信息交换策略需要根据系统的需求在调度信息的实时性和相应的系统开销之间进行折中。

LAGrid 对调度信息的实时性要求不是很高，可以采用周期性信息交换策略。网格入口节点周期性地调用部署在各个网格节点上的调度信息同步服务，一方面向目标网格节点发布其他网格节点上的任务队列状态信息，另一方面获取目标网格节点上的任务队列状态信息，如图 1-56 所示。

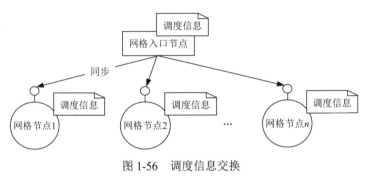

图 1-56　调度信息交换

部署在网格节点的调度信息同步服务提供一个 Synchronize 方法，其原型如下：String Synchronize(String xml)；其中，参数 xml 携带了除当前网格节点以外的全局调度信息，返回值是当前网格节点最近的队列状态信息。Synchronize 方法首先解析 xml 参数，并根据其中携带的调度信息更新本地调度信息表。然后，计算本地任务队列的状态信息，并将结果作为返回值返回。

综上所述，LAGrid 针对资源分布性、存取普适性等问题，提出跨多个自治域（组织）的资源管理机制，并在统一调度框架下协调协作群体行为，实现资源动态分配，达到系统整体性能优化的目标。

4. 跨组织资源按需共享

资源特征描述、学习者模型构建和匹配算法是实现资源按需共享的关键，LAGrid 资源共享环境主要关注两个问题：①基于发布/订阅通知机制和概念检索模型实现资源的推拉服务；②元数据及本体建模。元数据用来描述资源特征和用户需求，用户需求和资源特征的匹配可以在元数据、本体和语义等不同层面实现。

图 1-57 给出 LAGrid 跨组织资源按需共享解决方案，它提供资源发布、订阅、检索和适应性配送等服务。

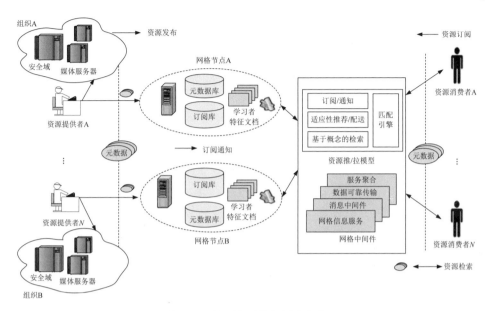

图 1-57　学习资源共享解决方案

第2章　云计算与"粤教云"工程

随着计算机网络和分布式系统应用的深入和技术的进步，网格计算的不足日益凸显。首先，网格资源分属不同的管理域，用户作业必须满足每个资源的特定要求，不能实现资源的透明访问；其次，网格系统部署专有的网格操作系统，主要运行科学计算等专项应用，服务领域有限。云计算将云主机集群聚合成为按需使用的动态资源池，支持用户透明访问。云计算管理数据中心的普通服务器，部署通用操作系统，运行通用应用，服务领域广泛。因此，云计算得到持续高速发展，而网格计算研究热潮已经逐渐消退。我们团队顺势而为，研究重点从网格计算转向云计算，将教育服务网格升级到教育云，实施"粤教云"工程，相关成果对工业互联网及其他行业云具有引领示范作用。

2.1　云计算概述

2006 年，Google 提出"云计算"的概念，首次将"云"与信息技术紧密联系在一起。亚马逊率先实现云计算的商业模式。无论是云计算技术还是云计算模式都已经发展较长的时间，并在实践中逐渐演进。美国国家标准与技术研究所提出云计算的定义[87]："云计算是一种模型，它实现了对可配置计算资源（如网络、服务器、存储、应用和服务）共享池的泛在、便利、按需的网络访问。只需最低程度的用户管理或云服务提供商参与，就能快速提供或释放这些计算资源。云计算模型包括五个本质特征、三种服务模型和四种部署模型。"

云计算的实质是将计算机硬件和软件等资源抽象成一个多租户共享的资源池，用户按需租用，根据使用情况付费。云计算具有以下五个本质特征。

1）按需自助服务。用户提出资源配置需求，无须云服务商参与，就能够获得所需要的资源和服务。

2）宽带访问。用户通过标准化网络访问云服务。

3）资源池化。云计算将分散的计算资源抽象成一个多租户共享的 IT 能力资源池，根据用户需求动态分配资源（计算能力、存储、内存和网络带宽等）。

4）快速弹性。根据用户需求的增加或减少，自动提供和释放 IT 能力资源。从用户角度，就像一台拥有无限资源、永远可用的计算机。

5）量化服务。云系统建立资源的可度量软件抽象，自动控制和优化资源使用。

云计算服务模型主要包括基础设施即服务（IaaS）、平台即服务（PaaS）和软件即服务（SaaS）三大类，它们分别为用户提供云基础设施、云应用引擎①和云应用服务。IaaS 管理虚拟化 IT 基础设施资源的生命周期，包括虚拟机、虚拟存储和虚拟网络的创建、运行、维护和销毁。PaaS 管理云应用的生命周期，为云应用的开发、构建、部署、运行、维护和管理等提供支持工具和服务。SaaS 为最终用户提供直接访问和使用的云应用服务。

在传统的 IT 运维与交付模式中，从最底层的各种硬件到操作系统，从中间任何一层运行环境到数据与应用，全靠系统管理员和开发人员人工维护。云计算服务模型改变了这种情况，部分或者全部运维工作由云服务提供商负责，如图 2-1 所示。其中，SaaS 是最彻底的服务交付模式，从应用到中间件到底层的硬件和操作系统，都是由 SaaS 提供商管理和维护。IaaS 服务提供商管理和维护底层基础设施及其虚拟化或容器封装，操作系统和应用的部署和运维留给用户负责。PaaS 模式介于 SaaS 和 IaaS 之间，除了基础设施和虚拟化，还管理操作系统、中间件和运行时，特别是应用程序的持续集成和持续部署。

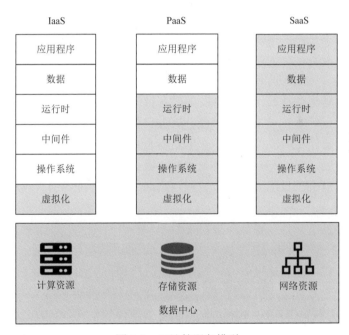

图 2-1 云计算服务模型

云计算部署模型包括私有云、公有云、社区云和混合云四类。可以从三个维度考察云计算部署模型的特征：首先看云基础设施与用户是在同一场所还是不同

① 这里的"应用引擎"是指管理应用生命周期的应用平台。在实践中，很多应用本身也自称"平台"。为了避免混淆，本书一律称"应用平台"为"应用引擎"。

的场所，即现场还是离场；其次看云基础设施的拥有者和管理者是相同的，还是由拥有者外包给第三方；最后看用户来源构成，是来自同一个组织、多个组织的联盟还是普通公众。四种部署模型的特征如表 2-1 所示。一种常见的误解是私有云基础设施一定是现场的，由私有云拥有者自己管理。其实不然，可以租用公有云基础设施建设私有云，也可以委托第三方管理私有云。私有云和公有云的最大区别在于用户来源不同：私有云的用户来自同一个组织，而公有云用户则是所有公众。从这个意义上讲，将私有云和公有云分别称为私用云和公用云也许更为恰当。

表 2-1　云计算部署模型

模型	设施地点	拥有者和管理者	用户来源
私有云	现场/离场	自己/第三方	一个组织
社区云	现场/离场	自己/第三方	几个组织的联盟
公有云	离场	第三方	所有人
混合云	同时使用两种或两种以上云计算部署模型		

从技术角度看，云计算源自超大规模分布式计算，它延伸和融合 SOA、网格计算、虚拟化、负载均衡和集群等多种技术方法，形成了一套新的技术方法与实现机制。人们确实会从云计算平台发现已有技术的影子。不过如果只看到已有的技术，而忽略云计算在技术上的融合、演进和创新，就难免会只见树木，不见森林。事实上，云计算的核心意义不仅在于技术的发展，还在于以新的角度考虑 IT 资源的利用问题。云计算是信息技术发展和服务模式创新的集中体现，成为承载各类应用的关键基础设施，并为大规模物联网、人工智能等新兴领域的发展提供基础支撑。

云计算引发了软件开发、部署模式的创新。开发者部署和维护云应用，要么采用 PaaS，要么购买 IaaS 资源，自己部署和维护云应用。理论上，开发者应该采用第一种方式，因为比较省心，它本应是云应用部署的主流方式。但在工程实践中，开发者更愿意采用第二种方式，这是因为传统 PaaS 有非常明显的局限性：①每个 PaaS 只提供专有的 SDK，支持私有的软件包格式，开发者只能依赖这些 SDK 开发云应用，创建特定格式的软件包，导致云应用和平台的紧密耦合；②每个 PaaS 只实现了私有的运行隔离机制，支持的编程语言及功能特性各不相同，开发者开发云应用，只能选择该平台支持的编程语言和中间件；③传统 PaaS 主要支持 N 层架构的单体 Web 应用，很难部署和运行一般分布式应用。

如果采用开发者在 IaaS 上部署云应用的方式，开发者必须人工管理云主机集群和云应用，这会带来一系列问题：首先，虚拟机是最小的资源调度单位，导致云主机资源利用率低、调度分发慢等问题；其次，人工管理云主机集群和云应用，存在规模有限、耗时长、易出错、成本高等不足。已有的技术解决方案显然无法应对上述挑战。随着 IaaS 和 SaaS 的快速发展，IaaS 和 SaaS 两头向 PaaS 渗透和融合的趋势日益明显，PaaS 成为云计算最新发展的制高点。容器及容器云的出现与普及，为构建通用 PaaS 提供了机遇。通用 PaaS 统一管理跨数据中心的大规模云主机集群，自动部署和管理云应用，代表了当前云计算技术的发展水平。

受限于当时的技术发展水平，PaaS 的发展一直不温不火。正因为上述原因，很长一段时间内云计算建设主要集中在 IaaS 和 SaaS 层面。如果是典型的三层架构 Web 应用，开发者可以选择公有 PaaS 部署；如果是复杂的分布式应用，只能手工部署和维护。应用管理是开发者的刚需，每个开发者心中都有一个 PaaS 梦。既然公有 PaaS 不能满足需求，很多开发企业采取自行研发 PaaS 的方式，但实际结果往往不尽如人意，因为 PaaS 研发涉及基础设施管理和应用管理两个层面，技术栈复杂，除非是特大型 IT 企业，否则很难开发出高水平 PaaS。建设 IaaS，首先要设计和建设数据中心，包括基础设施建设和 IT 基础设施建设。基础设施包括场地、建筑、电力、制冷、安全等设施；IT 基础设施又分为计算资源（物理服务器及操作系统）、存储资源（块存储和文件存储）和网络资源（网卡、交换机、路由器、防火墙、入侵检测和负载均衡等网络设备）。数据中心建成后，安装和运行 IaaS 云管理平台，实际上就是虚拟化管理平台。虚拟化技术将物理基础设施资源定义成虚拟资源（软件），包括虚拟机、虚拟存储和虚拟网络。虚拟化的好处包括：细分物理资源，提高资源利用率；虚拟资源是物理资源之上的软件抽象。云计算按需自助服务和快速弹性伸缩的特征，必须是虚拟资源才能做得到，因为物理资源的启动、关停和配置需要很长的时间，这是云计算不能接受的；虚拟资源支持在线迁移，极大提高云服务的可用性，即便出现失效，也很容易自动恢复。

2.2 "粤教云"工程

"粤教云"是《广东省云计算发展规划（2014—2020 年）》社会服务领域重点项目，《广东省"互联网+"行动计划（2015—2020 年）》提出加快"粤教云"公共服务平台建设。"粤教云"是政府高度重视、同行广泛关注和社会热切期盼的重大工程，从"十二五"广东教育信息化五大行动计划之一到"十三五"广东教育信息化"总抓手"，已经走过 8 年不寻常的发展之路。我们团队参与并见证了"粤教云"的起源以及从"粤教云" 1.0 到"粤教云" 2.0 的发展过程。正是"粤教云"工程的重大应用需求，倒逼我们在云计算关键技术及行业云解决方案研究上不懈努力，遵循"在重大工程应用发现和凝练科学问题，研究成果回归实际应用"的技术路线，实现关键技术创新突破，科研成果从实验室迅速走向示范工程。如果说我们在云计算研究和工程实践方面有优势和特色,那么坚持上述技术路线是最主要的原因。

2.2.1 迈出第一步,共看云起时

加快发展云计算产业,既是提升信息产业综合竞争力、培育新增长点的重要途径,也是促进产业结构调整、率先实现经济发展方式转变的重要举措。在世界范围内,美国、欧洲、日本、印度等国家和地区纷纷将云计算产业纳入战略性产业范围,从政策、标准、政府应用等方面制定了长期发展战略。国际 IT 企业巨头把云计算作为引领下一轮信息技术创新的重要机遇,投入巨资进行前沿技术及标准研究。2010 年,我国政府将云计算列为国家重点培育和发展的战略性新兴产业,《国务院关于加快培育和发展战略性新兴产业的决定》提出促进云计算研发和示范应用。

当时,国内云计算产业缺乏具有重大实际价值的典型应用,"空中楼阁"现象非常突出,应用落地已成为当务之急。行业信息化一直是我国信息化建设的主战场,以行业云为突破口是实现云计算重大应用落地的最佳路径。

《中国云科技发展"十二五"专项规划》把公共云服务和行业云服务作为重点。事实上,云计算只有和具体行业、具体用户群的需求相结合才会产生价值。研究建立面向区域的云计算公共服务示范系统,提供支撑文化教育、医疗卫生、电子政务、社会公共服务、城市管理等领域的云计算服务,提升服务水平,十分必要。"应用"作为云计算的主要发展方向,亟需通过一批具有引导性、示范性的产业示范项目来促进行业应用。因此,亟需研究面向区域和重点行业的云计算服务整体技术解决方案,包括研发关键技术、重大产品、核心软件和支撑平台研发与产业化。

从 2009 年初开始,我们团队一直在牵头论证云计算方面的重大科研项目,需要一个示范工程。数字教育服务网格示范工程 LAGrid 是我们团队 2002~2005 年在清华大学计算机科学与技术系完成的一项标志性成果。随着研究重点从网格计算走向云计算,很自然想到将教育服务网格升级为教育云。

2011 年,教育部发布《教育信息化十年发展规划(2011—2020 年)》,提出建立国家教育云服务模式,采用云计算技术,形成资源配置与服务的集约化发展途径,面向全国各级各类学校和教育机构,提供公共存储、计算、共享带宽、安全认证及各种支撑工具等通用基础服务,建设思路是充分整合现有资源,建设目标是支撑优质资源全国共享和教育管理信息化。

临大势应顺而有为。2011 年下半年,我们团队利用参加《广东省教育信息化发展"十二五"规划》编制工作的机会,向广东省教育厅提出实施广东省教育云计划的建议,简称"粤教云"计划,内容包括建设"粤教云"公共服务平台和省级数据中心、开展"粤教云"示范应用等。同时,我们联合广东省教育技术中心,

向教育部提交了"实施'粤教云'计划，探索信息技术与教育深度融合的新机制与新模式"试点项目申请。

云计算引领 IT 产业进入"云+端"时代，加快了终端、平台、内容和服务一体化的新型产业生态形成与发展。"粤教云"工程体系结构大体上由一朵云、一块屏和网络构成，如图 2-2 所示。其中，一朵云是指云基础设施、云管理平台及核心共性服务，它以公共服务平台为载体；一块屏是指智能终端，借助网络泛在接入实现"云终端+云服务"的应用模式。因此，"粤教云"工程的主要任务是建云和造屏，提供终端、内容、平台和服务一体化的教育云整体解决方案，推动教育信息化向以用户为中心的服务型发展模式转变，以服务创新带动技术创新，以示范应用促产业发展。更具体地说，建云包括建设"粤教云"数据中心和"粤教云"公共服务平台，这属于 IaaS 和 PaaS 层面的工作，详细介绍见 2.3 节；研发和部署各类教育云应用服务，这属于 SaaS 层的工作，在 2.4 节讨论；造屏是指研发面向教育行业的智能终端设备及配套软件，具体内容在 2.5 节介绍。

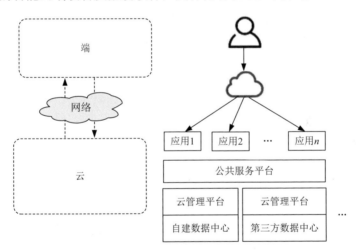

图 2-2　"粤教云"工程体系结构

2012 年 2 月，作者团队向广东省科技厅提交了"云计算若干关键技术及产业化与'粤教云'工程"项目申请。该项目的目标是突破和掌握若干云计算关键技术，实现云计算服务创新与关键技术产业化，建设"粤教云"工程。该项目的主要研发内容包括：①突破高可信云文件存储、海量数字对象管理、大规模实时流媒体、动态工作流与云服务集成等关键技术；②提出教育云总体技术解决方案及相关技术标准，建设"粤教云"工程，研发数字内容云服务、在线学习云服务和教育大数据分析服务等云应用服务，开展百万级用户规模的示范应用；③面向教育行业的重大应用需求，整合高校与企业在高性能片上系统 SoC、新型人机交互、智能终端操作系统和宽带移动互联等关键技术，研发智能终端及云端应用系统，解决国产基础软件在数字教育领域的集成和应用适配问题,研发新一代电子阅读软件,体现以国产基础软件服务教育信息化的目标导向。

教育信息化与信息产业创新发展密切相关,IT 基础设施建设与运维、核心技术攻关及软硬件产品研发等,都离不开信息产业相关企业的支持。文化出版企业在推动教育资源建设与应用方面发挥了重要作用。因此,"粤教云"项目论证一直强调三大目标:一是服务教育,二是促进新一代信息技术产业发展,三是带动文化出版产业发展。

经过不懈努力,我们团队前期的辛勤付出得到领导和专家的一致肯定。2012年 8 月,"云计算若干关键技术及产业化与'粤教云'工程"项目获广东省重大科技专项支持,《广东省教育信息化发展"十二五"规划》也正式发布,"粤教云"列为五大行动计划之一。2012 年 9 月,广东省人民政府发布《关于加快推进我省云计算发展的意见》,将电子政务云、粤教云、文化娱乐云、交通物流云、医疗健康云、信息安全云和企业服务云等列为重点示范应用项目。与其他行业云相比,只有教育云正式命名为"粤教云",这与我们团队的前期论证工作密不可分。2012年 10 月,"实施'粤教云'计划,探索信息技术与教育深度融合的新机制与新模式"入选教育部首批信息化试点项目。至此,"粤教云"完成了论证立项,正式启动实施。

2013 年 3 月,广东省教育厅成立"粤教云"项目领导小组和专家组,时任省教育厅厅长罗伟其担任领导小组组长,华南师范大学许骏和时任广东省教育技术中心主任彭红光担任专家组召集人。2013 年 6 月,广东省科技厅批准由我们牵头,在广东高校计算机网络与信息系统工程技术研究中心的基础上,组建广东省教育云服务工程技术研究中心,作为"粤教云"协同创新平台,负责"粤教云"总体设计、技术标准和实施方案研究,为省教育厅提供决策咨询。工程技术研究中心主任许骏被广东省教育厅聘任为"粤教云"工程首席专家。

在广东省教育厅"粤教云"项目领导小组的直接领导和专家组的具体指导下,由广东省教育云服务工程技术研究中心和广东省教育技术中心共同牵头的"粤教云"项目组,充分发挥高校人才和科研平台的优势,依托重大科技专项,高效整合创新要素,"政产学研用"协同创新,在整体解决方案及关键技术、"粤教云"公共服务平台及省级数据中心建设、核心云服务及智能终端产品研发等方面取得重大进展,大大推动了数字教育资源公共服务体系的建设。

2013 年 8 月 2 日,广东省教育厅副厅长、"粤教云"项目领导小组副组长朱超华到华南师范大学广东省教育云服务工程技术研究中心调研广东省重大科技专项"云计算若干关键技术及产业化与'粤教云'工程"项目进展情况,并主持召开"粤教云"工程项目协调会。

2013 年 8 月 26 日,广东省教育厅、广东省发展和改革委员会、广东省经济和信息化委员会、广东省科学技术厅、广东省财政厅、广东省人力资源和社会保障厅、广东省广播电影电视局、广东省质量技术监督局 8 个部门联合印发《关于加快推进教育信息化发展的意见》，提出实施"粤教云"计划，建设"粤教云"公共服务平台，开展"粤教云"示范应用试点。

2013 年 8 月 31 日，时任教育部科技司副司长雷朝滋一行到设在华南师范大学的广东省教育云服务工程技术研究中心调研"粤教云"工程的进展情况，并对"粤教云"示范应用提出了指导意见。

2013 年 10 月 17 日，广东省教育厅印发《关于开展"粤教云"示范应用试点工作的通知》，明确了试点目标、内容及组织实施办法，这标志着"粤教云"工程进入示范应用阶段。试点工作在广东省教育厅"粤教云"项目领导小组的领导下进行，广东省教育技术中心负责示范应用试点的日常管理工作，"粤教云"项目组设在华南师范大学的广东省教育云服务工程技术研究中心，负责制定示范应用试点工作指引，对试点工作进行指导。各有关市（区、县）教育行政部门负责本地区试点工作的组织与实施。

广东省珠海市先行先试，市政府高度重视，首批 15 所"粤教云"试点学校建设写入了当年市政府的工作报告，"建设'粤教云'珠海实验区，探索信息技术与教育深度融合的新机制与新模式"入选广东省深化教育领域综合改革试点项目。珠海市"粤教云"示范应用能够走在全省前列，其中很重要的原因是珠海市教育局作为广东省重大科技专项计划项目"云计算若干关键技术及产业化与'粤教云'工程"的参与单位，有很好的前期工作基础。

2014 年 5 月 30 日，广东省教育厅在珠海市召开"粤教云"示范应用推进会，总结"粤教云"前期实施工作，推广珠海试验区的做法与经验，部署下一阶段示范应用试点工作。会上，广东省教育厅下发了《关于公布"粤教云"示范应用第一批试验区名单的通知》（粤教信息函〔2014〕16 号），珠海市、惠州市、东莞市、肇庆市、清远市、佛山市顺德区、广州市越秀区、广州市天河区、深圳市南山区等 9 个地区成为第一批"粤教云"示范应用试验区。会议期间，"粤教云"公共服务平台（二期）上线运行。

2014 年 9 月 10 日，时任广东省副省长陈云贤到华南师范大学看望慰问教师，在听取"粤教云"工程建设进展情况汇报时，提出进一步通过"粤教云"等信息技术手段，加大对粤东西北地区的师资培训和帮扶力度，促进区域教育均衡优质发展。随后，"粤教云"项目组支持岭南师范学院开展"粤教云"对接粤西中小学教学的资源共享项目。

2015 年 5 月 23 日，国际教育信息化大会在青岛召开，来自全球 90 多个国家和地区的代表及 50 多位各国教育部门部长级官员汇聚一堂，以"信息技术与未来教育变革"为主题，共同探索教育与信息技术深度融合的有效途径，研讨信息技术在教育领域更加广泛的实施应用。会议期间,"粤教云"工程参加了由教育部、联合国教科文组织主办的全国教育信息化应用展览,受到广泛关注和好评。随后,国内部分兄弟省、市教育厅(局)纷纷组团前来广东考察调研"粤教云"工程。

"粤教云"是一个复杂的系统工程,涉及建设、管理、运维和应用诸多方面,机制创新是根本保证。一是联合推动机制,坚持政府统筹引领,多部门各负其责,建立完善多方参与的政策机制,充分调动各方积极性,以好的机制集中大家的智慧和力量,形成协同推进的良好环境;二是企业参与机制,其核心是合作共赢,突破仅仅依靠政府项目推动的传统路径,把市场配置资源的作用充分发挥出来;三是示范引领机制,强化试点引导,推广典型经验。

从一个科技项目发展到行业云,"粤教云"工程成为区域重点行业云计算与大数据公共服务示范系统的一个范例,这是坚持政府统筹引导、鼓励多方参与、产学研用协同创新的成果,是项目各参与单位大团结、大协作的产物。从广东省教育厅批准组建广东高校计算机网络与信息系统工程技术研究中心,到由我们牵头并联合广东省教育技术中心等 8 家单位共同承担广东省重大科技专项计划项目——云计算若干关键技术及产业化与"粤教云"工程,从此拉开了大联合、大协作的序幕。随着项目的不断推进,更多单位加入"粤教云"工程建设,示范应用试点规模也在不断扩大,项目参与单位积极性之高、共同语言之多、合作之默契,让人感动。协同创新带来的聚合效应,充分体现了大团队同心筑梦的力量和开拓创新的勇气。

2.2.2 聚焦"总抓手",更上一层楼

随着"粤教云"试点规模的不断扩大,其对公共服务平台的服务支撑能力提出了更高的要求。在"粤教云"工程建设、运行与服务的过程中,如何充分利用商业云基础设施和商业云服务,发挥市场在资源配置中的决定性作用,推动教育云融入国家及广东省云计算产业发展体系,是摆在我们面前的一项重要课题。近年来,全省各地市(县/区)教育信息化建设经费投入力度很大,纷纷上马区域教育云项目,建设大平台和应用系统。尽管这些区域教育云在一定程度上促进了当地教育信息化的发展,但由于缺乏顶层设计和总体规划,地域局限和各自为战的问题相当突出,应用与平台绑定,重复建设及信息孤岛现象十分严重,造成资源极大浪费。2013 年 10 月,广东省教育厅发布《关于开展"粤教云"示范应用试点工作的通知》,提出建设"粤教云"省级数据中心,要求各示范应用试验区建设"粤教云"数据分中心并与省级数据中心对接。这些数据中心分布在各地,服务器规模从几十台到近千台不等,配置有高有低。如何统一管理跨数据中心的大规模服务器集群,是"粤教云"工程迫切需要解决的重大问题。

"粤教云"工程是一项大工程,需要一个具有前瞻性、科学性、系统性和可操

作性的顶层设计,立足全局和着眼未来,合理谋划体系架构。其中一项很迫切的任务,就是提出"粤教云"公共服务平台总体规划、技术解决方案与实施指导意见,以技术标准规范引领教育信息化基础设施及公共服务平台建设,从而实现自动、统一管理遵循技术标准的异地数据中心,自动管理遵循技术标准的云应用生命周期,支持云应用服务之间数据互通和功能组合,支持云应用在不同数据中心之间无缝迁移。2015 年 2 月,广东省人民政府发布《关于深化教育领域综合改革的实施意见》,省级教育数据中心和"粤教云"公共服务平台建设被列入全面推进教育信息化的重点工作。广东省教育厅委托我们负责"粤教云"总体设计、技术标准和实施方案研究,提供决策咨询。

正是在这样的背景下,我们团队从 2015 年上半年开始谋划"十三五"粤教云工程发展问题,目标是从根本上解决"十二五"粤教云工程存在的突出问题,同时超前考虑"十三五"期间面临的新挑战:①基础设施多种建设模式并存,私有云和公有云混合、多云融合已成为新常态,统一管理异地、异构数据中心成为当务之急;②云应用服务的类型和数量日益增多,支持多应用混合部署、建设开放应用生态势在必行。我们提出"十三五"粤教云工程整体解决方案,称之为"粤教云"2.0,其核心特征是引入云应用引擎,自动化管理云应用生命周期和基础设施生命周期,如图 2-3 所示。以云应用引擎为中心的"粤教云"2.0 具有"上托下抓"的突出作用,形象地说,很像一个"抓手"。

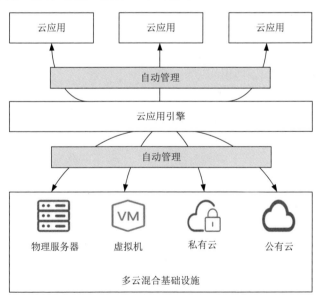

图 2-3 "粤教云"2.0 核心特征

2015 年 10 月 29 日,在《广东省教育发展"十三五"规划(2016—2020 年)》

编制座谈会上,我们建议"十三五"期间继续推进"粤教云"计划,完善"粤教云"公共服务体系,巩固"粤教云"示范应用试验区建设的阶段性成果;加强全省教育信息化的统筹规划和顶层设计,重视标准研制,推进国家、省、市(区)平台互联互通和数据资源融合共享,形成全省教育信息化资源优化配置与协调服务的发展格局。这些意见和建议得到重视并采纳。

2016 年 8 月 4 日,广东省教育厅赵康主持召开"粤教云"工程专题研讨会,我们汇报了"粤教云"2.0 总体设计、系统架构、技术标准及建设方案,会上明确了"十三五"粤教云的目标与任务,即充分整合资源,加快技术标准体系建设,谋划教育管理和教育资源两大公共服务平台融合升级,合力打造"粤教云"2.0,为"十三五"期间广东教育大数据应用工程和智慧教育示范工程提供支撑与服务。关于"十三五"粤教云工程,会议明确定位为广东省教育信息化的"总抓手"。当时《广东省教育发展"十三五"规划》尚处于征求意见阶段,会上决定按"总抓手"这一提法调整《广东省教育发展"十三五"规划》中关于教育信息化有关内容的文字表述。

从技术实现的角度看,"总抓手"是指向下统一管理跨云、跨数据中心的主机集群,支持混合、多云融合的基础设施;向上支撑各类教育云应用,实现云应用的自动化部署和运维,真正成为开发者展示云应用的开放平台,充分发挥市场在资源配置中的决定性作用。从这个意义上讲,"粤教云"2.0 是"总抓手"理念的技术解决方案,对工业云、政务云等重点行业云建设具有示范与借鉴意义。

2016 年 12 月 27 日,全省推进粤东西北地区基础教育信息化工作现场会在清远英德市举行。时任广东省副省长蓝佛安出席并讲话,要求以"粤教云"为总抓手,建设与广东教育现代化相适应的教育信息化体系。

2016 年 12 月 30 日,《广东省教育发展"十三五"规划(2016—2020 年)》正式发布,提出"积极发展互联网+教育,以'粤教云'为总抓手,加强教育信息化统筹规划和顶层设计"。

2017 年 1 月 10 日,广东省教育厅发布"厅长谈广东省教育'十三五'规划"专题系列访谈,省教育厅赵康指出:"十三五"期间,广东省教育信息化的主要任务和举措,可以用"1 个总抓手、2 个关键、3 条主线、4 个模式、5 项工程"来概括。1 个总抓手就是以"粤教云"为总抓手,发展互联网+教育。

受限于 PaaS 技术发展水平,"粤教云"工程早期主要在基础设施(IaaS)和云应用(SaaS)两个层面发力,总体处于云计算 1.0——虚拟化阶段,即以虚拟机及系统管理员为核心,技术方案特点是:①分散管理。每个数据中心单独安装一套云管理平台,配备专门运维队伍,无法统一监控各地数据中心的运行和使用情况。②人工管理。由运维人员手动分配云应用需要的基础设施资源,云应用迁移性差。③静态绑定。云应用与基础设施资源静态绑定、独占使用,导致基础设施资源利用率低、不能形成云应用服务生态等突出问题。

"粤教云" 2.0 聚焦在 PaaS 层，以应用及开发者为中心，能有效应对"十三五"期间基础设施多种建设模式并存、多应用混合部署等挑战。"粤教云" 2.0 体系架构以云原生应用引擎为核心，基础设施资源由云原生应用引擎统一管理，提供按需弹性伸缩的资源池，在应用过程中根据实际需要动态调整；云应用的开发、部署与运维也由云原生应用引擎支撑，特别是自动化部署和运维；云应用引擎提供一系列共性服务，最大限度地降低开发者的开发和运维负担。"粤教云" 2.0 实现了三大突破：①异地、异构数据中心由分散管理变为统一管理；②基础设施资源及云应用由人工管理变为自动管理；③云应用和基础设施资源的关系由静态绑定变为动态共享。这不仅能显著提高 IT 基础设施资源利用率，降低运维成本，提升云服务能力，还能引导更多软件企业开发各类云应用，构建云服务生态系统，如图 2-4 所示。有关"粤教云" 2.0 的相关内容在本书第 3 章介绍，尤其是3.3.1 小节。

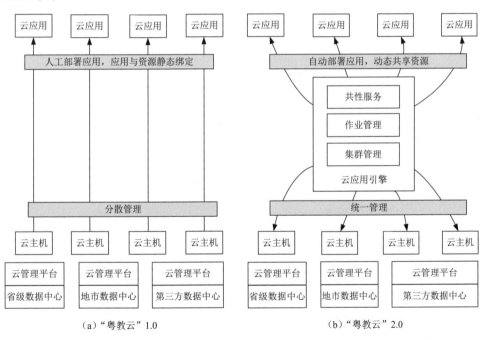

图 2-4　"粤教云" 1.0 和"粤教云" 2.0 的特点对比

2.3　"粤教云"公共服务平台

"粤教云"公共服务平台是实施"粤教云"计划的重要基础设施，也是开展"粤教云"示范应用的核心支撑平台,是创新教育信息化建设模式、服务模式和应用模式的有效载体。"粤教云"公共服务平台的顶层设计与总体规划包括厘清公共服务的含义、分析平台提供的基础服务和共性服务种类、建立有效的服务机制和模式。

"粤教云"公共服务平台的服务对象包括教师、学生、家长,以及教育行政主管部门、各级各类学校和信息化服务企业等,具有大用户、大数据和大系统的特征。

公共服务平台是一种有"弹性"的整体架构,它支撑不同的应用在这个框架内的有效实现,并能有效地实现不同应用在数据、应用逻辑及界面上的互通融合。因此,"平台"具有技术和业务应用两重含义。从技术角度看,需要解决支持系统资源配置、用户资源整合、第三方应用汇集的开放体系结构和软件平台关键问题,支持超大规模用户、多中心、分布式、易扩展的教育云服务模式,提供统一的电子身份管理与认证服务,具备千万级用户的服务支撑能力。从应用角度看,支持第三方资源与应用接入,以平台汇聚资源与服务。因此,"粤教云"公共服务平台的定位是"平台的平台"或者称为元平台,应成为构建应用服务生态的沃土。"粤教云"公共服务平台功能结构,如图 2-5 所示。

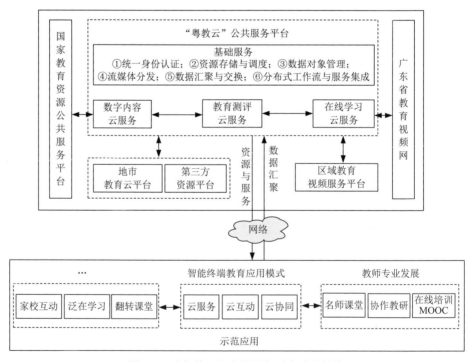

图 2-5 "粤教云"公共服务平台功能结构

2012 年 9 月,教育部在深圳举办首届全国中小学信息技术教学应用展演,"粤教云"公共服务平台(一期)在此次展演活动中首次亮相,引起国内同行的广泛关注。

2014 年 5 月，广东省教育厅在珠海市召开"粤教云"示范应用推进会，"粤教云"公共服务平台（二期）上线。鉴于当时 PaaS 技术的发展水平，"粤教云"公共服务平台建设重点是云基础设施（包括云管理平台）和云应用两个层面，如图 2-6 所示。

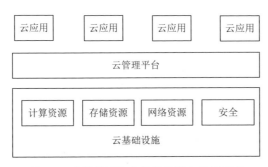

图 2-6 "粤教云"公共服务平台建设重点

从云部署方式看，"粤教云"公共服务平台以自建私有云为主，以虚拟机及系统管理员为核心。在各地建设专门机房，购买物理服务器、存储和网络等设备，每个数据中心单独安装一套云管理平台，配备专门的运维队伍。这些数据中心分布在多地，包括广州、深圳、佛山、珠海和清远等地。数据中心规模从几十台服务器到上千台不等，配置也多种多样。从基础设施资源提供方式看，每次部署云应用时，开发者提出配置要求，由数据中心运维人员手动分配云应用所需的基础设施资源，以虚拟机为分配单位。为了保证安全、避免影响性能，这些虚拟机与特定的云应用静态绑定。换言之，应用一旦上线，将独占这些基础设施资源。从应用的部署和运维方式看，完全由开发者采用自定义的工具和流程手动完成。如果涉及基础设施资源的调整，必须有数据中心管理人员的参与，如图 2-7 所示。

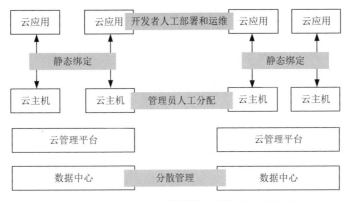

图 2-7 "粤教云"公共服务平台技术方案特点

从运行的应用类型看，主要以三层架构的单体 Web 应用为主，除了面向最终用户的应用服务，平台还提供了用户认证与授权、大规模流媒体、海量学习资源存储与优化调度、分布式工作流与服务集成等共性服务，方便其他云应用服务集成。

"粤教云"工程的关键问题之一是统一电子身份管理与认证服务。"粤教云"用户量非常大，包括 1000 多万学生和 100 多万教师，如果再加上学生家长账号，总用户数将更多。这些用户还有很强的流动性，不同权限的用户需要相应安全级别的身份认证，因此用户管理与认证服务需要良好的管理模式和技术架构。存储服务、流媒体服务、分布式工作流与服务集成等共性服务在 2.3.2 节讨论。

回过头来看，一期的公共服务平台由于缺少应用层的开放编程接口标准，不同的云应用服务之间，尤其是来自不同软件开发企业及服务商的云应用服务之间，数据和功能完全隔离，形成事实上的一个个应用孤岛，很难实现数据互通和功能集成，更谈不上开放融合的云应用服务生态。

2.3.1　云数据中心

传统数据中心部署一套新业务系统，通常要为该业务划分服务器资源、寻址网段、网络带宽和存储空间，如果没有现成设备，还需要采购设备，设备到位后再配置应用业务所需的软件及服务。这一过程不但烦琐而且通常都会经历由于设备利用率低而造成资源浪费或者负载过高以致不得不进行系统升级、扩展的麻烦。

云数据中心的基本特征之一是多租户，这种"租赁"特性支持用户以"拥有但不占有"的方式消费和利用 IT 资源，以最小的成本享受到服务的核心价值。多租户应用的前提是 IT 资源（服务器、网络和存储等）虚拟化，因此，虚拟化资源管理是云计算最重要的组成部分之一，它主要包括对虚拟化资源的监控、分配和调度。在计算机发展的早期（20 世纪 60 年代），虚拟化技术就已经出现了，当时是为了充分利用大型主机的计算资源。数十年后，虚拟化技术再次成为重点关注的对象，依然与提高资源利用率密不可分，云资源池中应用需求不断变化，在线服务请求也不可预测，这种动态环境要求数据中心能够对各类资源进行灵活、快速、动态的按需调度，目前的虚拟化技术不仅在计算节点广泛应用，相同的概念也很好地应用到存储、网络、安全等与计算相关的方方面面。

云计算带来 IT 资源配置与应用的新变化，主要体现在：①对 IT 资源的占有方式，从"为我所有"到"为我所用"，所有权与使用权分离；②对 IT 资源消费方式，从"固定支出"（按最高峰值）到"按需付费"；③对 IT 资源的使用方式，从"特定环境"到"随时随地"。这些变化背后的原因在于，云计算具有动态资源池、快速伸缩、可灵活扩张、服务可计量、泛在接入及按需自助服务等特性。

"粤教云"数据中心的建设思路是整体规划、逐步推进。按照"标准统一、数据共享、应用融合、服务高效"的原则,解决数据中心建设面临的数量多、效能低、共享不足等问题,优化全省"粤教云"数据中心(含省级中心及各地市分中心)布局,提升 IT 资源利用率、绿色节能和集约化水平。

目前"粤教云"已经建成了省级教育数据中心和部分地市教育数据中心,支撑"粤教云"公共服务平台应用的部署和运行,可同时为 IPv4 和 IPv6 用户提供教育云服务。

广东省教育数据中心机房及基础环境建设按照"三中心"模式,即省教育技术中心机房、省教育厅机房和广州超算中心机房;三个机房之间双裸纤 10Gb/s 冗余互通,机房两两之间至少 4 条 10Gb/s 以太网、4 条 8Gb/s 的 FC 网络互通,视要求扩展 40Gb/s 以上带宽。省教育技术中心机房作为主机房,负责网络出口和安全管理,如图 2-8 所示。数据中心配备云管理平台 VMware 或 OpenStack 以及大数据平台 Hadoop,实现网络、计算、存储资源的虚拟池化。

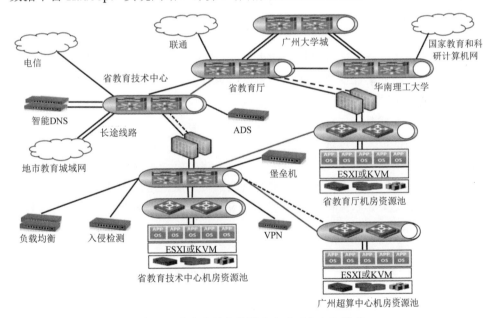

图 2-8　广东省教育数据中心"三中心"模式

其中,广东省教育技术中心机房如图 2-9 所示,实现了物理设备、网络等资源虚拟化管理,资源池可快速弹性伸缩扩展,具备资源监控及告警处理、用户身份认证和权限管理等功能。

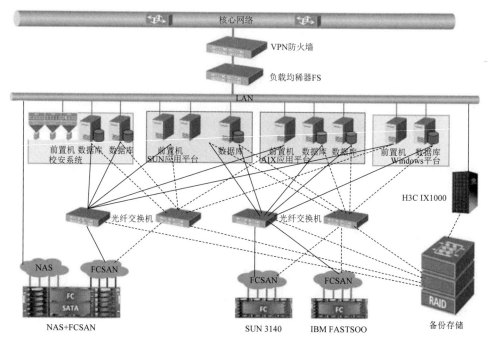

图 2-9　广东省教育技术中心机房

采用自建数据中心的基础设施建设模式，基础建设、购买 IT 基础设施及运维队伍建设等导致购买和运维成本居高不下。各地建设的数据中心由不同的运维团队分散管理，无法统一规划和管理全省的基础设施资源。从基础设施资源提供方式看，每次部署或升级云应用，都需要基础设施管理方参与，开发者提出配置要求，数据中心管理人员以虚拟机为单位分配资源，时间长、效率低。尤其是虚拟机与特定云应用静态绑定在一起，应用一旦上线，将独占这些基础设施资源，导致服务器资源利用率较低，造成极大的资源浪费。从应用部署和运维方式看，开发者采用自定义工具和流程，手动管理云应用生命周期，包括部署、运行、维护和管理等，这对云应用开发者提出了非常高的技术要求，工作强度也大。由于缺少云应用打包和部署的相关标准，要升级云应用或把应用迁移到新的数据中心，仍需要基础设施管理方和开发者协调一致、手动完成，不能做到"一次构建、到处运行"，也无法支持多应用混合部署。

随着数据中心服务器集群规模的不断扩大，人工管理方式并不现实。只有实现自动化，才能减少人工干预可能造成的错误，降低运维成本。具体实现在本书第 3 章详细讨论。

2.3.2　云平台共性服务

云平台共性服务包括存储服务、流媒体服务、分布式工作流与服务集成，以及统一电子身份管理与认证、数据汇聚与交换、云安全等。依据技术标准及规范，实现第三方应用与服务的汇聚与集成。

1. 存储服务

根据教育行业应用的特点设计和实现云存储系统，容量达到 10PB，支持每日千万数量级的用户访问；支持应用服务器和存储服务器的在线横向扩展；单位存储成本优于国内外同类系统；提供异地数据备份，保证数据至少有三份副本；提供 7×24 小时的不间断稳定服务，月平均非计划停机时间不能超过 5 分钟。

平台提供的存储服务接口包括块存储、文件存储和对象存储，重点解决海量学习资源存储与优化调度、海量数字对象存储与管理等关键问题。

（1）海量学习资源存储与优化调度

学习资源具有规模大、知识密集、关联性强、分布异质等特点，学习者对学习资源的访问具有"潮汐"规律、"热点"现象，并符合一定的认知规律，不同种类的教育资源的大小差异很大，从数千字节（如 TXT、DOCX、PPT、JPG 格式文件）到数百兆字节（如流媒体文件）不等。如何实现对海量学习资源的有效存储、高效管理及优化调度，提供高可用、快速的访问服务，是一个亟待解决的技术难点。

海量学习资源云存储体系结构如图 2-10 所示，它以 HDFS（Hadoop distributed file system）分布式文件系统为基础[88]，自下而上分为四层：基础架构层、分布式存储层、存储支撑与优化层和用户界面层。

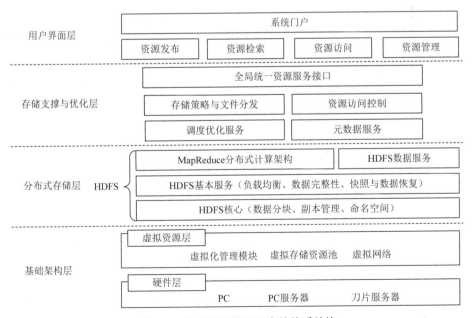

图 2-10 海量学习资源云存储体系结构

HDFS 能提供高吞吐量的数据访问，适合大规模数据密集型应用。HDFS 结构如图 2-11 所示，它包含主/从 NameNode 和多个 DataNode，采用主/从结构，主设备运行 NameNode 和 DataNode，彼此之间的通信建立在 TCP/IP 基础之上。

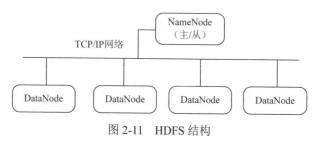

图 2-11　HDFS 结构

HDFS 的工作原理如图 2-12 所示。在 HDFS 内部，一个文件可分为一个或多个数据块，这些数据块存储在 DataNode 集合中。客户端连接到 NameNode，执行文件系统的命名空间操作，如打开、关闭、重命名文件和目录，同时决定数据块到具体 DataNode 节点的映射。DataNode 在 NameNode 的指挥下进行数据块的创建、删除和复制。

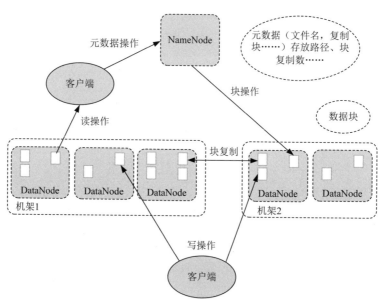

图 2-12　HDFS 的工作原理

根据 HDFS 技术特点及数字教育资源存储、管理和访问的应用需求，需要解决以下关键问题。

1）在分布式存储层，通过文件预存取实现数字内容的高效访问，提出一种基于文件关联关系的预取技术，降低 Hadoop 集群的负载，提高数据读取效率，实现对海量学习资源的快速访问。关联关系在文件系统中普遍存在，它体现了相关联文件之间的访问局部性（空间局部性或时间局部性）。预取是当前广泛使用的存储优化技术，它通过预测访问局部性，提前把将要访问的数据读取到 Cache，从而隐藏用户可以觉察到的 I/O 时间消耗，加快读取速度，其功能实现如图 2-13 所示。

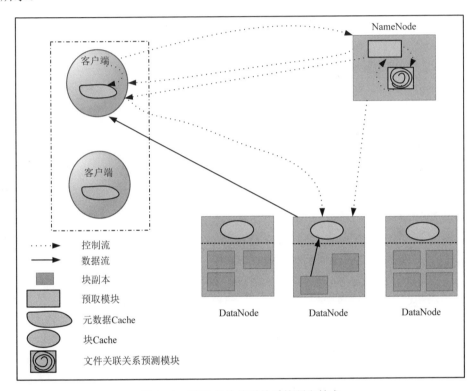

图 2-13 基于文件关联关系的预取技术

2）在存储支撑与优化层，提出一种基于 HDFS 的海量小文件存储技术，解决教育行业应用小文件无法有效在 HDFS 上存储的难题。HDFS 存储大文件效率很高，但对小文件存储支持效果并不好，因为海量小文件在 HDFS 上存储会带来高额的管理开销和难以接受的读、写效率。针对这一难题，提出一种海量小文件在 HDFS 上有效存储的技术解决方案，以便更好地支持海量小文件，实现统一存储大文件和小文件；提供透明的资源存储接口和访问接口，其核心思想是通过文件合并解决小文件的存储问题，即对小文件进行分类，针对不同类别小文件的特点，采取不同的合并方法。例如，将相邻或者相关联的小文件合并成一个大文件，并建立索引以定位小文件；建立全局映射表，记录从原始文件到合并后文件的映射。PPT 小文件合并原理如图 2-14 所示。

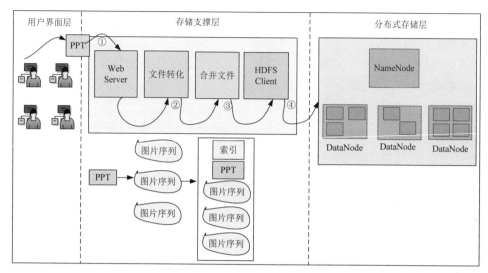

图 2-14　HDFS 小文件存储

3）在存储支撑与优化层，提出一种检测重复文档的方法，解决学习资源重复副本检测问题，提高存储空间的利用率和上层应用的处理效率。

为了保证相同的学习资源内容具有相同的文档标识号，通过生成文档指纹实现重复文档检测是关键，其算法步骤如下：

第一步，预处理。抽取文档的元数据和正文，去掉标点符号等特殊符号。对文档内容[①]进行 K 字词块切分，得到表征文档特征的向量 $W=(w_1, w_2, \cdots, w_n)$，其中 w_i 表示第 i 个词块（记作 Chunk$_i$）的权值。通常设置 $K=4$ 或者 $K=5$，词块的权值就是词块出现的词数。

第二步，计算文档对应的 SimHash 值，即获取表征文档语义的 64 位指纹 F。

初始化一个 64 维的向量 V，每一维分量的取值都是 0；

对于文档包含的每个词块 Chunk$_i$：

计算对应的 BKDRHash[②] 值，并取其最后 64 位，记作 H；

循环检查 H 的每一个二进制位 h_j(1≤j≤64)：

如果 $h_j=1$，则 $v_j += w_i$；

否则，$v_j -= w_i$。

循环检查 V 的每一维分量 v_j(1≤j≤64)，按下列规则决定 F 的每位取值：

如果 $v_j > 0$，则 $f_j = 1$；

否则，$f_j = 0$。

---

① 如果文档比较长，则仅选取前 10 000 个单词或字。

② 各种常用字符串 Hash 函数，http://www.partow.net/programming/hashfunctions/index.html。

第三步，用两个指纹向量之间的汉明距离衡量对应两个文档的内容相似度。有两种情况需要计算汉明距离：①初次使用本系统时，需要对已有的学习资源文档进行内容重复检测；②在添加新的学习资源文档时，新文档的语义指纹要与已有文档的语义指纹进行两两比较，确定该文档是否已经包含在本地文献集中。为了提高语义指纹的比较效率，可采取分治的策略。在本例中，可把 64 位的语义指纹分割成 11,11,11,11,10,10 六段，每次选取其中三段，则共有 $C_6^3 = 20$ 种组合。对每一种组合，构造一个语义指纹二进制位的重新排列，使得被选取的三段成为指纹的最高位，记作 π_i，其中 $1 \leq i \leq 20$。对所有的语义指纹，构造 20 个表，记作 T_i，$1 \leq i \leq 20$。表 T_i 包含所有指纹经过排列 π_i 后得到的新指纹，且有序排列。要检查在指纹库中与新指纹 F 汉明距离不超过 k 的所有语义指纹，其算法步骤为：

对每一个表 T_i，执行：

按照 π_i 重新排列语义指纹 F，得到新指纹 F_i；

在表 T_i 中找出与 F_i 头三段二进制位[①]取值相同的所有语义指纹，构成候选集；

比较 F_i 与候选指纹在剩下二进制位的异同，如果差别不超过 k 位，添加到结果中。

显然，这是一种典型的以空间换取时间的方法，有利于分布式实现，提升效率。

（2）海量数字对象存储与管理

数字对象管理系统是知识管理和共享的基础。教育资源的数字对象存储以灵活、可扩展数字对象与存储体系结构（flexible extensible digital object and repository architecture，FEDORA）作为底层支撑。FEDORA 由 Web 服务层、业务逻辑层和存储层三部分组成，如图 2-15 所示。

FEDORA 部署到多个存储服务器，通过 FEDORA 专用客户端或通过调用 FEDORA 提供的 SOAP/REST 服务接口对存储服务器进行检索与管理。这是一种分布式存储和检索模式，需要解决以下问题：

1）数字对象动态组织和管理。研究数字对象管理和访问的架构，以统一接口实现数字对象的管理，包括创建、抽取、查询、更新和删除等，支持数字对象动态分布、迁移及分发，以及分布式多版本数据格式和访问协议兼容，解决各种异构资源的高效统一管理问题，设计开发具有自组织特性的动态数字对象发现、查询、检索、定位和加载服务。

2）数字对象定义框架和描述方法。面向数字教育资源海量、异构的应用需求，提出一种适应复杂环境、满足教育应用不同需求的自组织、动态数字对象定义和描述方法。

---

① 根据设置，这三段可能包括 31 个、32 个或 33 个二进制位；此外，由于表格已然有序，可采用二分查找法。

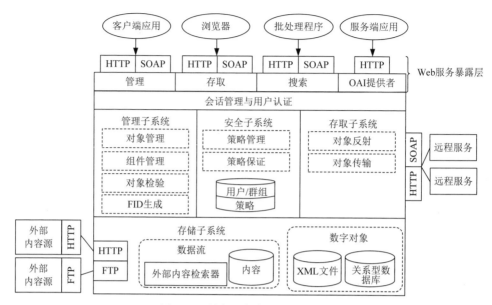

图 2-15 数字对象存储与管理架构

3）数字对象定位和获取。在云服务环境下，数字对象包含多层次、多类型、多结构的动态分布数据内容，它们以不同形态和版本存放在云存储中，这需要解决：①研究快速、高效、准确的内容抽取方法以及根据用户需求将抽取内容打包成满足特定性能及格式要求的分发数据包方法；②研究数字对象多层次索引方法、数字对象模型、唯一标识符规范及相关的资源对象定位优化方法、数字对象一致性和安全性验证方法。

4）异构数字对象管理。解决各种异构资源的高效统一管理问题，提出一种支持数字对象管理和访问的系统架构及实现方法，以统一接口支持数字对象创建、查询、抽取、更新、删除等管理；研究面向复杂应用环境的数字对象定位及获取方法，设计开发自组织动态数字对象管理服务，提供发现、检索、定位和加载服务。

5）数字对象查询和互操作语言。以数字对象元数据模式为基础，开发一种多模式、多层次数字对象查询语言，实现基于关键字查询、简要元数据模式查询、层次结构元数据模式查询以及基于数字对象关系的查询，支持查询模式定义、查询会话生成及安全性保障等。

6）云服务环境下数字对象管理。解决海量数字对象和资源对象的动态组织与管理问题，实现自组织动态数据存储和资源共享，提供云服务环境下数字对象管理、访问、发布及查询等，支持大规模、分布、异构数字教育资源有效聚合和按需共享。

2. 流媒体服务

多媒体是最重要的计算机应用领域之一,多媒体数据可分为离散和连续两类,它们的主要区别体现在是否对媒体数据的呈现有时序要求。在网络环境中分发连续媒体数据主要有两种模式:下载模式和流(streaming)模式。下载模式是指把整个媒体文件从媒体服务器完全下载到客户端后再开始播放。流模式是指客户端在接收来自媒体服务器的媒体数据的同时开始回放(playback)。

对于离散多媒体以及下载模式的连续媒体,已有的技术已经可以很好地支撑此类多媒体应用。对于流媒体,还需要进一步发展现有的网络计算技术,实现高质量大规模流媒体服务。编码技术和网络传输技术是构建大规模流媒体系统的两个关键,其中内容分发网络(CDN)和对等网络(P2P)是两种最重要的网络传输技术,它们具有极强的互补性。

流媒体系统体系结构如图 2-16 所示[89],数据源生成的多媒体数据经过压缩后存储在媒体服务器上,然后通过基于 Internet 的连续媒体分发服务传送到客户端,解码后的多媒体数据在客户端进行播放和呈现。

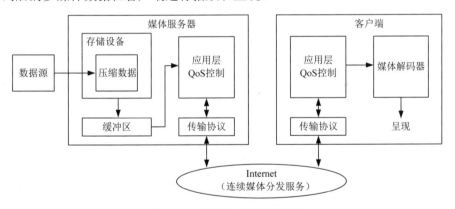

图 2-16 流媒体系统体系结构

流媒体应用具有下述特征:①实时性。连续媒体的检索、计算和呈现具有时间相关性,数据必须在预先定义的截止时间之前读取,仅允许轻微抖动。因此,连续媒体数据的存储和检索算法必须考虑时间约束,并通过缓冲区提供平滑的数据流。②大尺寸文件和高数据率。连续媒体数据的存储需要大容量的存储空间,连续媒体的回放也要求保证一定的高数据率。③多数据流。流媒体服务必须同时支持不同类型的媒体,尤其是多源数据流之间的同步。

为了保证流媒体的服务质量,仅靠高性能的媒体服务器和应用层 QoS 控制是远远不够的,还必须研究网络 QoS 保证问题和流媒体分发技术。这主要是因为有QoS 保证的网络能够降低传输延迟和丢包率,而不同的流媒体分发方式能够降低用户对网络带宽的需求并提高网络带宽的利用率。这里重点讨论适合存储流媒体的文件系统及连续媒体分发服务。

（1）多媒体文件系统

文件系统是操作系统的重要组成部分，它为文件的存储和读写提供访问和控制功能。多媒体数据具有实时、大尺寸文件以及存在多个需要同步访问的数据流等特点，传统的通用文件系统，如 FAT 和 NTFS[90]、EXT2[91] 及 FFS[92] 等，并不能很好地支持上述特征。因此，需要研究能够同时满足连续和离散媒体的存储和检索需求的多媒体文件系统，它们主要可分为分区型文件系统和集成型文件系统[93]，如图 2-17 所示。在分区型文件系统结构中，文件系统由多个子文件系统组成，每个子文件系统负责处理一种特定类型的数据，通过集成层提供统一的访问接口和机制。分区型文件系统的典型例子有 FFS、RIO[94]、Shark[95] 和 Tiger Shark[96] 等。在集成型文件系统中，由同一种实现机制（包括存储管理、磁盘调度和缓冲区管理等）为所有类型的数据和应用提供服务。集成型文件系统的典型例子有 Nemesis[97]、Fellini[98] 和 Symphony[99] 等。

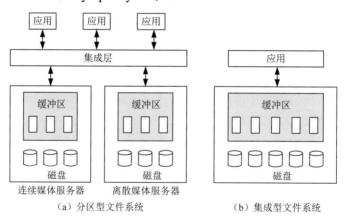

图 2-17　文件系统类型分类

根据文献[93]的实验结果，分区型文件系统易于设计和实现，能够比较充分地利用已有的文件系统和应用；集成型文件系统的复杂性和实现代价更高，但是在大部分情况下都提供了比分区型文件系统更高的性能。具体采用哪一种结构实现多媒体文件系统，取决于多媒体应用的特点和要求。

（2）连续媒体分发服务

可变速率流媒体多播算法以及 CDN 和 P2P 集成媒体分发技术是连续媒体分发服务的关键。

1）可变速率流媒体多播算法。传统的 Internet 适用于点到点通信模式，不能有效支持大规模流媒体应用。为了克服上述弱点，可以采用 IP 多播（multicast）技术。IP 多播的发送方能够将一个 IP 包复制并沿着多播树中的任何一条物理路径传输，从而有效地减少网络流量，提高网络带宽利用率。流媒体多播方法主要可分为闭环（closed-loop）和开环（open-loop）两类算法。

在闭环算法中，根据用户的请求，媒体服务器基于特定的策略进行信道分配和数据传输调度。常用的策略包括 batching[100-103]、patching[104]、caching[105,106]和 piggybacking[107,108]等。

采用 batching 技术是指当有新的数据请求时并不立即处理，而是等待一个时间区间。在当前时间区间内到达的对同一内容的请求被归为一组，由同一条多播信道提供服务。常用的 batching 策略有先来先服务（first-come-first-serv，FCFS）和最大队列长度（maximum queue length，MQL），前者会选择等待时间最长的请求队列，后者则选择长度最长的请求队列。采用 patching（有时也被称为流合并）策略是指当客户请求流媒体时，首先加入已经存在的传输该流媒体的多播信道 A。由于客户错过了流媒体开始的内容，媒体服务器将建立一条到客户端的单播信道 B，发送流媒体的初始内容。caching 策略的基本思想是指以前数据流读出的数据将被暂存到缓存中，供后续请求同一内容的数据流使用。piggybacking 策略的基本思想是调快某些客户的回放速度，同时调慢一些客户的媒体回放速度，最终使得上述客户处在同一回放点上，这样就可以使用同一个多播信道为所有的客户服务。

开环算法，也称为周期广播（periodic broadcasting）[109]，是指按照固定的顺序和策略调度所有的多媒体数据流，不考虑用户的请求情况。理论上，只要网络带宽够用，开环多播流算法可支持任意数量的用户。所有的周期广播算法具有类似的结构：将流媒体内容分为 n 段，每一段作为不同的数据流（逻辑信道）同时广播。用户首先从一个数据流等待第一段内容并开始回放，同时从其他的数据流下载足够多数据，并按顺序播放其他段的内容。

第一种周期广播模式把媒体内容分为大小递增的分段，并为逻辑信道分配同等的网络带宽，典型算法有金字塔广播（pyramid broadcasting，PB）[110]。PB 算法的分段大小满足几何级数，不同视频的分段被混合在同一个逻辑信道中。客户可以在刚开始播放当前数据流时开始下载下一个数据流的内容，任何时候客户最多可以下载后续两个数据。PB 算法对数据传输率和磁盘 I/O 速度等的要求都很高。为了解决上述问题，摩天大楼广播（skyscraper broadcasting，SB）[111]算法被提出来，它按照媒体播放速度来发送分段，分段大小固定，每个信道中包含的分段数目按照级数递增。这些措施能有效降低对网络带宽和磁盘缓存的要求。第二种周期广播模式是把媒体内容分为固定大小的分段，并为逻辑信道分配递减的网络带宽，典型算法是调和广播（harmonic broadcasting，HB）[112]。在 HB 算法中，客户一旦进入系统，就开始对所有的数据段进行缓存，然后按序播放。第三种模式是把媒体内容分为固定大小的分段，并把它们分配到数量很少的等带宽的信道中，然后采用时分多路复用确保连续的多个分段按照正确的递减频率在信道上广播。典型例子包括宝塔（pagoda）[113]算法和新宝塔（new pagoda）[114]算法。

2）CDN 和 P2P 集成媒体分发技术。除了前面提到的多播和广播机制，还有三种解决流媒体分发的途径：①增加网络带宽，这种途径不仅代价昂贵，而且也很难满足业务发展的需求；②内容分发网络（content delivery network，CDN）；③采用 P2P 机制分发媒体内容。

CDN 一般采取星形拓扑，如 Akamai①。原始内容在中央服务器，然后被分发和复制到位于网络边际的边缘服务器。用户访问距离自己最近的边缘服务器获取流媒体内容。所谓最近，是指用户终端系统和边缘服务器位于同一个 Internet 域中。CDN 的核心思想是"以存储换带宽"，能在一定程度上缓解网络带宽不足的问题。CDN 的主要缺陷是代价高，边缘服务器的安全缺乏保证，缓存内容也不易于管理。CDN 采用 P2P 模式的内容分发，每一个节点既是内容的消费者，又是内容的提供者。

集成 CDN 和 P2P 的混合结构内容分发[115]模式及相关技术的基本思想是：设置一定数量的边缘服务器为用户提供内容服务，同时边缘服务器又充当 P2P 索引服务器，记录媒体内容与用户节点之间的映射关系。用户节点首先从边缘服务器请求流媒体内容，接收内容的同时又承担媒体分发的任务，在承诺的服务期满后，用户节点可从 P2P 索引服务器注销。一种融合 CDN 与 P2P 的流媒体分发网络体系结构，如图 2-18 所示。

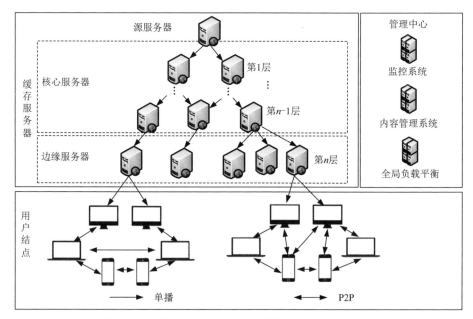

图 2-18　融合 CDN 与 P2P 的流媒体分发网络体系结构

---

① Akamai 公司主页 https://www.akamai.com/。

"粤教云"公共服务平台流媒体分发技术方案在 2.4 节介绍。

3. 分布式工作流

针对"粤教云"公共服务平台工作流系统的应用需求，解决云计算环境下的分布式工作流调度及负载均衡问题，提出一种分布式工作流调度框架（process instance scheduling framework，PISF）[116]，在工作流引擎中引入多个调度算法，构建高效分布式工作流执行引擎，实现流程实例分类调度，以适应业务流程动态变化，支持数据、应用和流程等层面的多服务集成。

DPower[116]是基于 Power[45]开发的分布式工作流系统，它实现了 PISF、PIM（process instance migration）以及网页绑定服务和参与者绑定服务。网页绑定服务使得 PISF 不影响调度流程和业务系统交互，参与者绑定服务使得 PISF 算法能利用参与者属性作为调度因素。DPower 中的 PISF 实现了两个调度目标不同的调度算法：负载算法和位置算法。前者的目标是均衡节点之间正在运行的流程实例数目，后者的目标是把流程移动到将要执行的活动参与者所在位置，尽可能减少活动参与者和工作流执行引擎的通信开销。实验证实了按需求分类调度流程的可行性，其中，负载算法能明显减少流程执行时间，基于参与者位置的调度能获得较高的满意度，这两种优势互补的调度算法相结合，能够对不同类型活动流程给出满意的调度结果。实验还证明，迁移服务和网页绑定服务能够较好地支持传统工作流引擎向分布式工作流引擎迁移。

DPower 通过改进优化 Power 的核心组件并引入新模块构成一个 P2P 工作流引擎，它支持流程实例迁移和调度，其架构如图 2-19 所示。首先，Active Queue变成了多个优先级队列，不同优先级的流程实例在执行时使用对应级别子队列，Coordinator 按优先级从高到低从 Active Queue 的第一个非空子队列获取活动实例

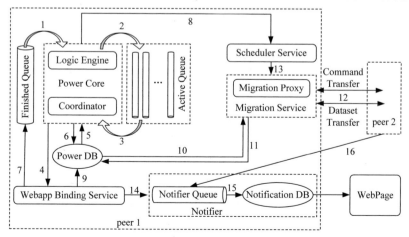

图 2-19 DPower 架构

（箭头 3），Logic Engine 根据流程实例优先级选择活动实例发送到相应的子队列（箭头 2）。其次，Coordinator 不再负责提交工作项和更新业务数据，这些工作由网页绑定服务完成，Coordinator 把生成的工作项交给网页绑定服务，后者根据工作项把相应的输入数据交给业务系统（箭头 4），并在活动实例结束后把输出数据更新到 Power DB（箭头 9），最后提交实例到 Finished Queue（箭头 7）。此外，Coordinator 还参与流程调度算法。DPower 引入了 PIM、PISF、网页绑定服务和参与者绑定服务等机制与方法，实现对运行时流程的调度。

（1）基于 Web 服务的异构工作流互联

随着工作流系统应用的普及和云计算技术的发展，解决教育云公共服务平台上多种信息系统不同信息源之间的松耦合问题已成为当务之急。一方面，不同工作流系统存在异构、分布和松散耦合等特点，它们限制了不同应用系统之间的信息共享和协同服务；另一方面，每一种工作流系统都有它独有的优势和适用场景，教育云服务需要针对不同应用场景选用不同的工作流系统，通过优势互补共同完成某项任务。Web 服务在封装性、松散耦合、平台无关性及高可集成能力等方面的特点，成为解决异构分布问题的首选工具，应用 Web 服务动态组合方法[117,118]，可以实现多个基于 Web 的异构工作流系统之间的协同工作。我们提出一种基于 Web 服务的异构工作流程互联接口，从调用接口、调用方式、调用返回等方面解决基于 Web 服务的异构流程互联问题[119]。

利用 Eclipse-BPEL 等开源工具，设计应用场景验证异构工作流系统相互调用的可行性。实验结果表明，将工作流系统与 Web 服务结合，能够灵活实现不同工作流系统之间的流程相互调用，具体开展了以下工作：

1）提出一种基于 Web 服务的异构工作流互联接口。我们针对已有异构工作流系统互联问题研究的不足，从实现异构流程互联的目标出发，通过将工作流程封装成 Web 服务，利用 Web 服务完善的消息传递机制，构造流程互联接口，解决异构工作流系统之间的消息传递问题，为异构工作流互联奠定基础。

2）基于 Web 服务的流程互联解决方案涉及调用接口、调用方式、调用返回三个问题。其中，调用接口是指主调流程启动被调异构流程的启动方式；调用方式是指主调流程同步或异步调用被调流程过程中的执行状态，包括执行状态的参数传递及其实现；调用返回是指异构流程调用返回给主调流程的结果。

3）将工作流封装成 Web 服务，提出并实现一种基于工作流的 Web 服务动态组合新方法。

为了验证上述三个问题的解决方法及其效果，方便分析流程调用过程的主要问题，以两个异构工作流程相互调用过程为例，这两个异构工作流分别采用 XPDL 描述的 SynchroFlow 工作流和采用 BPEL 描述的 ODE（open dynamic engine）工作流。

BPEL 流程调用 XPDL 流程如图 2-20 所示,两个工作流系统分别包括一个工作流建模工具和一个工作流引擎,其中,建模工具的作用是创建工作流程,工作流引擎完成流程执行。工作流程互相调用基于 Web 服务实现,使用 AXIS2(apache extensible interaction system 2)进行服务封装,实现两个工作流引擎之间的信息传递和同步。首先将 XPDL 流程的启动文件封装成 Web 服务,然后从 BPEL 流程中调用对应启动 XPDL 流程的 Web 服务,从而实现 BPEL 流程对 XPDL 流程的调用。

XPDL 流程调用 BPEL 流程与图 2-20 类似,XPDL 发送 SOAP 消息启动 BPEL 流程,流程运行结束后向 BPEL 流程启动文件发送流程结束消息并返回参数,启动文件将这些信息反馈给 XPDL 的"调用 BPEL 流程活动"。

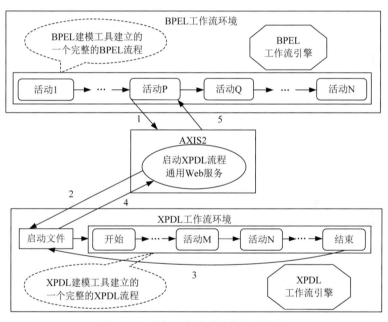

图 2-20 两个工作流系统的流程调用

(2)基于业务知识的工作流生成与动态执行

业务流程应该体现行业应用的行为特征、业务规则和领域场景,其所包含的所有活动可以由相关流程表示,整个流程涉及各个业务层面及复杂的业务知识,它在流程建模乃至流程运行时都有至关重要的作用。因此,流程设计和优化需要知识管理方法的支持,从而增强工作流系统的易用性、灵活性与健壮性。

采用基于流程的服务组合方法实现业务流程的分布式执行,将流程封装成服务,利用动态规划方法生成最优流程执行过程。通过将工作流程按统一方式封装,根据当前的用户需求和服务状态进行实时规划,对不同工作流系统的流程或流程片段进行动态选择、组合与互操作,实现不同工作流引擎之间的协同工作[120]。

1）分布式工作流服务接口定义和功能。当需要多个分布式工作流系统协作完成一个主体流程时，各工作流系统中的某个流程被封装后，成为主流程中的一个活动，它可能运行在与主流程不同的执行引擎中，因此，原来工作流程中活动之间简单的数据流演变成为工作流系统之间较为复杂的数据交换。使用 Web 服务实现不同系统之间的数据交换和通信，封装工作流引擎的客户端接口。分布式工作流服务接口主要包括两个方面：①对外部应用程序提供接口，如流程定义的建模和部署、创建/启动流程实例和过往运行数据查询等；②提供工作流引擎执行过程中所需的数据和服务。

从两方面扩展分布式工作流服务接口：①对原有工作流引擎接口功能的扩充；②添加目标接口，设定贯穿于整个流程运行始终的全局变量，用于获取数据。服务接口功能扩展的工作流引擎执行过程，如图 2-21 所示。

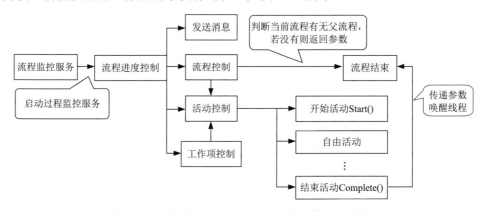

图 2-21 服务接口功能扩展的工作流引擎执行过程

2）分布式工作流执行过程的流程动态组合。为了实现在不同工作流系统之间以流程组合的方式完成整个业务流程的协作执行，提出一种分布式流程动态规划组合方法。基于分布式工作流系统流程交互的特点，综合考虑服务接口、交互控制、参数消息传递和动态规划指标等因素，在流程运行时，根据用户关心的指标与期望值，通过动态规划方法选取最优工作流服务及其子流程，能较好地支持分布式工作流的流程动态组合[121]。

流程执行时，通过动态规划选择并调用最优的异构工作流服务或流程，可以实现分布式工作流系统的互操作，动态规划的服务匹配可避免多目标冲突现象。主流程调用某个子流程时，不需要了解其他工作流服务的具体地址，而只需发出功能请求调用相应的服务，调度规划器根据服务的描述，实现服务查找、匹配并返回结果，解除了工作流系统之间的紧耦合，即流程运行时调度规划器依据当前场景上下文和环境变量等信息进行实时规划，从服务列表中选取最合适的工作流服务及流程，再按照同步或异步调用方式等不同要求对执行结果进行相应处理。

3）多工作流引擎协同工作。工作流运行时互联的一个典型场景是在某工作流系统运行的流程实例需要调用并唤醒其他工作流系统的流程。为了将已有的应用流程集成到工作流系统，并且可以被其他工作流系统调用，通过分析工作流互联的参数传递、交互接口、服务封装与调用等特殊问题，采用 Web 服务方式实现业务流程的分布式执行，在不依赖其他代理和组件的情况下能方便地对部署在不同工作流系统的流程或流程片段进行动态组合，实现不同工作流引擎之间的协同工作[122]。流程接口扩展和服务封装如图 2-22 所示。

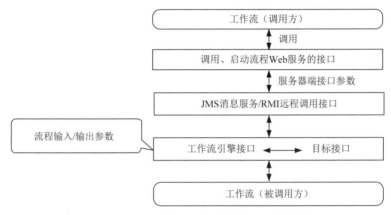

图 2-22　流程服务接口扩展

工作流执行的相关数据包含在任务中，利用工作流数据读/写 API 进行数据转换和传递，或者通过共享对象存储方式间接传递。图 2-22 中工作流系统接口扩展部分主要实现系统外部参数与数据交换及流程运行结果处理。工作流引擎需要识别数据格式类型、内容以及区分流程数据或业务数据，并实现与流程活动相关联。

2.4　"粤教云"核心应用服务

教育云应用服务属于 SaaS 层范畴，从构建云服务生态角度出发，应该鼓励和引导软件企业及服务商开发各类云应用。作为示范工程，"粤教云"公共服务平台提供学习内容管理和学习管理两大类云服务。

2.4.1　学习内容管理云服务

学习内容管理云服务是最具教育行业特色的云应用服务，海量教育资源存储和高效管理是基础，设计目标是集成 50TB 以上的数字学习内容，提供基于主题图的自适应导航和基于大数据的个性化资源推送服务，支持大规模用户并发访问、多种资源检索模式及资源的细粒度重组与个性化分发。

1. 数字内容超市

数字内容超市功能架构如图2-23所示,重点解决超市式数字内容云服务的内容上载、使用和优化扩展问题,以及数字内容聚合、共享和服务的海量数据对象管理技术,实现数字内容的高可重用。以 LOM 和 DC 等元数据标准为基础,自定义一套元数据规范,实现灵活可扩展的元数据管理,满足资源多样性及不确定性,解决元数据动态管理问题。提供用户行为分析并支持社交圈子。社交圈子让用户了解圈内关注的资源,这往往是用户最有价值的资源。

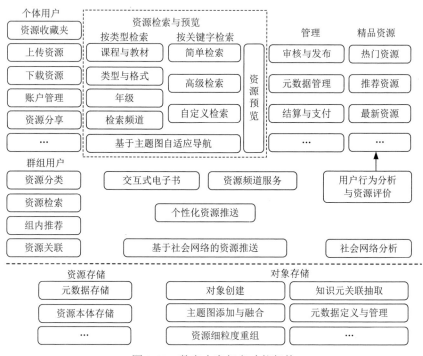

图 2-23 数字内容超市功能架构

内容提供者(包括出版方和教师)制作的数字内容,通常保存为某种复合文档格式,如 DOC、PPT、PDF、FLV 和 MPEG 等。安全服务器对提交的原始文档进行扫描,确保不包含恶意代码。接着对文档进行并行处理:①信息抽取。分析文档格式,抽取各种元数据,生成文档的预览内容。②全文索引。利用 Lucene 建立文档内容的全文索引库,支持全文检索。③编码。为了避免版权内容的非法复制和使用,将对文档进行乱序编码,只有专门的阅读和播放软件才能再现文档的内容。

用户浏览或者检索数字内容超市提供的内容,根据预览内容确定是否购买,交互流程如图2-24所示。用户向许可服务器提出版权购买请求,并支付相关费用;许可服务器将用户购买的数字内容信息传送给分发服务器;分发服务器把文档及相关版权信息加密封装，发送到客户端；许可服务器制作包含版权信息和密钥的许可文件，发送到客户端；客户端的内容播放器验证许可文件，确定是否解密文档以及是否开始播放。

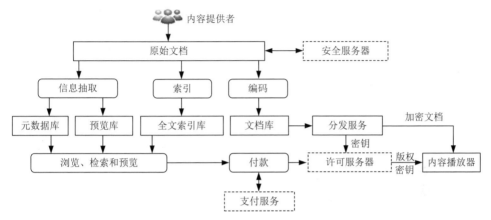

图 2-24　超市式数字内容云服务交互流程

　　实现数字内容超市云服务需要解决下列问题：①海量小文件的存储。数字内容文档的大小通常是几十兆字节（MB），而大部分云文件系统处理的往往是以 GB 为单位的文件。②无固定模式的元数据。数字内容格式多样，元数据定义灵活，没有固定的模式。③数字对象管理。为了支持数字内容的细粒度复用，数字内容超市必须支持数字对象层次的内容管理。④版权保护。防止数字内容的非法使用。

　　针对上述问题，在云平台部署非关系型数据库 Cassandra，解决元数据的灵活存储和大规模检索问题。对于问题①和③，需要解决海量学习资源云存储与优化调度问题，并实现一种海量数字对象管理系统，这些内容在 2.3.2 节已经讨论过了。

　　目前，Android 操作系统仅支持数字版权标准 OMA DRM 1.0，通常用于保护比较便宜的数字内容。为了增强数字版权保护功能，将在 Android 客户端实现 OMA DRM 2.0 标准，其工作流程如图 2-25 所示。

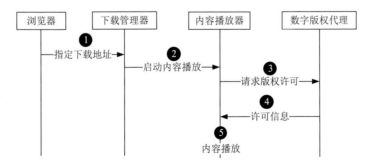

图 2-25　Android 客户端数字版权保护

其中，数字版权代理负责解析许可文件，从中提取版权信息和密钥。版权信息使用 XML 描述。内容播放器负责验证版权许可，解密数字文档并进行解码，然后调用相应的内容回放模块，包括文档阅读软件、图像查看软件和媒体播放软件等。同时，客户端还可以采取硬件唯一标识符比对的方式，确保不被其他用户非法使用。

数字内容超市云服务的功能特色非常鲜明，包括以下几方面：

1）提供以数字教材为代表的基础性资源服务，支持教育信息化手段规模化与常态化应用。一方面，整合高校学科优势、出版社资源优势和企业研发能力，合力推进数字教材开发；另一方面，在"粤教云"示范应用试验区开展数字教材规模化应用，探索数字教材整合于课堂教学的应用模式和服务机制，以及公益性服务和个性化增值服务相结合的数字教材运营机制。

2）提供全省各地市之间数字教育资源的交换与协同服务，支持动态、开放、群体行为的跨组织协作，实现优质教育资源跨地市（区）存放、汇聚与按需共享，提升全省资源共建能力与共享水平。加强全省教育资源建设总体规划，完善资源建设规范与技术标准，以机制创新（资源征集与后补助机制、课题引领机制等）调动各地市（区）建设资源的主动性和积极性。

3）以技术创新实现资源建设模式与服务机制创新，构建开放融合的服务生态系统，支持"企业竞争提供、政府评估准入、学校自主选择"的资源共建共享模式，提供超市式资源云服务，支持电子货币网上结算、政府"后补助"的优质资源采购方式，逐步形成政府购买公益服务与市场提供个性化服务相结合的资源服务模式，如图 2-26 所示。

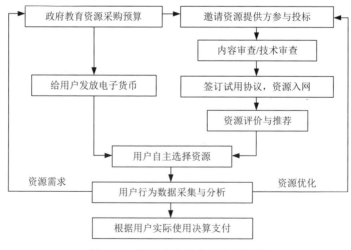

图 2-26　资源共建共享及购买服务

2. 广东省教育资源公共服务平台

2014 年 10 月，广东省人民政府办公厅印发《推进珠三角一体化 2014—2015 年工作要点》，在基本公共服务方面提出建成"粤教云"教育资源公共服务平台。从 2014 年下半年开始，受广东省教育厅委托，作者团队牵头组织论证编制《广东省教育资源公共服务平台建设方案》[以下简称"平台（一期）"]，主要任务是将教育资源类云服务从"粤教云"公共服务平台移出，整合新的应用需求，共同组成广东省教育资源公共服务平台，如图 2-27 所示。新增的应用服务包括：实现资源的汇聚与管控；支撑课题任务引领型、征集评比型等行之有效的资源建设方式；支撑各地市（区）之间数字教育资源的交换与协同服务，提升全省资源共建能力与共享水平；提供资源创作、预览、审核、评价、入库、检索、发布、传输和应用等资源全生命周期管理与服务；建立数字教育资源审查机制和评价方法，支持企业、专家和广大教师参与资源开发；制定第三方教育资源与应用平台的接入与管理规范等。

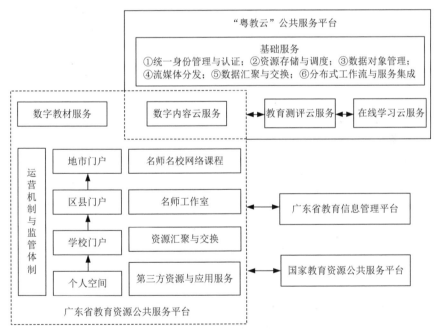

图 2-27　教育资源公共服务平台功能框架

平台（一期）与"粤教云"公共服务平台一体化设计，实现平台之间双向相互支撑、业务整合与协同服务，为全省教育信息化应用提供内容保障。一方面，平台（一期）通过"粤教云"公共服务平台实现优质资源应用落地；另一方面，各市（区）特别是"粤教云"示范应用试验区在应用中形成的优质资源可通过"粤教云"公共服务平台汇聚到平台（一期），这是资源建设的源头活水。

2015 年 3 月,平台(一期)建设方案通过专家论证评审。2015 年 5 月,平台(一期)启动建设,并于一年后正式上线投入使用。平台的资源汇聚和交换枢纽作用明显。目前,已与国家教育资源公共服务平台及各地市已建成的平台实现互联互通和资源共享,与部分地市、县(区)平台实现了用户互认,认证用户数超过百万。建成了资源智能导航系统,提供统一用户注册、统一资源规范、统一交易结算、统一界面服务,平台(一期)为广东省 152 个地市、县(区)教育局以及大约 24 000 所中小学校、91 万名中小学教师和 1100 万名中小学生开通了网络学习空间,支持教师通过多种方式使用数字教育资源进行教学及开展网络教研活动,数字教育资源公共服务体系初具规模。

总体而言,平台(一期)还不能适应教育信息化发展的需要,突出表现在 IT 基础设施利用率不高,难以形成开放融合的云应用服务生态。目前,各资源提供商采用私有技术搭建服务平台并与资源绑定,购买某一家的资源往往要连带采购其平台,且平台之间不能互联互通,容易形成信息孤岛和资源浪费,更难以实现教育服务的动态部署和敏捷集成。各地数字教育资源公共服务平台重复建设且不能互联互通,用户在不同平台注册空间但不能实现互操作。教育资源公共服务模式有待创新,"政府评估准入、企业竞争提供、学校自主选择"的资源建设和配置机制尚未形成,市场在资源配置中的决定性作用还未能很好体现,平台对构建服务生态系统的支撑能力不足。这些问题将在平台(二期)建设过程中得到解决,本书 3.3.1 节有详细说明。

2.4.2 学习管理云服务

学习管理云服务提供了在线教与学、视频点播/直播等核心功能,支撑大规模在线学习与评价。

1. 在线学习云服务

在线学习云服务的核心是云端流媒体移动直播与交互系统,是一种高度互动、个性化和协作式虚实融合的学习环境,提供课堂直播、点播以及在线课程学习服务,支持多种形式的群组交互,能够有效管理学习者、学习活动和课程,具有 Web 会议、电子白板、桌面共享、协同编辑、实时通信与协作服务等功能。此外,还提供与具体学科相关的服务。如图 2-28 所示,在线学习云服务主要包括三个层面的功能。

1)提供丰富的在线交互功能,包括电子白板、文档共享、协同浏览、桌面共享、讨论与交互、批注及共享等。

2)实现复杂的学习管理,包括学习活动的定义、创建与执行、学习过程追踪与管理等。

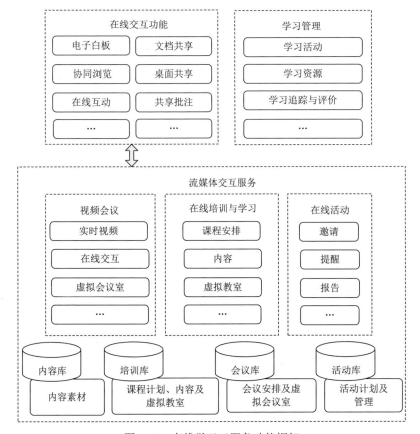

图 2-28　在线学习云服务功能框架

3）满足多种类型的流媒体交互需求，支持实时互动（实时课堂）、在线培训学习（包括内容、课程、课程表、虚拟教室等）和大规模在线活动支持（包括学习活动注册、邀请、提醒和报告等）。

在线学习云服务以 Adobe Connect 作为底层支撑，Adobe Connect 是一个集成视频会议、网络课程和活动管理的流媒体交互服务平台，各组成模块及其关系如图 2-29 所示。

Adobe Connect 侧重网络会议与远程培训应用，它的功能与在线学习云服务应用还存在差距，因此需要对 Adobe Connect 功能进行扩展与优化，增加在线学习服务功能。通过对 Adobe Connect 的实时会议功能（meeting）、在线学习功能（training）、在线活动组织功能（events）和在线学习资源发布与整合功能（presents）等进行深度定制开发，将 Adobe Connect 与其他云服务集成整合，发展成为在线学习云服务，从而更好地支持在线课程学习、直播课堂及互动教研等，如图 2-30 所示。

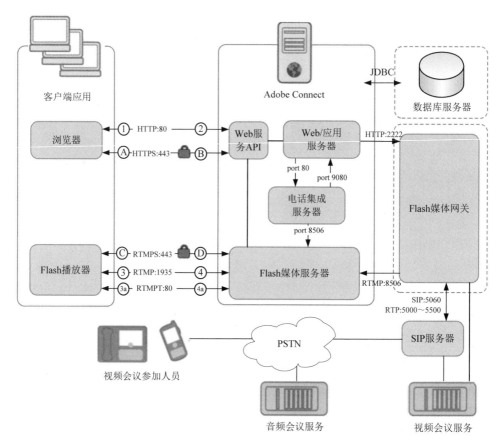

图 2-29 Adobe Connect 组成模块及相互关系

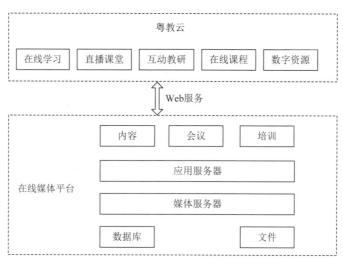

图 2-30 在线学习云服务

在线学习云服务的流媒体分发采用集成 CDN 和 P2P 的混合结构,基于 Adobe Connect 的流媒体分发解决方案,如图 2-31 所示。一个区域内的边缘服务器与其所服务的本地用户建立本地化 P2P 用户区域,以 P2P 方式扩展传统 CDN 网络服务的用户数。P2P 用户区域的边缘服务器有三种角色:①在 P2P 模式引导用户节点找到候选同伴的 Tracker 服务器;②以 P2P 模式作为用户种子节点;③作为 NAT 穿透的辅助节点。P2P 客户端处理流媒体数据上传与下载,P2P 服务器端负责流媒体数据转发及其所在边缘服务器区域用户之间的数据传输。

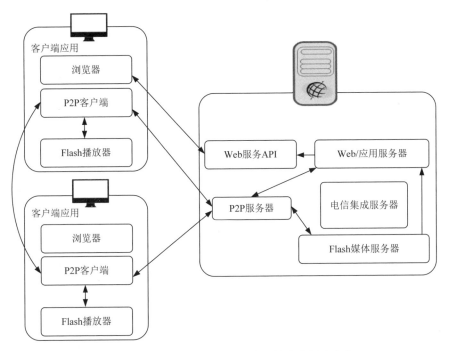

图 2-31　基于 Adobe Connect 的流媒体分发解决方案

Adobe Connect 提供主服务器和可扩展边缘服务器的部署方式,支持大规模并发用户群。采用 CDN 技术部署边缘服务器进行区域扩展,边缘服务器可缓存点播内容、拆分直播媒体数据流,从而减少进入源服务器的数据流量。边缘服务器对用户请求进行认证,如果边缘服务器缓存中有用户需要的数据,则直接返回给用户,无须调用源服务器 Cloud Connect;否则,边缘服务器会将客户端的请求转发到源服务器,并在那里验证用户身份和批准服务请求。源服务器将结果返回发出请求的边缘服务器,再由该边缘服务器将结果发送给发出请求的客户端,同时将这些信息存储到自己的缓存中,其他通过身份验证的用户可在这里获取访问信息,从而显著降低源服务器的数据处理压力,如图 2-32 所示。边缘服务器也可以采用服务器集群的方式,实现负载均衡和容错备份。为进一步拓展边缘服务器的服务规模，将边缘服务器与其所服务的本地用户建立 P2P 网络，边缘服务器充当种子服务器，节点可以据此找到候选同伴，从而实现媒体内容的点对点分发。

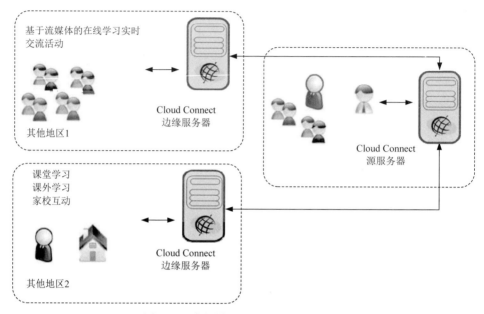

图 2-32 大规模流媒体服务边缘服务器

2. 教育视频云服务

教育视频云服务经历了迁移、整合和提升等三个阶段。第一阶段是将广东省名师网络课堂迁移到云端；第二阶段是汇聚云协同课堂的视频资源，以在线学习云服务为基础，面向不同应用场景，开发"在线交互课程""名师伴我行"等应用服务；第三阶段解决在线学习云服务与"广东教育视频网"互联互通问题，发展成为教育视频云服务。

教育视频云服务提供随时随地、自主灵活的多媒体移动课堂教学与师生互动服务，支持直播课堂、专递课堂、名师网络课堂应用、在线交互课程、网络协作教研等服务，使边远和欠发达地区可以享受优质教育资源服务，不同区域的教师也能及时交流共享教学经验，为创新教师培训模式、促进教师专业发展、推动教育均衡发展提供支撑，有效支持教师立足岗位，边学习、边实践、边提升，"研—培—用"一体化发展。

教育视频云服务有效解决了大用户并发密集访问、视频资源海量增长和新兴交互式应用等关键问题，实现了真实课堂与虚拟空间的集成融合，如图 2-33 所示，基于在线学习云服务提供的流媒体直播、点播和实时交互功能，集成云编/转码、云分发和云存储等技术，支持多终端、多模式接入，实现对教学、教研直播设备/环境的集成与整合。

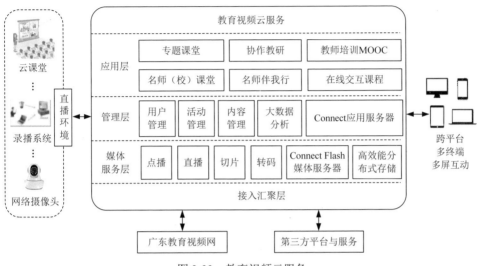

图 2-33 教育视频云服务

3. 云盘服务

云盘服务为用户提供云存储服务，每个用户自动绑定一个云盘账户，与之相关的资源及信息均保存在云盘，并通过云终端实现数据同步，用户通过网络访问方式上传和下载文件，实现个人重要数据的网络化存储和备份，不再需要移动存储设备进行复制。云盘支持 Windows、iOS、Android 和 Web 等多种平台，使用移动设备或 PC，均可实现数据的同步存储。为满足"粤教云"工程用户的应用需求，云盘服务至少应为教师分配 50GB、学生 15GB 的独享存储空间。存储不限制单个文件大小，且云盘可根据实际情况扩容。

云盘服务为教育教学过程产生的大量数据提供可靠存储、高效管理和快速分享，用户可以将学习资源同步到云盘中，并在各类终端上随时随地使用这些资源。图 2-34 给出云盘服务与在线学习云服务的集成应用，将教学活动视频数据以及过程性资源（如各类课件、作业和测试等）同步保存到云盘，供学习者课后随时进行回顾与反思，也可以将其分享给指定的用户或群组，教师可以通过云盘为学生分发个性化学习资源。

云盘服务以金山云为基础，基于 Web 应用服务，面向教育应用场景深度定制开发，通过开放接口整合云存储底层结构，采用 OAuth 协议实现数据传输和多终端解决方案，如图 2-35 所示。

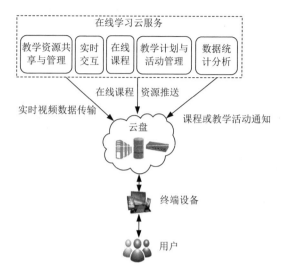

图 2-34 云盘服务应用集成

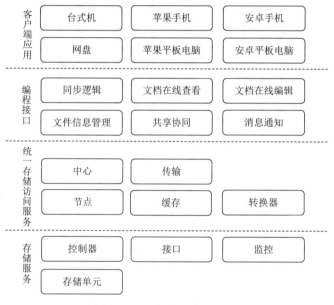

图 2-35 云盘存储系统

在图 2-35 中，位于底层的存储服务是一种高可信的云文件系统，提供最终文件存储，主要部件包括以下几部分：

1）控制器。它是中心控制服务器。

2）接口。它提供存储服务接口。

3）监控。监测服务状态并向服务器发送控制指令。

4）存储单元。存储单元用来实际存储文件。

每个部件都提供冗余备份，所有文件都有设定的存储倍率（即副本数，业界通用值是 3）。存储服务没有持久化的元数据中心，从而避免了单点失效问题，可高效支持海量小文件的生成、读取和删除。

统一存储访问服务执行重要的数据调度工作，它以低成本解决了运营商之间的互通性问题。当用户上传文件时，统一存储访问服务会选择最适合用户网络接入点的存储服务节点，并根据数据使用情况，综合应用在线和离线两种方式，迅速将大部分数据分流到合适的节点。其优点在于：①消除了 90% 以上的专线带宽需求，降低了通信成本，专线的单价通常是普通线路的 10 倍甚至更多；②把数据迅速地分发到物理位置分隔的多个数据中心，实现数据异地灾害备份。统一存储访问服务支持多种存储策略，例如，把热点数据存储在高性能的存储服务实例，而访问频率较低的数据则保存在普通存储服务实例上，既保证了数据存储的可靠性，又能显著降低存储成本。

2.5 教育智能终端①

2013 年 8 月，国务院发布《关于促进信息消费扩大内需的若干意见》，将智能终端作为增强信息产品供给能力的重要内容，提出鼓励智能终端产品创新发展，面向移动互联网、云计算、大数据等热点，加快实施智能终端产业化工程。广东省教育厅等八部门联合印发《关于加快推进教育信息化发展的意见》提出加快研发基于云计算的新型信息化学习终端设备和整体解决方案。《广东省"互联网+"行动计划（2015—2020 年）》提出加快"粤教云"等在线教育平台建设，推广"移动学习终端"等学习工具。

智能终端是典型的嵌入式系统，它以应用为中心，软件硬件可裁剪，能适应功能、可靠性、成本、体积及功耗等要求。目前，物联网、云计算和移动互联网作为新一代信息技术的三大代表，其核心组成部分都包含了大量的嵌入式系统。

在云计算时代，"云终端+软件+云服务"成为主流的应用模式，智能终端是当今信息技术创新要素最密集的领域之一。智能终端不是 PC 的简单延续，而是新一代信息设备。自主研发智能终端，能够打破 PC 时代 Wintel 垄断，带动高端电子信息产业链（包括国产芯片、电子器件、基础软件和设备制造等）的发展，从而提升信息产业自主创新能力。

智能终端几乎连接着现实社会的一切，通过大大小小的屏幕建立起一个全新

---

① 2018 年 1 月，中国人工智能学会在广州主持召开"面向教育的智能终端技术解决方案及系列产品"科技成果评价鉴定会，鉴定委员会高度评价，一致认为该成果行业特色和技术集成创新优势明显，总体达到国际先进、国内领先水平。

的数字世界。建构多屏生态圈和软硬件结合的生态圈,对终端产品的发展十分重要。此外,终端个性化发展趋势明显,细分领域已成为终端发展的方向之一。教育智能终端研发对促进国产软件发展,打造新型产业生态具有重要意义,社会经济效益十分显著。

2.5.1   研发目标与任务

智能终端要真正成为服务教育行业的认知学习工具,需要解决以下问题:

1)高性能低功耗片上系统 SoC 和智能终端操作系统。教育行业应用要求终端设备具有出色的多媒体和多任务处理能力,用户在完成一项任务时,往往要用到多种本地应用和云服务。如果能将这些应用和服务无缝地集成在一起,用户只需关注任务本身而不用关心复杂的技术细节,这无疑会增强用户体验和提高工作效率。为达到这个目的,需要高性能低功耗片上系统 SoC 和智能终端操作系统的支持。

2)提供自然用户界面,支持多通道人机交互,包括视觉、听觉和触觉三种通道以及它们的融合,基本做到"识听、能写、会看",只有这样,智能终端设备才能介入教育教学流程的主要业务环节,成为师生日常使用的基本工具。其中,语音交互是最自然的人机交互方式,符号和公式的笔写输入识别是典型应用需求,但与日臻成熟的在线手写文字识别技术相比,公式和草图的识别尚未达到实用化程度。因此,对自然手写的数学公式、草图等进行准确识别,是当前迫切需要解决的一个问题。

3)提升基础应用软件支撑能力。一方面,现有 Office 软件不能满足计算机教育应用需求,需要在融合多模态的自然人机交互与协作方面增强,以支持强交互富媒体和网络社群协作,同时在语义方面增强以支持海量数字资源的有效聚合、可靠存储及高效检索。另一方面,电子阅读与数字出版在教育信息化中的地位与作用日趋重要,但缺乏支持富媒体和强交互的内容创作工具软件。因此,面向教育行业的办公软件 Edu Office 和新一代电子书阅读软件 EPUB Reader 成为支撑教育信息化的重要基础应用软件。

4)完善服务生态系统。目前,各厂商自行搭建网络服务平台并与终端绑定,造成信息孤岛和资源浪费,无法实现服务的动态部署和敏捷集成。因此,教育智能终端设备必须要有云计算基础设施和服务平台的支撑,支持"应用商店"及基于"应用商店"模式的第三方应用软件,实现智能终端与云服务无缝集成,为用户提供透明的应用体验。

5)突破 WLAN 高密接入瓶颈,提升组网通信能力。高密覆盖是 WLAN 应用的两大难题之一,随着移动智能终端的普及,高密接入应用场景非常普遍。以学校应用为例,智能终端进入课堂,在人手一台学习终端的环境下,保证可靠上网成了难题，主要表现在：①并发接入的终端数量有限；②组播传输效率低；③聚集性大数据量资源分发和多屏互动等高带宽应用成为瓶颈。为教育智能终端设备配备自组网功能，有望解决 WLAN 高密接入瓶颈问题。

IT 产业全面进入"技术+市场"双驱动发展模式，生态体系成为竞争焦点。教育智能终端涉及芯片、操作系统、应用软件、云服务及数字教材等，构成一个相对完整的产业生态系统。教育智能终端研发需要打通应用基础研究、关键技术攻关、工程化设计到产业化等各个创新环节，其有效途径是产学研用协同创新。

教育智能终端研发要体现国家数字教材、国产基础软件和国内设计制造的目标导向。从 2012 年开始，由我们牵头，联合相关优势单位，组成产学研用协同创新联盟，推进智能终端研发及产业化。

教育智能终端研发主要任务可以用"3-2-1"来概括。其中，"3"是指 3 项基础工作，即基础数字教育资源——人教数字教材、基础应用软件——互联网教育软件 Edu WPS 和基础数据服务——教育大数据采集；"2"是指 2 个关键问题，即智能终端自组网及可靠组播、数学符号和公式笔写输入识别；"1"是指 1 套应用解决方案。这里先讨论"2 个关键问题"。

（1）智能终端自组网及可靠组播

首先，无线传输的覆盖范围是有限的，支持 802.11 的设备只能在半径约为 100m 的范围内与其他设备通信。对于流媒体应用而言，如果视频内容需要经过多跳才能从媒体服务器到达用户节点，将消耗中间节点的大量带宽和能量。这要求移动流媒体系统的媒体服务器能够为一定范围内的客户节点服务。其次，无线网络的带宽是有限的，802.11g 和 802.11b 能够提供的带宽分别是 54Mb/s 和 11Mb/s。即使传输 1.5Mb/s 的 MPEG-1 视频，802.11g 理论上最多支持 36 个并发用户。解决 WLAN 的终端高密接入和稳定性问题，需要从终端设备和 AP 双管齐下。终端设备将 Wi-Fi 芯片升级到双频、802.11ac 和多空间流，集成蓝牙（bluetooth）和近场通信（near field communication，NFC）功能。然而，802.11ac 协议仅仅从"量"的层面缓解高密接入问题，不能从根本上解决 WLAN 密集性用户接入受限和聚集性、并发性数据传输瓶颈问题。

我们提出一种智能终端自组网模式，学习终端以自组织方式形成网状结构，支持高性能的本地通信，无线访问热点不再成为网络传输的瓶颈，在一定程度上突破了 WLAN 高密接入技术瓶颈，提高了终端设备教学应用网络接入的可靠性。

为有效支持多终端互动应用，我们提出一种自组网可靠组播路由协议，其主要优点体现在：①基于熵模型的稳定链路选择机制和基于跨层的本地报文修复机制，提升组播路由协议报文传输的可靠性；②组播路由单向链路检测机制，能够主动探测网络传输过程中的单向链路，并在单双向链路并存的场景中尽量使用双向链路进行数据报文传输，降低单向链路对网络通信的影响。

智能终端自组网模式可以根据网络状态选择单播、组播或广播路由方式，其中，组播路由能在网络层有效支持群组协作。

（2）数学公式笔写输入识别

数学公式笔写输入识别涉及各种数学符号以及它们之间二维结构关系的准确识别，需要一定规模的手写数学公式样本库，同时需要解决识别算法性能评价标准问题。已有研究大多局限于小样本集和书写限制的情况，无法满足实际应用需求。我们对云端环境下自然手写数学公式的识别问题进行了初步研究并取得一些进展。首先，定义了从小学到高中用到的数学符号和公式类型；其次，通过智能终端搜集用户手写公式数据，建立一定规模的手写公式样本库；最后，融合图模型、隐马尔科夫模型、信任扩散模型等多种分类方法，提高手写识别精度。实践表明，针对特定的应用领域及丰富的手写样本数据，更有利于手写公式识别应用研究的突破。

对于数学公式的识别，首先利用基于角点检测的预切分方法，处理自然书写时的连笔情况。然后采用基于树搜索的数学公式识别方法，将符号识别与结构分析联合进行，以避免自然书写情况下二维结构的大量歧义。基于贝叶斯概率模型，充分利用符号间的上下文（几何、语法、语义等）信息及其组合。由于二维结构中的几何关系、语法关系等上下文信息的建模都需要大量的统计样本，可使用云计算环境下的海量手写样本，持续优化上下文模型。

单字符的特征类型与分类器结构是影响识别准确性的两个关键因素。首先，在特征提取方面，结合反映符号形状的脱机特征与反映符号时序的联机特征，如方向特征+笔画端点特征，有助于识别时利用更多的符号类内信息，提高识别结果的准确性。其次，主成分分析（PCA）、线性判别分析（LDA）等特征变换方法，有助于从原始特征中选出鉴别能力更强的特征分量。最后，人为地将训练样本旋转一系列角度后再提取特征，可得到不同旋转方向上的符号特征模板，使符号识别具有旋转无关的特性。在分类器设计方面，多模板的距离分类器在大字符集的识别上能够取得令人满意的效果。由于在大字符集下距离分类器的时间消耗较大，识别准确性与识别速度需要折中考虑。为提高符号识别的速度，采用粗分类+细分类的两级分类方法。距离分类器在线学习方法有助于提升特定用户的书写自适应性。

有关三项基础工作和一套应用解决方案的相关内容将分别在 2.5.3 节和 2.5.4 节介绍。

2.5.2 智能终端设备

1. "粤教云"终端

2012 年，我们联合创而新（中国）科技有限公司、珠海金山办公软件有限公司等单位研发教育智能终端。新加坡创新科技以发明声卡并赋予个人电脑声音而享誉全球，2012 年推出高性能芯片 Zii 系列及"汉之派"平板电脑，创而新（中国）科技有限公司是新加坡创新科技专注于教育行业应用的公司；珠海金山办公软件有限公司是国内软件及互联网服务龙头企业，WPS Office 系列产品全球用户超过 10 亿，移动版产品是全球用户首选品牌，软件产品入选国家战略性创新产品和国家重点新产品，两次荣获国家科技进步奖。"粤教云"终端的主要特征是：①基于创新科技 Zii 系列芯片及平板电脑解决方案，专"芯"服务教育；②解决国产基础软件在数字教育领域的集成和应用适配问题，研发教育增强型办公软件Edu WPS Office，探索国产基础软件支撑教育行业信息化的途径、方法和服务模式，体现以国产基础软件服务国家教育信息化的目标导向。

Zii 系列芯片引入干细胞媒体处理器，实现了系统芯片的低功耗和高性能，其系列产品之一——ZMS-40 芯片，如图 2-36 所示。

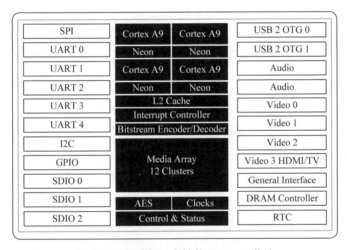

图 2-36　低功耗、高性能 ZMS-40 芯片

ZMS-40 芯片内置 4 个相同主频的 ARM Cortex A9 处理器和 96 个媒体处理器。根据所配置软件的不同，媒体处理器能够提供 3D 运算、2D 运算、视频解码、视频编码、音频处理和图像处理等功能。ZMS-40 芯片具有出色的多媒体性能和多任务处理能力，同时又能根据应用需要关闭暂时闲置的媒体处理器，达到降低功耗的目的。"粤教云"终端采用 Zii 处理芯片，基于其独特的架构，通过灵活配置和使用媒体处理器，实现在低能耗的前提下提供高效能的媒体处理能力。

2. 人教 Pad

2015 年，我们联合人教数字出版有限公司、珠海金山办公软件有限公司、创而新（中国）科技有限公司和深圳三诺信息科技有限公司等单位，研发新一代教育智能终端——人教 Pad,推动教育智能终端产业化。人教 Pad 的研发,继续坚持以国产基础软件服务教育信息化的目标导向,在教育增强型办公软件 Edu WPS Office 的基础上,研发互联网教育应用软件 Edu WPS;与此同时,新增体现国家数字教材和国内设计制造的鲜明特色。教育智能终端常态化应用离不开数字教材。人民教育出版社是教育部直属大型专业出版社,是我国中小学教材建设的主力,人教数字出版有限公司是人民教育出版社为加快数字化转型而成立的专业公司,以研发人教数字教材为重点。深圳三诺信息科技有限公司是全球领先的智慧平板和一体机 OPM 研制生产企业,拥有国家级工业设计中心,具备良好的智能终端设计制造能力。第二代人教 Pad 于 2016 年 11 月在中国教育装备展首次发布,引起广泛关注与好评。

新一代教育智能终端研发完成了人教数字教材、互联网教育软件 Edu WPS 和教育大数据采集等基础性工作,解决了智能终端自组网等关键问题,研发实现交互电子书阅读软件 EPUB Reader 和教学支撑软件 ForClass,具有以下特色和优势:

1)教育智能终端产品在国内首次集成了人教数字教材。人教版教材市场占有率超过 60%,有效推动了信息化手段服务主课堂的规模化、常态化应用。

2)以国家战略性创新产品 WPS Office 为基础,解决了国产基础软件在数字教育领域的集成和应用适配问题,基于 WPS 新内核引擎研发互联网教育应用软件 Edu WPS,体现了以国产基础软件服务国家教育信息化的目标导向。

3)在国内率先将学习经历描述规范 xAPI 应用到教育大数据采集,解决了智能终端教育应用情境数据和用户行为数据、表现数据的伴随式采集问题,提供标准化的数据采集 SDK 和开放的学习分析引擎,支持教育大数据应用服务生态构建,这是教育大数据服务的基础性工作。

4)提出智能终端自组网模式及可靠组播路由协议,在一定程度上突破了 WLAN 高密接入技术瓶颈,提高了终端设备教学应用网络接入的可靠性,并有效支持多终端互动应用。

5)创新教育智能终端应用模式,研发教与学支撑系统软件 ForClass,其最大特色是与数字教材、应用软件及大数据服务深度融合。

教育智能终端研发及产业化,对发展自主可控的软件、技术和产品,培育终端、内容、软件和信息服务一体化的产业生态,具有重要的意义。

2.5.3 基础软件与服务

1. 基础教育资源——人教数字教材

从应用角度看,"粤教云"工程以"面向主课程,服务主课堂,支持规模化与常态化应用"为目标。人教版教材在广东省市场占有率超过 60%,在国内具有很大的影响力和市场占有率，实现规模化与常态化应用离不开人教数字教材。正是基于这种认识，早在 2012 年 11 月，也就是"粤教云"工程启动之初，广东省教育厅和人民教育出版社签署了战略合作协议。2013 年 12 月，我们联合广东省出版集团数字出版公司共同承担产学研合作项目——云端环境下数字教育内容云服务关键技术及示范应用。2014 年 5 月，我们与人民教育出版社共建"人教数字产品应用研究中心"，主要任务是整合高校学科优势、出版社资源优势和企业研发能力，加快人教数字教材开发，研发支撑数字内容服务新业态的技术与产品。2014 年 5 月 30 日，广东省教育厅在珠海市召开"粤教云"示范应用推进会，会议期间举行了"人教数字产品应用研究中心"揭牌仪式，并组织了人教数字教材及应用发布会。

2015 年 1 月，广东省人民政府《关于深化教育领域综合改革的实施意见》正式发布，全面推进教育信息化列入主要任务和工作重点，提出开展中小学数字化教材应用试验。在此背景下，我们联合广东省教育技术中心承担了广东省深化教育领域综合改革试点项目——数字教材规模化应用模式及服务机制创新与实践。在项目研究过程中，我们一直与人民教育出版社、人教数字出版有限公司紧密合作。2015 年 8 月，人教数字出版有限公司委托我们研发人教数字教材原型，这是为实现人教数字教材产品升级改造的探索性项目，采用开放、可扩展的体系架构，为第三方资源平台和应用服务提供接口，有利于数字教材服务生态系统的形成与发展。该项目集成整合自动测评、用户行为分析及多终端阅读等技术，采用"内嵌资源+外链资源+信息管理平台"的方式，研发了初中语文、数学、英语、物理、生物等课程数字教材原型，集成了各学科内嵌资源，支持 Windows 与 Android 系统运行环境，与外联资源库系统对接，支持人民教育出版社优质资源的动态更新与开放共享。开发了人教数字教材阅读器，支持个性化资源编辑与创作。相关成果为形成数字教材产品研发的标准、规范和流程奠定了基础。2016 年 8 月，人教数字教材原型通过验收。依托广东省教育资源公共服务平台为全省师生提供数字教材服务，在珠海市等"粤教云"试验区开展人教数字教材规模化应用试验。

人教数字教材利用信息技术将教材模块化、内容立体化、资源功能化，围绕教材重难点提供示范性、多层次的数字教学资源，并通过资源的交互性设计和即时评价等功能服务自主性、探究性教学，可用于课前预习、课堂教学和课后复习。用户可在线更新、离线使用，也可跨系统、多终端使用，主要功能如下：

1）个性化书架。用户可以将自己常用的教材添加（下载）到书架上，直接阅读、删除、更新及其他管理。

2）阅读功能，提供翻页、缩放、目录索引等功能，贴近用户日常阅读习惯。数字教材支持 50%～400%倍率的缩放效果，能在多种终端上达到最佳应用体验。

可以根据目录快速定位到相应章节，方便查找和定位。

3）教学功能，包括备课和授课两方面：①基于数字教材备课。教师可以对教材页面进行笔记、涂鸦、重点标注、关联使用高拍仪等操作，支持拍照、挡板、聚光灯等常用功能。②基于数字教材授课。数字教材包括丰富的多媒体资源，教师可以直接用于互动授课。

4）学习功能。数字教材支持全学科全学段并提供丰富的资源，其中内嵌资源涵盖了视频、音频、图片、HTML5 交互试题、Flash 动画和应用程序等多种资源；同时，提供了多种类型的教学同步学习资源。

人教数字教材的主要特色体现在：①人教数字教材由人民教育出版社审定，权威优质，涵盖小学、初中、高中全学科全学段，可在线更新；②资源内嵌，围绕课标要求和教学重点、难点，提供有序、多层次、多维度、高质量的多媒体资源，为信息化教学提供丰富且合适贴切的素材，提升课堂教学效率；③硬件适配及软件对接效果好，完美适配教育智能终端，与教学支撑软件无缝对接，支持"云服务""云互动""云协同"等多种应用模式，提供丰富的交互性资源和学科工具，为创新教学模式提供支撑。

2. 基础应用软件——互联网教育软件 Edu WPS

办公软件在教育信息化领域应用最为普遍，处于基础性地位。但随着教育信息化进程的加快和应用的深化，现有办公软件已不能满足互联网教育应用需求。为体现以国产基础软件服务国家教育信息化的目标导向，我们与珠海金山办公软件有限公司合作，以国家战略性创新产品 WPS Office 为基础，研发互联网教育应用软件。

研发工作分为两个阶段：第一阶段主要解决国产基础软件在数字教育领域的集成和应用适配问题，研发支持富媒体资源制作和强交互的教育增强型办公软件 Edu WPS Office；第二阶段是在第一阶段工作的基础上，聚焦互联网教育应用的共性基础服务，基于 WPS 新内核引擎研发互联网教育应用软件 Edu WPS，以开放的体系架构支撑教育应用软件服务生态建设。

（1）教育增强型办公软件 Edu WPS Office

Edu WPS Office 以 WPS Office 为基础进行教育应用功能扩展与增强，在智能终端上实现适配与集成应用。Edu WPS Office 提供移动版和桌面版，如图 2-37 所示。

Edu WPS Office 突破富媒体集成、自动语义标注、协同编辑等关键技术，拓展 WPS PPT 录屏、在线资源生成、Flash/PDF 资源格式生成、命题和组卷功能，实现带手写符号输入与识别功能的公式编辑器，并集成教育云服务，是支撑教育信息化的重要基础软件，功能扩展与增强体现在以下三个方面：

（a）移动版

（b）桌面版

图 2-37　Edu WPS Office

1）用户体验。实现菜单项和文档编辑窗口的多标签式排列，用户界面能更好地支持多点触控和笔写输入。实现手写公式编辑器，即用户手写输入运算符号或者特殊符号，系统根据识别结果给出候选符号列表，用户选中后在图形化的编辑器继续编辑公式。这种处理方式结合了手写输入的快捷和图形化编辑的可靠，可作为手写公式输入的第一步。随着手写公式样本的大规模搜集，有望最终实现完全的手写公式输入。

2）自然交互。支持窗体控件的可视化编辑，并以此为基础实现命题和组卷向导。增强数理作图功能，用户只需输入函数公式，系统自动生成对应的图形，并能随着函数参数的调整做出自适应改变。在计算机代数系统的支持下，自动完成数值计算和符号计算。支持多种屏幕录制方式，把演示文稿的播放过程以及相应的板书和讲解录制为视频。从学习管理系统获取各种素材，把制作的富媒体课件保存到学习管理系统中。

3）丰富语义。支持富媒体课件创作过程学习对象的自动化生成，实现细粒度数字内容定制与重用。为实现这一功能扩展，需要解决自动语义标注、学习对象管理、对象查询与互操作等关键问题。

Edu WPS Office 功能结构如图 2-38 所示。

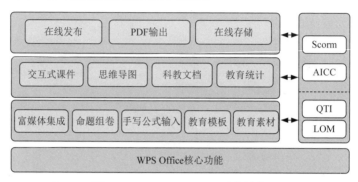

图 2-38 Edu WPS Office 功能结构

Edu WPS Office 由 Writer 文字、Presentation 演示和 Spreadsheets 表格三部分组成。图 2-39 描述了具体的教育应用功能增强情况。

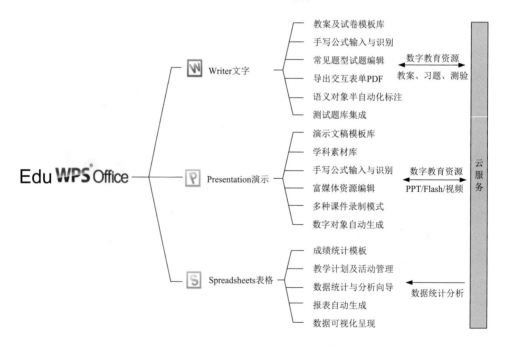

图 2-39 Edu WPS Office 教育应用功能增强

根据不同类型的教育应用功能，Edu WPS Office 采用不同技术实现，主要包括：

1）采用跨平台文档分享技术，实现文档协同编辑和分享。综合应用跨平台文档分享、多形态终端自适应排版和非结构化文档优化技术，提供云文档服务，实现文档多人共享、协同编辑及实时同步呈现，特别适合团队协作活动。云文档可实现资源与应用无缝集成，跨平台学习资源同步、保存、分享更加简单快捷。

2）基于 WPS 插件体系，采用 COM 加载项方式实现富媒体资源制作与发布。评价是重要的教学活动之一，教师收集整理的试题资源大多为 Office 文档形式，通常需要借助专用命题工具软件及试题模板等重新编辑并完成格式转换，才能应用到教育测评活动。格式转换过程要在试题文档或命题工具软件之间频繁切换，耗时耗力，且无法在不同应用系统之间共享和互操作。因此，需要开发测评插件，支持多种测评题型，试题结构和属性遵循《练习与测试互操作规范 IMS QTI》等数字学习资源标准，支持符合 IMS-QTI 标准的资源包发布，能与支持该标准的数字教材、教学支撑软件及学习管理系统等实现数据共享和互操作。

WPS 软件平台支持基于插件的二次开发，WPS 的插件也被称为"COM 加载项"，对应 IDTExtensibility2 接口。开发者可以通过插件形式增强 WPS 教育应用功能。

测评插件采用脚本语言配合各种 ActiveX 控件，实现常见题型定义和交互。用户通过简单的单击或拖动操作，即可实现对试题的标记、识别、答案设置及反馈信息添加等，相关信息存储遵循 OOXML 标准。试题通过云文档分发，学生在 WPS 上直接作答并获取实时反馈信息，如图 2-40 所示。

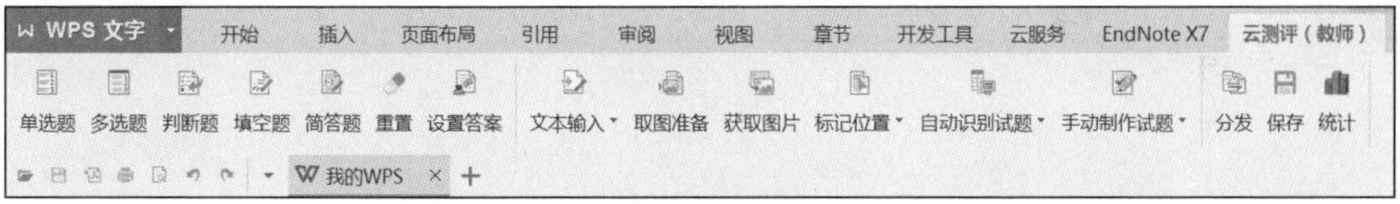

图 2-40　测评插件

集成测评插件的 Edu WPS Office 客户端软件，可实现对测评活动全过程的支撑，避免用户在不同工具软件之间频繁切换，从而保证教学活动的连贯流畅，如图 2-41 所示。

3）云服务方式实现教育应用功能扩展。采用云服务方式实现格式转换、翻译、朗读等教育应用功能。例如，朗读服务支持双语朗读，可应用于语文和英语学科的课文朗读、词汇默写等活动。教育应用功能增强还体现在集成金山词霸提供翻译服务，实现划词翻译、英汉互译或提供完整释义，辅助学生词汇学习及拓展阅读等。

（2）互联网教育应用软件 Edu WPS

服务化是软件产业的发展方向，生态体系成为竞争焦点。当前"互联网+教育"蓬勃发展，但缺乏基础应用软件支撑。我们与珠海金山办公软件有限公司合作，基于 WPS 新内核引擎研发互联网教育应用软件 Edu WPS，目标是以国产基础软件支撑"互联网+教育"。

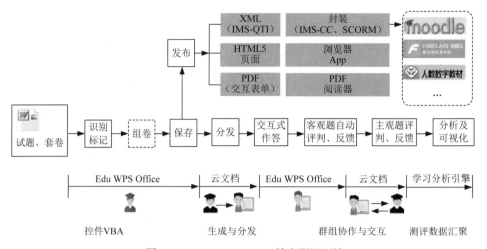

图 2-41　Edu WPS Office 教育测评环境

Edu WPS 研发包括以下三个层面的工作：

1）提出互联网教育应用软件体系架构，基于高效可定制 WPS 内核引擎，开发应用软件内核及其基础构件，如图 2-42 所示。

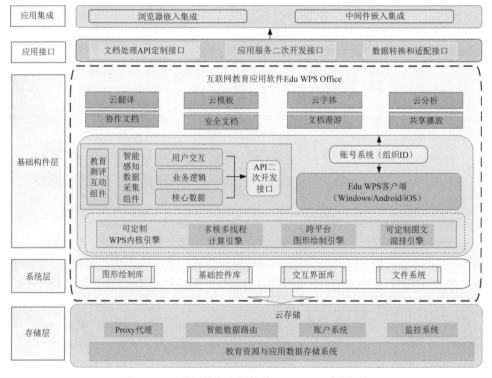

图 2-42　互联网教育应用软件 Edu WPS 系统架构

2）提供文档协作、共享播放、互动测评、数据采集等共性基础服务，可供软件开发企业按需调用和集成，降低开发者的开发和运维负担。Edu WPS 实现多终端共享播放、文档云端分享、手机遥控演示、无线投影等互动应用。其中，多终端共享播放主要满足群组协作的应用需求，如学科教研活动对某个文档的讨论或说明、小组学习活动的文档分享与展示。

3）提供标准的开放编程接口和软件开发套件，开放云文档、协作组件、安全组件、数据汇聚组件、可视化分析等工具和服务，支持第三方开发者和企业研发、部署和运维软件产品，不断丰富和完善软件应用生态，如图 2-43 所示。

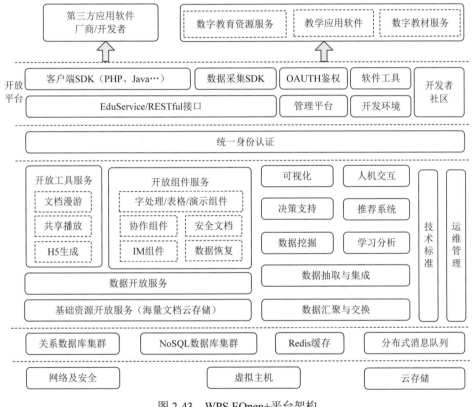

图 2-43　WPS EOpen+平台架构

3. 基础数据服务——教育大数据采集

研制教育大数据模型及教育数据规范和接口标准是"粤教云"工程的重要内容之一。"粤教云"公共服务平台的"公共"属性决定了平台设计与实现必须走开放、合作的发展之路，必须采用开放体系架构，为第三方平台和应用提供丰富的标准接口，如图 2-44 所示。

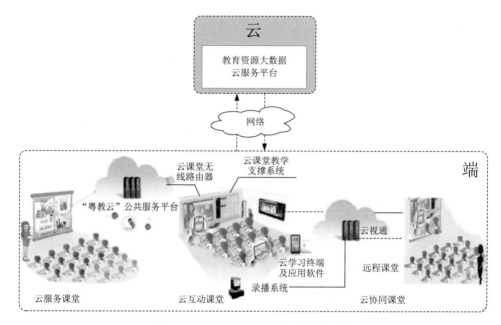

图 2-44 公共服务平台与智能终端应用

教育智能终端已成为采集学习经历数据、教学行为数据的重要载体，常态化教学应用产生的数据将为教育大数据分析挖掘提供源头活水，因此，形成行业数据资源采集指标体系，支持各类数据通过对接、适配、交换等方式汇聚到教育资源大数据云服务平台，通过教、学、考、评、管的数据汇聚与分析，实现教育行业各类信息系统的数据交换与共享。这是一项重要课题。

接口规范支持第三方资源与应用接入公共服务平台，从而提升平台服务能力。端上应用系统能够方便利用公共服务平台上的资源与服务，形成的数据可以汇聚到公共服务平台，这些数据包括教师教学行为数据、学生学习经历数据（指学习者的学习行为、学习活动、学习进程、与学习环境交互等数据）。

我们率先将学习经历描述规范（experience API，xAPI）应用到教育大数据采集。xAPI 是美国"高级分布式学习"（advanced distributed learning，ADL）组织发布的一种存储和访问学习经历的技术规范，定义了如何跟踪学习者的学习经历数据，数据可在获得授权的系统之间实现共享。xAPI 与平台及硬件设备无关。采用事件监测和行为感知识别技术，内嵌用户行为数据采集模块，符合 xAPI 规范，如图 2-45 所示。

教学过程中生成的数据具有多源异构、非完整及关联性强等特征，传统方法难以进行有效采集与存储，且采集的数据可解读性较差。建立数据采集规范与存储机制，实现过程性数据的高效采集与分析，已成为当前智能终端教育应用亟待解决的问题。我们提出一种基于情境感知的数据采集模型,根据 xAPI 规范定义动态生成性数据描述方法及数据交换机制,实现教学数据的伴随式采集。

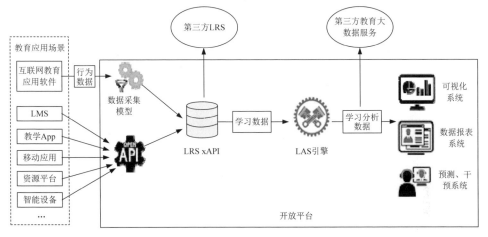

图 2-45　基于 xAPI 的数据采集与分析

教学活动从具体到抽象可分为用户操作、教学行为、教学事件和教学环节等,它们分别对应操作流、功能操作、关键事件和关键环节等数据,需要与之相应的采集模型,其实现复杂度也逐级递增,如图 2-46 所示。其中,用户操作与教学行为是教学过程数据采集关注的重点。

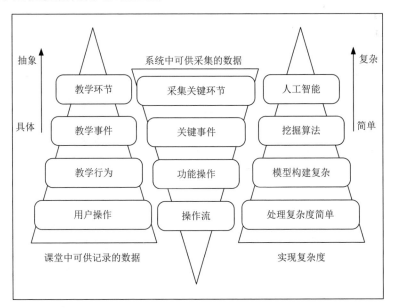

图 2-46　支持多应用混合部署和开放融合服务生态建设

采用 xAPI 标准规范采集用户操作与教学行为数据。学习经历数据以"操作者（actor）+动作（verb）+对象（object）"描述，通过 LRS 存储数据，基于智能终端及其与公共服务平台的数据交换接口，实现不同来源的教学数据采集与一致性呈现，为教育大数据分析提供常态化的数据来源。以课堂教学为例，教师端向学生端分发教学资源、课堂测验等行为被记录为教学行为数据，学生端的测验及作业活动等被记录为学习经历数据，这些数据可以反馈给教师端，形成学生端与教师端之间的交互数据。在小组协作活动中，学生端之间的交互行为数据也可以互通共享，如图 2-47 所示。

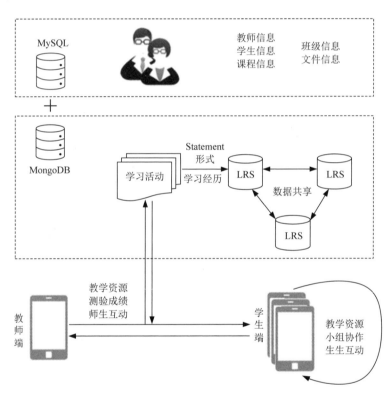

图 2-47　教学活动数据采集

课堂活动的交互方式分为两种：①教师端与学生端之间的交互，采用 MQTT 协议通过 MQTT 服务器转发方式实现信息传递；②终端设备（教师端和学生端）与服务器（数据统计服务器和文件服务器）之间的交互，采用 HTTP 和 JSON 格式实现信息传递与数据交换，如图 2-48 所示。

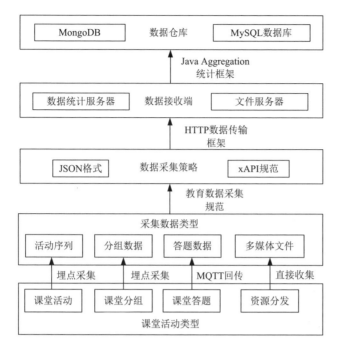

图 2-48　课堂活动交互方式及数据采集

2.5.4　应用软件与服务

教育信息化强调以应用为导向，重点是服务教与学主战场，目标是实现信息技术与教育教学的深度融合。提出"云服务""云互动""云协同"三类教育智能终端应用模式，如图 2-49 所示。

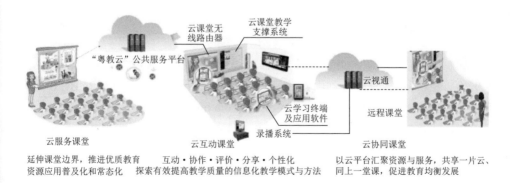

图 2-49　教育智能终端应用模式

1）云服务模式。以云服务促进优质教育资源班班通，推进教育资源的普及和常态化应用。该模式基于已有的教育信息化基础设施，将教室内教师机或一体机接入公共服务平台,通过平台为师生提供高效、便捷、优质的资源服务。教师可选配移动终端,与交互白板实现多屏互动教学。学生可以配置应答器等设备,实现课堂练习与测验的即时反馈。

2)云互动模式。在师生人手一台智能终端的环境下,融合数字教材、学科教学工具等云服务,构建互动、协作、评价、分享与个性化的教学环境,探索有效提高教学质量的信息化教学模式与方法。

3)云协同模式。以云平台汇聚资源与服务,提供云端多媒体移动课堂教学服务与师生互动服务,将名师/名校课程通过云服务延伸到欠发达地区或薄弱学校,促进教育的公平与均衡发展。

为了有效支持上述三种教育智能终端应用模式,专门研发了交互电子书阅读软件 EPUB Reader 和教与学支撑软件 ForClass。

1. 交互电子书阅读软件 EPUB Reader

随着智能终端应用的普及和"互联网+教育"的发展,基于"云服务+终端"的学习模式成为数字化学习的发展方向,电子阅读与数字出版的地位日益受到重视,研发交互电子书阅读软件 EPUB Reader 很有必要。

EPUB 3.0 是电子书开放国际标准,支持丰富的数字化媒体、多样的内容布局与呈现方式、深度用户交互以及动态驱动和响应,完全能够满足新型电子教材出版的要求。EPUB 3.0 阅读器的目标是实现对 EPUB 3.0 格式标准提供较为全面的支持。

(1)EPUB 3.0 的特点

EPUB 3.0 具有如下诸多特点。

1)富媒体特性。主要包括:

① 音频与视频。EPUB 3.0 支持 HTML5 中 audio 和 video 元素的所有功能和特性,可以为 EPUB 3.0 电子书提供音频、视频支持与服务。

② 文本发音与媒体同步关联。EPUB 3.0 支持控制语音合成的文语转换技术 TTS(Text-to-Speech),利用 TTS 引擎可实现文本发音。此外,EPUB 3.0 还支持同步多媒体集成语言(synchronous multimedia integrate language,SMIL),能够将结构化的音频剪辑与其所对应的内容文本或其他对象关联,实现文本显示状态的变化与语音播放同步。

③ 可缩放矢量图形。可缩放矢量图形(scalable vector graphics,SVG)是一种基于 XML 标准的二维图形格式。SVG 图形可任意缩放而不影响显示效果。基于脚本语言支持,可在 SVG 图形中实现动画效果及响应用户动态操作,具备良好的交互性与动态性。

④ 数学标记语言。数学标记语言 MathML 支持在 Web 页面中以 XML 脚本

描述和呈现数学符号和公式，呈现方式可根据排版布局要求灵活调整，并可利用脚本语言对公式内容进行简单识别与判断。

2）强交互特性。主要包括：

① EPUB 3.0 支持在 HTML5 和 SVG 中使用 JavaScript 脚本语言，并能够结合 CSS3 实现丰富的动画效果与交互功能。实质上，可以将 EPUB 3.0 电子书看作是一个应用程序。可以在电子教材中插入各种题型，包括单选、多选、判断、填空、连线等，并可以将作答结果提交到指定服务器。基于脚本语言，还可以在电子书中实现标注、响应弹出窗口及激活旁白文本阅读等交互操作。

② EPUB 3.0 引入了触发器元素，方便用户对视频与音频内容的控制与体验。触发器元素将某一特定源对象的触发行为事件与特定目标对象关联，可用于图像或文本的触发事件与音频、视频播放器的绑定。

3）关联性。主要包括：

① EPUB 3.0 在元数据中引入了新的元素 link，用于描述和关联与出版物相关的资源。此外，EPUB 3.0 制定了一套片段标识符规范（canonical fragment identifier，CFI），定义了使用 CFI 链接出版物任意内容的方式，使内容获取变得更加精细化。

② EPUB 3.0 Reader 通过 CFI 能够对电子书中任意对象进行标识，包括文本、图像、音频及视频，并且可以精确标识到图像（或视频画面）中的坐标位置及音频（或视频）播放的时间点。应用这一技术可以便捷地实现书签、标注、笔记等内容的标识定位，并可将注释内容导出和分享。

4）丰富的语义表达。EPUB 3.0 支持 HTML5 提供的一些新的元素（如 section、nav、aside 等），使标记语言更加语义化。此外，EPUB 3.0 新增了 epub:type 属性用来变换所属元素的语义，使 EPUB 3.0 电子书能够更好地组织及定义文档内容，展现文档结构，提供便利的导航等。

5）全球语言支持。为了提高数字出版物的全球发布能力，EPUB 3.0 支持以不同的顺序或布局方式呈现同一个文件包中的文本元数据，包括文本的横排或竖排，从左至右或从右至左。这一功能非常适合中文古籍文献的出版。此外，其 Ruby Positioning 功能支持拼音、音标等注释呈现在文字周围的不同位置（包括文字上方、下方或文字间间隔）。EPUB 3.0 这一特性能够非常方便地实现在语文、英语等数字教材中标注拼音和音标。

6）样式与布局。EPUB 3.0 的 CSS 基于 CSS 2.1，并添加了来自 CSS 3 的一些模块。EPUB 3.0 增加了交互式样式标签，允许用户在预定义的两种交互浏览模式中切换，如昼/夜和水平/垂直。EPUB 3.0 在支持文本流动排版的同时也支持文本多列排版，同时还支持表格、编号列表、项目符号列表、文本背景图片等。

数字内容超市

购买 下载 浏览 检索

EPUB 3.0 Reader

WebKit

Android

智能学习终端

图2-50 EPUB 3.0 电子书交互
阅读系统

（2）EPUB 3.0 阅读器设计与实现

EPUB 3.0 阅读器调用 WebKit 内核，对 EPUB 3.0 数据内容进行解析和渲染。

超市式数字资源云服务支持 EPUB 3.0 格式电子书的上传、解析、存储、在线浏览及下载等功能，如图 2-50 所示。

EPUB 3.0 阅读器作为一个 Web 应用，其原代码挂载在服务器端，在服务器端即可实现对 EPUB 3.0 电子书的解析。用户只需要保证其移动终端上的浏览器对 HTML5 及 CSS 3 等有较好的支持，即可在浏览器中直接打开 EPUB 3.0 电子书，而无须在移动终端上安装阅读软件的原生应用程序。

EPUB 3.0 阅读器需具备良好的用户界面、交互功能及程序稳定性。针对数字教育阅读的应用需求，实现以下互动阅读功能。

1）文本语音同步播放。具有文本语音同步播放控制功能。启用该功能时，轻拍屏幕上某一文本内容将播放与该文本关联的音频片段，且文本的显示状态同步变化，还可以控制关联音频的连续播放或逐段播放。

2）搜索。具备全文搜索功能，搜索完成后自动跳转到第 1 个匹配记录所在位置，可继续查找下一处和返回上一处位置。

3）目录与导航。阅读窗口中能便捷地打开导航页面，导航页面包含"目录""笔记""书签"三种索引方式。其中，"笔记"页面不仅包括所有笔记索引清单，还具有笔记导入与导出功能。"书签"页面中列出了所有书签索引清单。

4）文本选择与操作。在屏幕上长按文本后将出现前后浮标，拖动浮标选定文本后将弹出操作命令条，包括"复制""标注""高亮""分享""搜索""书签"六种功能选项。"标注"能够以文本、音频、视频三种形式进行笔记标注，音频与视频输入通过移动终端的麦克风和摄像头实现。"高亮"文本标记为高亮后背景颜色变为高亮颜色，单击高亮文本将弹出操作命令条，可删除高亮标记和编辑高亮标记颜色。"分享"能将选定文本以短信、电子邮件及微博等方式进行分享。"搜索"分为"本书搜索"和"网络搜索"两种方式。

5）阅读辅助功能。在阅读主窗口中的屏幕底部设置有菜单选项，可以设置字体大小、阅读模式、屏幕亮度、前景与背景颜色、行间距及字间距等内容。

6）学习过程追踪。EPUB 3.0 阅读器具备对学习过程的追踪功能，能够记录用户在阅读过程中的相关数据，包括阅读某一本书的开始与结束时间、某一内容或页面的阅读时间长度、视频或音频的播放次数、试题作答过程中某一题答错后重做的次数等，所有数据存储为 XML 格式文档。

7）试题评判与反馈。EPUB 3.0 阅读器能够对多种客观题型进行评判，包括单选题、多选题、填空题、判断题、连线题等，并能对作答情况进行统计分析、提供错题反馈信息并推送相应的知识内容。

2. 教与学支撑软件 ForClass

教与学支撑软件 ForClass 提供四类核心服务，包括资源类的数字教材与数字内容服务、应用类的备授课工具软件与教学活动管理服务、教育测评类的作业测验与学习分析服务，以及高效互动与群组协作服务等，能够全面支撑云服务、云互动和云协同等各类智能终端应用模式。ForClass 对接正版数字教材，内嵌丰富教学资源、外联学科工具与在线资源，面向多终端移动互联环境，支持高效互动课堂应用。ForClass 将课堂环境中硬件设备有机整合，基于物联网技术集成网络设施、投影设备、电子教具及其他 IT 设施。

教与学支撑软件 ForClass 的最大特色是与人教数字教材、国产基础软件、教育大数据采集及学习分析引擎深度融合，有效支撑教育智能终端的多种应用模式，提供可视化、多元化教育测评服务，支持构建以数字资源和高效互动为核心的信息化教学模式。ForClass 与数据采集服务融合，通过教师与学生终端，伴随式实时采集并记录教师教学行为数据、学生学习数据、师生交流互动数据和作业评价数据，为学业水平形成性评价、优化教学过程提供依据。

ForClass 应用模式及流程如图 2-51 所示。

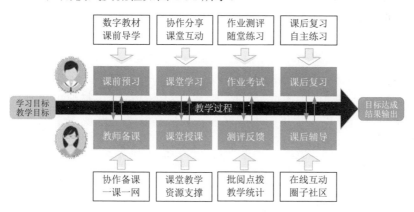

图 2-51　ForClass 应用模式及流程

在产品形态上，ForClass 分为教师版与学生版。其中，教师版运行在 Windows 操作系统，学生版支持 Windows 和 Android 操作系统。

（1）ForClass 教师版

ForClass 教师版集成整合数字教育资源、学科教学工具软件和教学活动管理系统等，为课前、课中、课后教师教学活动各个环节提供支撑与服务，基于数字教材实现直接、高效、流畅的备/授课。课前,教师利用备课模块完成备课,通过一体化备课工具,获取同步备课资源,基于数字教材进行备课,生成的个性化内容资源自动保存或导出为自有格式的备课文件。课中,教师利用数字教材、教学课件、学科教学工具以及测验与协作分享等活动管理功能,实现高效互动教学。教师随时调用数字教材进行讲授,并通过交互功能将教材内容同步分发给学生,或者组织练习及交流互动活动,例如分组互动、协作分享、随堂测验等。教学过程性数据被自动收集,应用学习分析方法与数据挖掘技术,可以发现隐藏在其中的规律和趋势,为优化教学过程和个性化教学提供依据。

（2）ForClass 学生版

ForClass 学生版集成整合数字教材等学习资源、学习工具软件与学习活动管理服务等,支持学习场景创设,为学生提供课前、课中、课后各个环节的服务。

课前,提供数字教材及课前导学。学生利用数字教材及教辅等学习资源进行预习与自主学习,利用测评与反馈模块发现问题并得到针对性的提示和反馈。课中,支持学生参与分组互动、协作分享、作业测验等学习活动,提供批注、笔记等学习工具软件,并实时记录学习行为数据。课后,支持学生复习与反思,基于题库及测评模块检查学习效果,借助云服务构建交流圈子与社区网络,实现师生在线交流互动。

（3）ForClass 特色与优势

1）学习更个性化。ForClass 应用实现了教学环境、手段、途径、策略,甚至课堂教学模式的变化,为学生个性化学习提供有利条件。学生的学习更加自主、多元、个性。课前,学生通过自主学习发现问题;课中,通过协作学习、探究学习,解决弄不懂的问题;课后,根据不同能力与兴趣,进行差异化学习。

2）互动更便捷。多元互动是课堂教学目标达成的重要环节,ForClass 应用为课堂便捷的多元互动提供条件。教师可及时将个性化的学习材料推送给全体学生或指定学生,还可以将学生的手持终端与大屏幕联动,展现学生学习与解决问题的过程,便捷地进行交互。

3）评价更有效。ForClass 伴随式实时采集教学过程数据,寻找数据背后的关联,教师针对学情进行教学;通过跟踪分析、统计反馈关注每一位学生的学习,通过有效评价促进学生的全面发展。

4）分享更精彩。以作文教学为例,利用 ForClass,学生将自己的作文发到班级群组,同学们互相修改,并写出自己的评语和意见,教师给予指导。这是一种阅读无纸化、互动无障碍、反馈无边界的师生协作互动,可以更轻松有效地帮助学生掌握作文的方法和技能。

第 3 章　云原生计算与教育云

云计算发展一直呈现"两头大、中间小"的态势，即 IaaS 和 SaaS 发展迅猛，PaaS 研发及应用一直徘徊不前，其主要原因是 PaaS 缺乏通用性，仅支持专有的编程框架、运行时、应用软件包格式和部署方式，云应用类型有限。随着云计算技术的发展和应用的普及，多云混合的云基础设施已经成为常态，微服务架构和无服务器架构等新型云应用崛起，大数据和分布式机器学习等应用领域不断拓展，对通用 PaaS 的需求日益迫切。以容器和容器云为标志，云计算发展进入云原生计算时代，构建通用 PaaS 的技术瓶颈不复存在，云原生应用引擎向上自动管理一般分布式应用的生命周期，向下自动管理多云混合的云主机集群，支持多应用混合部署和开放融合的服务生态建设。我们团队在国内较早开展云原生计算关键技术研究，相关成果已经在"粤教云" 2.0 和智能教育云建设中得到应用。

3.1　云原生计算概述

云原生计算（cloud native computing）是一个宽泛的概念，它代表了最近几年云计算技术的最新发展。究竟什么是云原生计算，不同技术背景的人给出的答案也不尽相同。云原生计算基金会（Cloud Native Computing Foundation，CNCF）提出云原生定义 1.0 版[①]：

"使用云原生技术，各组织能够在公有云、私有云及混合云等现代、动态的环境中构建和运行可扩展的应用。典型的云原生技术包括容器、服务网格、微服务、不可变基础设施和声明式应用编程接口等。"

"云原生技术支持构建容错、方便管理与观察的松散耦合系统。结合可靠的自动化手段，工程师能够很轻松地对系统实施频繁、可预测[②]的重大变更。"

"为了推广云原生范式，云原生计算基金会培育和维护云原生的生态系统，其中包含多个厂商中立的开源项目。云原生基金会致力普及最前沿的云原生模式，让这些创新人人可用。"

把握云原生计算的本质，首要工作是正本清源，梳理云原生计算的来龙去脉，尤其是在云计算的发展过程中引发云原生计算潮流的关键问题与核心挑战。

---

① CNCF 云原生定义 1.0，https://github.com/cncf/toc/blob/master/DEFINITION.md。

② 可预测是指执行多次相同的变更操作，引发的系统变化（变更效果）确定一致。

3.1.1 云应用生命周期管理

1. 从十二要素应用到一般分布式应用

云计算发展伊始,云上部署的主要是三层架构的 Web 应用:第一层是表示层,包括前端的浏览器和后端的 Web 服务器。浏览器显示用户界面并处理用户交互,Web 服务器为前端提供静态内容和(缓存的)部分动态内容;第二层是业务层,由后端的应用服务器处理来自表示层的请求,执行相应的业务逻辑代码(有可能需要读写持久数据),返回生成的动态内容;第三层是数据层,由后端的数据库服务器管理持久数据,为业务层提供数据访问接口。业务层应用是无状态的,所有需要持久保存的数据都交给数据层服务处理。主流的 PaaS 服务提供商 Heroku 总结了开发云应用的一系列原则,提出十二要素应用①的概念,内容涵盖整个云应用生命周期。十二要素是指:

1)代码库。云应用和代码库是一一对应关系,即一个云应用有且只有一个代码库;使用版本控制系统管理代码库;同一个代码库,用于多次部署。

2)依赖。准确、完整地声明云应用的所有依赖,将云应用及其所有依赖打包成一个自包含的可部署软件包。

3)配置。凡是与部署相关的具体配置信息(如后端服务的访问地址、各种证书和密钥等),都保存为环境变量,不应该直接保存在源代码中。

4)外部服务。云应用通过网络访问使用的外部服务,都是可附加的资源。这意味着无论是云应用绑定服务还是要解除绑定,云应用的代码无须任何修改。

5)构建、发布和运行。应用部署包括构建、发布和运行三个阶段:首先,从代码仓库检出某个版本的源代码,获取构建和运行应用所需的所有软件包,构建生成包含二进制程序和其他资源在内的完整应用软件包;接着,编写部署的具体配置信息,加上应用软件包,共同构成一个执行就绪的应用发行版本;最后,在执行环境运行某个应用发行版本。这里有两点需要注意:①构建得到的应用软件包是自包含的,不存在任何外部依赖;②应用执行环境是隔离的,不同的应用之间不会出现依赖冲突的情况。

6)进程。运行的云应用进程是无状态的,即同一个云应用的不同进程之间不共享任何数据,调用外部服务保存持久数据。无状态云应用稳健性强,容易扩展。

7)端口绑定。云应用通过端口绑定对外服务,客户端只要访问端口就能使用服务。

8)并发。云应用运行为一个或多个独立且并发执行的无状态进程,按需横向

---

① 十二要素应用,https://12factor.net/。

扩展。

9）用完即弃（disposability）。云应用进程必须支持"用完即弃"，随时可以启动或关停。这要求在设计和开发云应用时，应该考虑和实现云应用的快速启动和优雅关停机制。

10）开发环境和生产环境相同。尽量保证开发环境和生产环境的部署流程一样，采用相同的工具和服务。

11）日志。云应用将日志作为事件流写到标准输出（stdout）和标准错误输出（stderr），不涉及日志的路由和存储。在开发环境中，开发者直接查看事件流；在生产环境中，由运行环境捕获事件流，转发到日志存储和处理服务。

12）管理进程。管理任务一般只运行一次。管理进程和常规的云应用进程在同一个环境中运行。管理脚本与应用代码一样，提交到同一个代码仓库，构建生成同一个发行版。

严格满足十二要素特征的云应用，它的所有进程都是无状态的，相互之间不存在一致性保证的问题。运维人员可以随时关停或启动应用进程，无须任何特别处理。

高可用、高性能和高安全是最常见的云应用服务水平目标。可用性是云应用在给定时间区间可靠运行的概率，这里的可靠是指云应用能够完成设计的功能并产生正确的结果。约定用 MTTF（mean time to failure）表示出错前正常工作的时间，MTTR（mean time to repair）表示检测和修复错误的时间，如图 3-1 所示。可用性实际上就是 MTTF/（MTTF+MTTR）。导致云应用不可用的三类常见因素是硬件故障、软件缺陷和人为失误。为了保证高可用性，云平台必须具备容错和自动恢复能力。一旦监控发现云应用失效，云平台迅速启动和运行一个或多个新的应用实例，保障云应用的正常运行。度量云应用性能的两个关键指标是延迟和吞吐。延迟是单个任务的执行时间。吞吐是单位时间内完成的任务数量。因此，高性能实际上就是要实现低延迟和高吞吐。传统云应用通常是使用 Web 技术实现的长时间运行服务，这一类应用往往面对跨区域、海量用户的并发请求。提高云应用的性能主要靠扩展，包括纵向扩展和横向扩展两类方法。纵向扩展是指为运行云应用的主机节点添加资源，既可以是选用处理速度更快的 CPU、添加内存和选用更快的磁盘等硬件升级，也可以是软件调优或升级。横向扩展是添加更多的常见配置主机节点，运行更多的云应用实例。在实践中，一般采用横向扩展手段来保证云应用的性能，这是因为单个主机节点的配置再高，也无法及时响应大量用户的并发请求。为了降低各地用户的访问延迟，也要求将多个应用实例部署到位于异地的多个数据中心。有效地管理分布式云基础设施，是实现横向扩展的前提。

图 3-1　MTTF 和 MTTR

2. 云应用生命周期

云应用的功能特性和服务质量决定了云的根本价值。云应用的完整生命周期包括开发、部署和维护三个阶段，如图 3-2 所示。按照开发者和云服务提供商责任划分的不同，云应用的部署和维护主要有以下两种方式：

1）开发者采用 PaaS。开发者按照合规要求开发和测试应用程序，使用 PaaS 提供的工具构建和发布应用软件包的发行版。PaaS 负责安装和运行云应用及其各种依赖，提供后续的应用运维服务。

2）开发者采用 IaaS。开发者购买 IaaS 服务商的云主机和云存储等基础设施资源，开发和测试云应用，构建和发布应用软件包的发行版，安装和运行云应用及其各种依赖，管理和维护正在运行的一个或多个云应用实例。

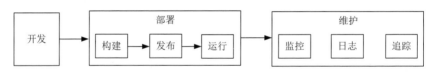

图 3-2　云应用的完整生命周期

如果采用 PaaS 部署云应用，开发者相对比较省心，只需负责实现云应用的表示层和业务层，由 PaaS 服务商提供和管理数据层的有状态服务。由于 PaaS 服务商的技术选型和技术水平各不相同，它们提供的服务类型与服务水准也存在较大的差异，包括但不限于支持的编程语言及其功能特性集、编程语言运行时、框架、库、中间件、软件包格式、（多租户）应用运行隔离机制等。开发者在开发和部署云应用时只能选用该平台提供的工具和服务，这种"技术锁定"大大限制了可部署的云应用类型及功能。例如，如果云应用的运行依赖某个平台不支持的特殊版本中间件，那么该应用显然无法部署到这个平台上。针对某个 PaaS 开发和部署的云应用，必须经过大量修改甚至重写，才有可能成功地部署到另外一个 PaaS 上。云应用迁移困难，"供应商锁定"问题非常突出。如果直接在 IaaS 上部署云应用，开发者必须同时维护业务层的无状态应用和数据层的有状态服务，工作难度和复杂性显著增大，开发者必须具备较高的开发和运维水平。这种方式的最大好处是，开发者可以根据需要灵活地选择开发与运维的工具、服务及流程。

随着云计算技术的飞速发展，开发者希望能够自主选择在云上部署的应用与服务，消除云平台的技术锁定，加速云应用开发和部署流程，促进业务创新。从长时间运行的服务到批处理任务，从无状态应用到有状态应用，从三层架构应用到微服务架构应用，从传统 Web 应用到大数据分析和流处理以及分布式机器学习等新型应用，要求云平台能够统一管理一般分布式应用的生命周期，并且这种管理机制和实现技术应该是通用的，避免专有技术实现导致的供应商锁定问题。当然，分布式应用管理离不开分布式基础设施管理的支撑。综上所述，云应用开发者希望能够综合上述两种云应用部署方式的优势，提供管理一般云应用生命周期的通用技术解决方案。

3.1.2 分布式系统关键问题

分布式系统是实现高可用和高性能云应用的主要保证，包括分布式应用管理和分布式基础设施管理两个层面。分布式系统是一把双刃剑，在解决已有问题的同时也带来了艰巨的挑战。

1. 失效检测

管理分布式云基础设施，目标是将多台云主机联网组成的集群抽象成为一台云主机使用，因此可以视为云主机集群管理。Google 公司有一个著名的观点："数据中心就是计算机"[123]。乍看上去这与网格计算的目标类似。两者的不同之处在于：网格计算管理的主要是位于科研机构的 IT 资源，部署专有的网格操作系统，主要运行科学计算类应用；云主机集群管理的是位于数据中心的普通服务器，部署通用操作系统（以 Linux 系统为主），运行的是一般应用。正是这种不同，决定了两者的发展轨迹大相径庭。云计算在发展初期遭到种种质疑，现在云计算的重要性已经得到社会的普遍认可，而网格计算的研究热潮已经逐渐消退。

云主机集群的规模比较大，通常包括成千上万台服务器，有的甚至达到几十万台以上的规模。部分失效和异步网络是云主机集群的两个重要特征。与很多传统集群采用专门定制的软件和硬件不同，云主机集群一般采用通用的商品化硬件，存在一定的硬件失效比例，如表 3-1 所示。除了硬件失效以外，软件缺陷、配置错误或人为失误，都有可能导致云主机集群出现部分失效的情况，即只有部分主机能够正常工作。云主机集群操作系统必须能够容忍集群的部分失效，选择可用的节点自动恢复已经失效的云应用，让用户感觉不到任何异常。无论是检测硬件失效还是检测软件失效，都是以代理进程的存活为判断依据，因此可以归结为失效进程检测问题。由于云主机集群规模大，可能失效的主机的绝对数量也大。实现云主机集群的透明管理，其核心问题是大规模集群的进程失效检测，必须保证检测算法的快速、高效，占用较少的系统资源，不会明显影响应用和服务的运行性能。

表 3-1　Google 某数据中心第一年硬件失效情况统计[①]

硬件失效情况	耗时
占总数 0.5 % 的服务器出现过热，大部分主机在 5 min 内关机	1～2d
1 个电源分配单元失效，500～1000 台服务器立即宕机	约 6h
1 次移动机柜，500～1000 台服务器关机	约 6h
20 台机柜失效，40～80 台服务器立即宕机	1～6h
1 次网络重新布线，导致占总数 0.5% 的服务器宕机	2d
8 次网络维护，其中 4 次引发随机的链接丢失	约 30min
12 台路由器重载，导致 DNS 和虚拟 IP 地址不可用	几分钟
3 台路由器失效	1h
1000 台服务器独立失效	\
几千块硬盘失效	\

一般采用 TCP/IP 网络连接云主机集群的所有节点，这属于典型的异步网络[②]：集群中不存在全局同步时钟，每个节点的决策只能依靠自己收到的消息和本地计算。异步网络的通信并不可靠，文献[124]列举了一些实际案例。由于网络包的收发有可能出现延误、重复、乱序甚至丢失等情况，异步网络实质上只能保证以下两种消息交付语义：

1）最多一次（at-most-once）：采用"尽力而为"的策略传送一次，不管接收方有没有收到消息。

2）最少一次（at-least-once）：采用"确认或重传"的策略，尽量保证接收方收到。

随着云计算应用的普及，云基础设施呈现出"公私混合、多云融合"的特点。组成同一个集群的云主机既可以是公有云提供的，也可以是私有云提供的，还可以来自不同的公有云服务商。云主机集群网络是典型的广域网环境，更有可能出现网络异常。异步广域网环境大大增加了集群进程失效检测的难度。

2. CAP 定理

异步网络有可能导致集群出现网络分区的情况：由于网络（暂时）不通，同一个集群分成了几个分区，只有属于同一分区的节点之间才能正常通信，不同分区的节点之间无法通信。根据 CAP 定理[125]，任何异步网络连接的共享数据系统，

---

① Software Engineering Advice from Building Large-Scale Distributed Systems, https://research.google.com/people/jeff/stanford-295-talk.pdf。

② 有的文献将这种网络称为半同步网络：每个节点有本地时钟，但是没有全局同步；将每个节点连本地时钟都没有的情况称为异步网络。本书不区分这两种情况，统一称为异步网络。

最多只能同时拥有下列三个属性中的任意两个。

1）一致性（consistency）：所有系统节点保存的共享数据拷贝都是一致的。客户端向任意节点请求修改变量 x 的取值，所有节点都会保存 x 的最新取值。在同一时间点 t，客户端向任意节点请求读取变量 x 的取值，得到相同的取值。这里的一致性实际上是指原子化一致性（线性化一致性），即所有节点执行的共享数据读写操作仿佛构成一个先入先出的线性队列，当前操作完成后才能执行下一个操作。

2）可用性（availability）：客户端向某个系统节点发送修改数据或读取数据请求，只要该节点没有失效，客户端必定能够得到响应。

3）分区容忍性（partition tolerance）：即使发生网络分区，系统继续照常工作。

更进一步，CAP 定理可以简化为：在一个异步网络模型中，不可能保证在任何执行情形（包括系统出现网络分区）下可读写的共享数据同时具有原子化一致性和可用性。用如图 3-3 所示的简化模型证明 CAP 定理。整个系统由异步网络连接的 P_1 和 P_2 两个进程构成，共享同一个数据 x。进程读写共享数据的操作分别记为 R 和 W，操作符号的下标是对应进程的标号。例如，R_1 表示进程 P_1 读取 x 的取值。

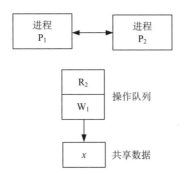

图 3-3　异步网络共享数据系统模型

证明：假设系统发生了网络分区，进程 P_1 和 P_2 之间的消息完全丢失。用反证法证明，假设共享数据 x 仍然具有原子化一致性和可用性。x 的初始值是 x_0，即开始时进程 P_1 和 P_2 都保存 $x=x_0$。由于操作是原子化的，进程 P_1 首先执行写操作 W_1，令 $x=x_1$；接着进程 P_2 读取 x 的取值，由于仍然具有可用性，所以会返回一个 x 的取值。问题是现在 P_1 和 P_2 分别位于两个不同的分区，互不相通，所以 P_2 没办法知道 x 的取值已经更新，只会返回 $x=x_0$。这就与仍然具有一致性的假设相矛盾，因此假设不成立。

人们通常认为，既然网络分区是不可避免的，那么只能根据应用的目标和特点，选择构建具备 CP 或者 AP 的分布式系统。这实际上是一种误解[126]。在实践中，网络分区虽然不可避免，但是很少发生，大部分情况下网络还是可靠的（没有网络分区），可以寻求同时保证原子化一致性和可用性，实际上这时更应该考虑权衡系统延迟和一致性。当发生网络分区时，对分布式云服务而言，一般优先保证可用性，提供更弱一点的一致性；当消除网络分区后，设定一个时间期限，恢复到强一致性。这就是最终一致性的概念：只要时间足够长，所有节点将保持一致，请求将返回相同的响应。上述最佳实践被总结为 PACELC[①][127]原则。

分布式无状态应用的进程之间没有共享数据，自然不存在选择 CAP 的问题。分布式有状态服务的进程之间有共享数据，就需要考虑一致性、可用性和分区容忍性的取舍。以分布式数据存储系统为例，不同的实现与 CAP 的对应关系如图 3-4 所示。传统的关系型数据库都属于 CA 型系统：当发生网络分区时，整个系统停止运行，因此能够提供高可用和一致性。有些数据存储系统属于 CP 型：虽然发生网络分区时有些数据访问不到（不可用），但是其他数据仍然是一致的。有些数据存储系统属于 AP 型：当发生网络分区时，系统仍然是可用的，但是返回的某些数据有可能是不精确的，此类系统提供的是最终一致性。CP 型和 AP 型数据存储系统有时被统称为 NoSQL 数据库系统。分布式数据库仍然是一个活跃的研发领域，每种数据库的具体实现，与其如何选择数据模型、操作类型及特点（如频率、负载等）、数据总量、数据持久性及 CAP 取舍有关。像云主机集群操作系统记录节点状态的分布式存储，与大型电商记录交易的分布式数据库，两者的实现必然存在很大的差别。相对而言，前者的数据总量小得多，每次写入的数据负载小且不频繁，没有必要使用重量级分布式数据库。

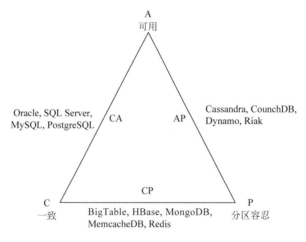

图 3-4 不同分布式数据存储系统的 CAP 选择

① PACELC 是 if Partition then Availability or Consistency, else Latency or Consistency 的缩写：如果发生网络分区，可用性和一致性二选一；否则，延迟和一致性二选一。

需要强调的是，无论是 CP 型还是 AP 型的分布式系统，都需要有效、快速的进程失效检测机制，才能在发生网络分区和恢复网络通信后执行相应的处理操作。前文已经提及，集群规模大、部分失效和异步广域网环境是造成云主机集群进程失效检测困难的主要原因。

3.1.3　云原生计算概念

云计算和软件工程等领域的最新理念和技术潮流推动了云原生计算的诞生。

1. 可编程基础设施

可编程基础设施（infrastructure as code 或 programable infrastructure）是基础设施管理的最新发展潮流，它是指编程管理和部署基础设施的配置，实现基础设施的自动化提供。可编程基础设施首先将物理基础设施资源抽象成为软件对象，并提供管理和操作这些软件对象的应用编程接口（API）：

可编程基础设施=软件定义基础设施资源+编程接口

基础设施的程序设计包括声明式和命令式两类风格。命令式是指编写代码实现达到对象目标状态的具体流程，包括涉及的操作及操作顺序；声明式是指只需编写代码指定期望达到的对象目标状态，不涉及具体的实现细节。显然，声明式风格代码更容易编写、阅读和维护。现在的可编程基础设施工具一般都采用声明式风格，因此重新定义可编程基础设施为

可编程基础设施=软件定义基础设施资源+声明式编程接口

传统的基础设施自动化工具在多台服务器上执行命令式自动化脚本、重复安装和配置等步骤，整个过程无人干预；而可编程基础设施首先强调软件定义，然后才是编程实现自动化管理。可编程基础设施能够带来下列好处：

1）快速。基础设施资源的提供速度非常快，耗时以分钟为单位。

2）声明式自动化。无须人工参与，声明式自动化管理基础设施资源的提供和配置。这首先消除了人为操作的可能失误，保证多次执行的一致性；其次可以响应特定的事件（包括定时），频繁地重复执行。

3）软件工程管理。基础设施资源管理变成软件开发，自然能够应用软件工程的思想、工具和流程。例如，使用版本控制系统管理代码版本，首先在测试环境、预发布环境部署和运行，确定无误后再应用到真正的生产环境。

有一类特殊的可编程基础设施，叫作不可修改基础设施（immuatble infrastructure），核心思想是软件定义的基础设施资源对象一旦创建，就不可再修改它的状态；如果需要改变，应该首先销毁当前对象，重新创建一个符合要求的新的基础设施资源对象。不可修改基础设施的最大好处是确定的、可预期的一致性。无论执行多少遍基础设施管理的代码，创建的基础设施资源对象一定是相同

的。这种确定性，有助于找出发生问题的根源，在基础设施规模比较大的时候尤其显得重要。

虽然云基础设施服务模式 IaaS 的编程接口不一定完全对外开放，但它就是一种可编程基础设施。IaaS 将物理服务器抽象成软件定义的计算机——虚拟机，开发者编写代码控制虚拟机的创建、运行和管理。同理，IaaS 将物理存储设备抽象成软件定义的块设备——虚拟硬盘，开发者编写代码控制虚拟硬盘的创建和管理，包括附加到指定的虚拟机。与一般的可编程基础设施相比，IaaS 的开放特征非常明显，它定义的软件抽象一般都有对应的开放格式标准、开源技术实现和开放管理组织，共同形成一个活跃的开放生态系统。开放虚拟化格式（open virtutalization format，OVF）[1]是一种开放的虚拟化软件包格式标准，包括虚拟化硬盘的格式定义，已经被国际标准化组织采纳为 ISO 17203 标准。常见的虚拟化管理器都支持 OVF 标准。虚拟化技术的开源实现包括属于类型 I 的 Linux KVM、XEN 和属于类型 II 的 Oracle VirtualBox[2]等。与云计算关系比较紧密的开放组织包括 OpenStack 基金会、Linux 基金会和 Apache 基金会[3]等，这些基金会运作了很多与云计算相关的开源项目。开放云生态是加快云计算创新速度的重要保证。因为云计算是计算模式的彻底变革，新的业务需求层出不穷，没有任何一家企业或机构的私有技术能够满足所有的应用场景。一个封闭的技术栈很难吸引到足够多的用户，它很快就会消失在云计算发展大潮中。企业正确的做法是专注自己擅长部分的研发，充分利用开放生态的技术和产品，保证解决方案的普遍适用。这样才能够跟上甚至引领云计算潮流，创造最大化的价值。

2. 声明式通用云应用引擎

（1）云应用架构

与 IaaS 和 SaaS 的迅猛发展势头相比，由于 PaaS 提供的功能和选择有限，它的发展一直不温不火。借鉴可编程基础设施的技术思路，重新审视 PaaS 的设计和实现。PaaS 向下管理云基础设施，向上管理云应用生命周期。当前，分布式云基础设施和分布式云应用已经成为主流。由于云基础设施都是可编程的，云主机集群实际上是一个按需弹性伸缩的资源池。PaaS 的集群管理组件将资源池抽象成一台永不宕机的高性能计算机。类似于单机系统为应用程序提供静态的软件包和动态的进程两种抽象，PaaS 也需要为分布式云应用提供类似的软件抽象及对应的声明式编程接口。传统 PaaS 提供的是专有实现的软件包和运行环境，支持单体架

---

① OVF 官方网址为 https://www.dmtf.org/standards/ovf。

② Linux KVM、XEN 和 VirtualBox 的官方网址分别是：https://www.linux-kvm.org, https://www.xenproject.org 和 https://www.virtualbox.org。

③ 三个基金会官方网址分别是：https://www.openstack.org，http://www.linuxfoundation.org，http://www.apache.org。

构（monolithic architecture）的云应用。随着云计算技术的发展，微服务架构（microservice architecture，MSA）和无服务器（serverless）架构正在成为云应用的主流架构。PaaS 提供的软件抽象，必须能够普遍支持所有架构的云应用。

1）单体架构。

单体架构是指应用的所有组件不是分离的，而是交织在一起形成一个自包含的整体，共同构成一个部署单元，因此单体架构应用的性能表现出色。像传统三层架构的云应用，所有的应用逻辑都在应用层实现，就属于典型的单体应用。单体架构的主要不足是整个应用只能采用单一的编程语言和技术栈，没有办法尝试和使用新技术。所有开发和运维团队参与同一个单体架构应用的研发，彼此的工作紧密耦合。很难实现单体架构应用的敏捷开发，因为一处修改就有可能影响应用的其他部分和其他人的工作，无法预计修改的后果。整个应用构成一个部署单元，一处错误就能影响整个应用的部署。单体架构的应用往往只能纵向扩展，很难实现横向扩展。

2）微服务架构。

为了解决上述问题，产生了适合构建大型、复杂软件系统的微服务架构。微服务架构将复杂的应用分解成多个松散耦合的微服务，它们共同工作，执行应用的功能。微服务的"微"并不是指代码实现的规模小或者完成的任务简单，而是要满足以下三个原则：

① 单一目标：每个微服务聚焦一个单一的业务目标（范围），出色地完成目标。这也是 UNIX 哲学中"只做一件事并做到最好"原则的另一种体现。

② 高内聚：每个微服务将与单一业务目标相关的所有数据和行为封装在一起。对外隐藏内部的实现细节和复杂性，提供定义良好的接口，包括清晰的进入点和退出点。

③ 低耦合：每个微服务是完全独立的自包含实体，尤其是独立的各种依赖，包括运行时、框架、库和数据存储等。每个微服务独立地扩展、独立地部署，而不是像单体架构应用那样：要么整体一起部署，要么不部署。不同的微服务之间是松散耦合的关系，只能通过服务接口通信。一个微服务失效，其他微服务照常工作；修改一个微服务，不需要修改其他微服务。

微服务之间的通信通常采用轻量级的通信协议和数据交换格式。一种常见的实现方式是表征状态转移（representational state transfer，REST）风格的 API，这种风格与远程过程调用不同，具有下列特征：

① 给资源赋予有意义的标识符，如 URI；

② 通信不是消息传递或者函数调用实现的，而是资源表征的传递；

③ 使用标准 HTTP 协议的媒体类型和状态码；

④ 支持缓存。

实现 REST 风格的微服务 API，一般采用 HTTP 和 JSON 数据格式。另外一种常用的通信方式则是基于 HTTP/2 协议和 Protobuf[①]的 gRPC[②]，这种方式的最大优势是实现高性能通信。

微服务的最根本特征是完全独立，服务之间松散耦合。这意味着可以按照业务领域范围组织开发团队，由固定团队独立管理某个微服务的生命周期，职责分工更加明确，团队凝聚力因为共同的目标和责任变得更强；产品反馈循环更快，团队对负责的微服务有足够的理解、知识和技能，能够迅速做出更好的产品决策。与此同时，将一个应用拆分为数以百计个微服务，管理复杂度呈指数级增加。多个微服务分布在多台主机上，分布式带来的可靠性、性能、监控和安全等挑战不容忽视。

选择单体架构还是微服务架构，不仅要从技术领域考量，还应该考虑企业的组织架构、开发文化和开发运维平台是否与所选的应用架构相匹配。无论选择哪一种架构，都要遵循基本的软件开发原则：根据"高内聚、低耦合"原则划分软件模块，最小化软件复杂性。更具体地说，都应该遵循 SOLID 原则。

① 单一责任原则（single responsibility principle，SRP）：一个模块只有一个责任、目标、业务范围或者说修改的原因，只做一件事，做到最好。

② 开/闭原则（open/closed principle，OCP）：一个软件实体（如类、模块、函数）应该对扩展开放，对修改关闭。

③ Liskov 替换原则（Liskov substitution principle，LSP）：用基类替换子类时，基类不用做任何修改。也就是说，子类不应该修改基类的行为。

④ 接口隔离原则（interface segregation principle，ISP）：强调接口的内聚，即接口不应该包含无关的（客户用不到的）方法和属性。

⑤ 依赖反转原则（dependency inversion principle，DIP）：高层模块不应该依赖底层模块；每一个模块（无论高层还是底层）应该依赖抽象（如接口），即模块的实现应该依赖抽象，抽象不应该依赖实现。

显然，SOLID 是普遍使用的原则，即使设计和开发单体架构应用，划分模块时也应当坚持这些原则。单体架构和微服务架构的根本区别在于模块划分的粒度及模块之间的通信机制不同。单体架构采用进程间通信（分布在相同的主机），而微服务架构采用远程过程调用（分布在不同的主机上）。

3）无服务器架构。

无服务器架构是指开发者无须考虑底层的基础设施资源的管理，按需执行代码。具体而言，开发者无须关心存储硬件的管理和数据的存储位置，只要按需使用存储；开发者也无须关心物理服务器的管理和云主机的提供，也不用考虑在哪里

---

① Protobuf 是 Google 提供的与编程语言和平台无关的可扩展的结构化数据序列化机制。

② gRPC 是一种高性能、开源的通用 RPC 框架，https://grpc.io/。

执行代码,只须按需提交和执行代码即可。无服务器的实质是函数即服务（Function as a Service，FaaS）和后端即服务（Backend as a Service，BaaS）的集成,即

$$Serverless = FaaS + BaaS$$

后端即服务是指由平台提供托管的后端服务,开发者直接调用即可。在 FaaS 中,函数代码在短时存在的计算服务上执行,并产生结果。函数的执行是由事件或 HTTP 请求触发,执行结束时返回一个值给调用者或者传递给下一个要执行的函数。输出可以是结构化的对象（如 HTTP 的响应对象）或者是非结构化的字符串或整数值。在 FaaS 上执行的函数必须遵循单一目标原则,具备等幂（idempotent）性质:多次重复执行同一个函数,每次执行的结果是一样的。为了提供冗余和高可用性,触发函数执行的消息往往有多份备份,保存在不同的服务器上。为了保证至少交付一次的语义,这些消息有可能发送多次,触发多次执行同一个函数。只有函数是等幂的,才不会出现不一致的执行结果。

函数的部署流程是:

① 开发者上传函数的定义,包括函数规约、代码和各种依赖。函数规约实际上是函数的元数据,如唯一标识符、名字、描述、版本、运行时语言、需要的资源、执行超时、创建日期/时间、最后修改日期/时间等。

② FaaS 平台构建函数代码,得到可执行的二进制文件、软件包或容器镜像。

③ FaaS 平台响应请求或者事件,启动并执行函数实例。函数启动包括热启动和冷启动两种。热启动是指利用正在运行的计算资源运行函数实例,而冷启动是指先提供计算资源再部署和运行函数实例。

无服务器架构的主要优势是节省成本,扩展灵活。开发者不需要管理和维护基础设施,只在有需要时（事件发生时）执行代码,为执行过程中用到的弹性伸缩计算资源付费。开发者根据功能需求,选择最合适的编程语言和运行时,提高生产率,减少产品推向市场的时间。与微服务架构一样,无服务器架构也带来很多技术挑战。首先,在同一个资源池执行不同客户的函数代码,多租户引发安全和性能问题;其次,无服务器架构应用被拆分为数量众多的函数,系统调试和监控的难度高。函数之间复杂的依赖关系（有些还是异步的依赖）,使得开发者发现问题、寻找原因和解决问题的难度和耗时大大增加;最后,无服务器技术仍然处于快速发展阶段,尚未成熟。不难看出,微服务架构和无服务器架构存在一定的相似性,只是后者的模块粒度更细,应用的范围更加受限。

（2）自动化管理云应用生命周期

借鉴 IaaS 的发展历程,PaaS 应该为所有架构云应用提供两类开放且通用的声明式可编程抽象:软件包和进程,这样才能实现一般云应用的快速、可重复部署。容器云（Container as a Service，CaaS）就是满足上述特征的一种实现,它采用开放的容器镜像打包云应用软件,使用容器作为单个云应用进程的抽象。与直接采

用虚拟机作为应用运行单位相比，容器的启动速度快（秒级）、占用系统资源少，优势明显。有关容器和容器镜像的详细介绍，请阅读 3.2.1 节。

PaaS 为云应用软件包和进程提供声明式编程接口，其主要职责是管理云应用的整个生命周期，包括设计、开发、部署、维护和终结等阶段。为了应对快速变化的用户需求，加快业务创新速度，开发者采用敏捷软件开发方法，实现软件生命周期各阶段的快速迭代。保障敏捷的技术手段是持续集成/持续部署（continuous integration/continuous deploy，CI/CD），即管理软件生命周期的流水线，如图 3-5 所示。

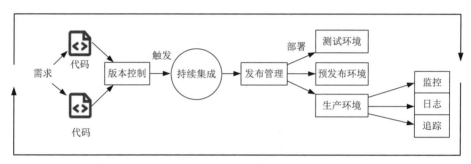

图 3-5 持续集成和持续部署

开发者分析业务领域需求，协作编写代码，所有的源代码由版本控制系统管理。新版本代码提交后，触发持续集成：从版本控制系统检出指定版本的源代码，搭建构建环境，自动执行一系列构建命令，例如清理目录、静态代码分析、编译和链接、执行单元测试和集成测试，最终生成可执行程序等。构建成功后发布正式版本的软件包，依次部署到测试环境和预发布环境，确认没有问题后部署到生产环境，监控应用的运行。任何一个阶段出错，开发者修改代码后重新开始整个流程。持续集成和持续部署中的“持续”一词，并不是指“一直在运行”，而是指“总是准备就绪，随时可运行”。持续集成和持续部署蕴含了下列核心概念和最佳实践。

1）频繁且高质量发布：按照开发需求，频繁发布高质量的软件。软件发布周期不再是以年月计算，甚至可以做到一天内发布几次。持续集成和持续部署的测试环节保证软件的质量。

2）快速处理：整个软件交付过程是高效的，所有的步骤都能够快速完成。

3）可重现：给定相同的输入，软件交付过程的行为和输出确定是一致的，即可重复的。

CI/CD 的核心思想是自动化管理应用生命周期，包括应用的开发和运维，人为干预很少。这就保证了应用开发和部署的敏捷和可靠。为了确保软件交付过程和结果的可重现，必须采用声明式自动化手段。有了自动化的软件交付流水线，很容易同时支持下列部署策略。

1）"大爆炸式"部署：每次部署都把所有的组件打包在一起，用新版软件完全取代旧版本。这种部署策略的周期长，需要多个团队的通力合作才能完成。

2）滚动部署：在所有软件实例当中，只有少部分是新版本软件。如果新版本软件工作正常，逐渐加大新版本实例所占的比例，直到所有软件实例都是新版本为止。

3）蓝-绿、红-黑或 A/B 部署：同时建立两个相同的生产环境。一个是在用的生产环境 A，处理所有的用户请求；另外一个是空闲的生产环境 B，部署了软件的新版本。通过测试后，所有用户请求被导向生产环境 B，原先生产环境 A 不再处理用户请求。

4）金丝雀部署：与 A/B 部署类似，区别在于一开始会将部分用户请求引流到新版本服务，没有发现错误后，再将所有用户请求导向新版本服务。

显然，自动化是实现上述高级部署策略的重要前提。在 CI/CD 系统的支持下，同一个团队完全可以同时承担开发（development）和运维（operations）的工作，可以称之为 DevOps（开发运维一体化）。现在大多数 CI/CD 系统使用 Git 管理源代码版本，因此上述流程也被称为 GitOps。

理想的 PaaS，不仅提供云应用软件包和进程的通用可编程抽象——容器镜像和容器，还应该提供 CI/CD 服务，实现整个云应用生命周期的声明式自动化管理。我们将符合上述特征的 PaaS 称之为云原生应用引擎。为了降低云应用的开发难度，云原生应用引擎还提供托管的系列共性服务，供开发者直接调用，以降低开发者的开发和运维难度。在云原生应用引擎中，共性服务的管理跟普通云应用的管理原则上是一样的。

3. 广义云原生计算

综上所述，云原生计算包含以下三层含义。

1）可编程基础设施，即"软件定义基础设施资源+声明式编程接口"。

2）云原生应用引擎：自动管理云主机集群和云应用生命周期，提供软件定义云应用软件包和进程抽象及编程接口，提供托管的共性服务。

3）云原生应用：设计和开发云应用时充分考虑可编程基础设施和云原生应用的特征，非常适合在云原生应用引擎上部署，微服务和无服务器是两种典型的云原生应用架构。

这里定义的云原生计算，比 CNCF 的云原生定义涵盖范围广。简单来讲，CNCF 将云原生定义为使用开源软件栈，使得云应用具备容器化、动态编排和面向微服务三个特征。容器化是指云原生应用的每个组件都打包成容器镜像，保证应用组件的可重现和隔离性；使用容器运行云应用进程。实际上容器化只是云原生的一种技术选项，虚拟化技术也可以用在云原生应用的打包和运行上。动态编排是指整合多台主机运行多个容器，实现容器的按需启动、关停、扩展和自动恢复。这只是云原生应用引擎的核心功能之一，提供托管的共性服务尤其是服务编排也是必不可少的功能。面向微服务的含义很明确，云原生应用应该采用微服务架构，拆分为多个微服务，即小范围、自治、独立版本和自包含的服务，提高组织的敏捷性和应用的可维护性。理想的云原生应用引擎，不仅能够支持微服务架构应用，像无服务器等新型架构或者遵循 SOLID 原则的单体架构，也应该统一支持；否则，一个企业必须同时维护云原生计算技术栈和旧有的单体架构云计算技术栈，技术复杂度太高，这会大大影响企业拥抱云原生计算的信心。相对而言，可编程基础设施的发展已经比较成熟，本书重点关注云原生应用引擎的核心概念、关键技术和示范应用。

声明式自动化是云原生计算的核心特征之一：开发者用户不用关心集群管理和应用管理的具体实现细节，只需指明希望云应用达到的目标状态。从这个意义上讲，云原生计算已经初具智能特征。更进一步，如果基础设施、集群和应用的管理系统能够从积累的运行数据中学习，动态、自适应地调整系统运行的参数和规则，这种人工智能加速的云原生计算就是智能云：

智能云=人工智能×云原生计算

如果说云原生计算实现了基础设施和应用的开发运维一体化和自动化（DevOps），那么智能云就是实现了智能的开发运维一体化和自动化（AIDevOps）。

不能简单地把智能云理解为：底层有人工智能加速硬件，中间是人工智能平台，上面运行人工智能应用。这种观点大大限制了智能云的内涵，并没有真正理解智能云的本质。相反，应该把人工智能加速硬件变成可编程基础设施资源，作为虚拟机或容器的组成部分。人工智能平台是云原生引擎提供的一项共性服务，开发者能够方便地开发、部署和维护云原生人工智能应用。云基础设施、云主机集群和云应用的管理都应适当应用机器学习和人工智能技术，提高云计算的自适应性，这才是智能云应有之义。当然，建设符合上述特征的智能云需要一个过程，需要在实践中积极探索、逐步推进。

3.2 云原生应用引擎

云原生计算把可编程基础设施和云应用彻底隔离，由云原生应用引擎统一管理动态的云主机集群，自动部署和维护容器化云应用实例。云原生计算深刻改变了云应用的交付模式，加快云应用开发迭代，实现开发和运维一体化。云原生计算已经成为当前云计算技术研究与开发的重点和热点。

3.2.1 云原生应用引擎体系架构

云原生应用引擎是一种通用 PaaS，实现云主机集群和云应用的自动化管理，标志着云计算从虚拟化阶段发展到自动化阶段。云原生应用的用户界面包括命令行和图形化两种，有的应用还提供所有核心功能的编程接口，方便二次开发和扩展。云原生应用引擎的体系架构如图 3-6 所示，主要包括集群管理、作业管理和共性服务等组件，作业管理和共性服务属于应用管理的范畴。一般采用容器技术实现云原生应用引擎的集群管理和作业管理功能，称之为"容器云"。

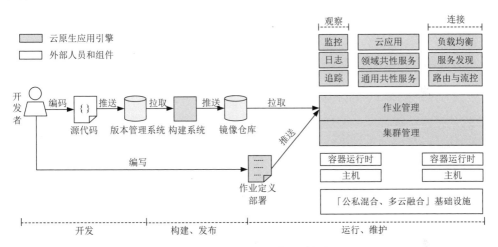

图 3-6　云原生应用引擎体系架构

1. 容器云

云主机集群的规模非常大（可能达到几十万台的规模），主机来源呈现"公私混合、多云融合"的多样化特点。主机是异构的：既可以是物理机，也可以是虚拟机，运行 Linux、UNIX 和 Windows 服务器等操作系统。主机之间没有全局同步时钟，完全独立，只能依靠（广域）异步网络交换信息。集群管理组件把云主机集群抽象成为一个按需分配、动态伸缩的弹性资源池，就好像是一台永不宕机的高性能计算机。集群管理组件管理集群的成员组成，处理新主机加入、已有成员主动退出和已有成员意外失效三种情况。如何在广域异步网络环境中快速、准确地检测大规模集群的节点失效，是实现集群成员管理面临的主要技术挑战。集群管理组件还要管理集群的状态，记录每个节点的存活状态和关键属性。存活状态分为"活跃"、"正常离开"和"意外失效"三种；关键属性是描述节点特征的元数据。硬件资源属性包括 CPU、内存、磁盘、网络等硬件资源的总量和使用情况，软件能力属性包括操作系统、中间件和应用的类型、版本等信息；自定义属性则是人为设置的节点属性，一般表示为"键-值"对的形式。例如，设置某个节点的自定义属性为"purpose:spark"，表明这是一个用来运行 Spark 任务的节点。硬件资源属性和软件能力属性是客观的存在，自定义属性则是管理员的主观设定。

提交给云原生应用引擎的每一份作业可以包含一项或多项任务。每项任务描述了部署和维护云应用的具体配置，包括：

1）调度配置。作业调度分为筛选和排序两步，因此调度配置包括筛选约束条件和排序策略。只有满足约束条件的主机节点（称之为候选节点）才能够运行云应用。约束条件一般表示为由节点属性（包括硬件资源、软件能力和自定义属性）组成的关系表达式。排序策略说明了如何从候选节点集合中选出最适合运行云应用的节点。

2）运行配置。定义运行云应用的命令、参数和选项，特别是运行时和软件包的指定。

3）维护配置。包括云应用实例的失效处理策略和优雅关停策略。

作业定义是声明式的。开发者只需描述期望的应用状态，具体的规划和执行交由作业管理组件来完成。作业管理是最重要的应用管理功能，包括作业提交、作业调度、作业规划和作业执行等阶段，其中作业调度是核心。作业管理组件解析开发者提交的作业文件，从资源池中选取一组最合适的主机节点，分别运行云应用的各个组件，这些新生成的云应用进程彼此间网络可见，共同组成同一个云应用服务。

运行云应用的机制主要有物理机、虚拟机、容器和 Unikernel 四类（图 3-7）：①物理机运行机制是由物理机的操作系统直接运行所有的应用进程。②虚拟机运行机制是由虚拟化管理器创建和管理不同的虚拟机，每个虚拟机有独立的操作系统，运行自己的应用[1]。③容器运行机制是云原生应用引擎使用容器运行云应用。容器是一种操作系统级虚拟化技术，运行中的容器与宿主操作系统共享同一个操

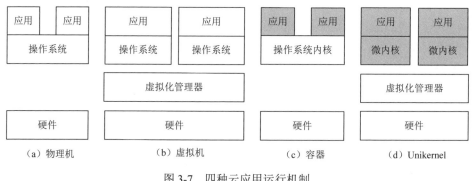

图 3-7　四种云应用运行机制

---

① 严格地讲，这属于类型 I 虚拟化，但是不影响下文的分析结果。

作系统内核。与虚拟机相比，单个容器占用的系统资源非常少，启动速度快得多，一般在秒级或毫秒级；与物理进程相比，容器的性能表现非常接近，同时提供了物理进程不具备的安全隔离和资源限定保证。这是实现多租户云原生计算的前提。不同容器之间是完全隔离的，可以限定每个容器可用的系统资源配额，包括 CPU 核数和使用比例、内存容量、磁盘输入与输出和容量以及网络速度等。

容器镜像是云应用程序分发的标准格式。容器镜像是由应用程序及其所有依赖（包括基础系统、运行时、中间件、框架和库等）构成的分层文件系统。为了减少容器镜像占用的磁盘空间，通常采用写时复制（Copy on Write，CoW）类型的文件系统存储容器镜像。容器镜像是一种自包含的软件包格式。无须再安装任何其他依赖，容器运行时解压缩容器镜像，就能够成功地运行镜像包含的应用程序。以 Linux 容器为例，在执行容器过程中，运行时调用 Linux 内核的控制组（CGroup）特性，将该容器包含的所有进程放到同一个进程组，然后设置该进程组可用的系统资源额度；调用 Linux 内核的命名空间（namespace）特性，实现不同容器之间的资源隔离，包括主机名、域名、进程间通信、网络、文件系统装载点、用户和用户组等资源的隔离。每个容器对应不同的根文件系统（rootfs），这就实现了文件系统的隔离。容器运行时还会利用 Linux 内核的能力（capabilities）特性、安全模块（如 SELinux/AppArmor）或 seccomp 机制，进一步确保容器与主机、不同容器之间的安全隔离。由于微软公司积极参与容器生态建设，最新版 Windows 操作系统的容器机制逐步成熟，已经支持生产环境应用。

容器镜像具有自包含的特点，加上跨平台的容器运行时实现，这能够确保容器化应用"一次构建、到处运行"。容器运行时保证了容器的相互隔离和资源限定，大多数情况下适合取代虚拟化技术作为云应用运行时。与虚拟化技术相比，容器技术相对轻量。使用容器技术运行云应用，将极大提高服务器资源利用率。因此，容器是构建云原生应用引擎的最佳技术选择。

容器云的集成管理组件将大规模主机集群抽象成为一台永不宕机的容器宿主机器。开发者在构建和发布应用程序时，按需将应用程序的不同组件打包成多个容器镜像；编写作业文件，定义云应用的组成以及各个组件的调度、运行和维护配置。作业管理组件解析开发者提交的作业，选择合适的节点，拉取并运行各个组件对应的容器镜像，监控和维护容器化应用的运行。容器技术是一种通用的轻量级虚拟化技术，与具体的开发技术栈无关，开发者自己决定使用的开发工具、中间件、框架和库。从这个意义上讲，容器云是一种通用的 PaaS，没有传统 PaaS 那么多限制。现在，主流的容器引擎实现 Docker[1]和容器云实现 Kubernetes[2]，都是

---

① Docker 引擎项目网址，https://github.com/docker/engine。

② Kubernetes 项目主页，https://kubernetes.io/。

开源软件，支持 OCI[①] 组织制定的容器技术开放标准，主要包括容器镜像格式和容器运行时的标准。

我们在国内较早关注容器与容器云技术的发展，相关研究工作获广东省重大科技专项支持，集群管理、作业调度和有状态云服务在线迁移等多项容器云关键技术（详细讨论见 3.2.2 节）取得突破，相关成果[②]已经成功地应用到"十三五"期间"粤教云"工程以及智能教育云的建设方案规划与实施。

OCI 组织制定了容器镜像格式、镜像分发和运行时规范，着眼点是单个容器。容器云还需要开放的作业规范标准，为此我们制定了容器云（云原生应用引擎）作业规范（见附录 1）。作业、任务组和任务是该规范的三个核心概念。作业是运行任务的声明式定义，具有全局唯一的名字，包含一个或多个任务组；任务组由一项或多项任务组成，方便统一设置；任务是真正运行应用组件的单位。容器云解析任务的定义，确定任务的运行机制、容器镜像、运行配置以及环境变量和用户等设置，运行容器化应用组件。

作业管理组件自动监控云主机节点和云应用进程（容器）的健康状态。一旦出现失效情况，作业管理组件会重新执行作业，恢复失效的容器，保证云应用的状态符合开发者的设定。开发者管理正在运行的云应用，包括横向伸缩、版本升级和降级、灰度部署和应用下线等工作，实际上都是重新部署。开发者编写新的作业定义，提交给容器云执行，就可以保证云应用状态达到预期目标。

2. 共性服务

容器云是云原生应用引擎的内核，主要涉及单个云应用的部署和维护。两者的关系类似于操作系统内核与整个操作系统的关系。云原生应用引擎要成为完整的云原生计算操作系统，还需要提供更多的共性服务，支持云原生应用的开发、部署和维护。

常见的开发类共性服务如表 3-2 所示。云原生应用引擎提供在线协作开发平台，帮助开发者管理云应用的开发流程，包括源代码、文档、团队和项目的管理。版本控制系统管理源代码。当新版本的代码发布之后，触发自动构建。构建环境的提供和配置被定义为一份作业，提交容器云执行。执行一系列的构建任务，生成可执行程序及其他应用组件。如果构建成功，将应用程序及其所有依赖打包成

---

① 隶属 Linux 基金会的开放容器倡议（Open Container Initiative，OCI）组织专门负责制定容器技术相关标准及参考实现。OCI 项目主页 https://www.opencontainers.org/，目前主要制定了容器镜像格式、镜像分发规范和容器运行时规范，也提供了参考实现。

② 2018 年 8 月 2 日，中国人工智能学会在广州主持召开"云计算关键技术及新型云应用引擎与'粤教云'工程"科技成果鉴定会。鉴定委员会一致认为该成果创新性强，应用效果显著，总体达到国际先进、国内领先水平。

为自包含的容器镜像，推送到容器镜像中心。开发者依次将云应用部署到测试环境、预发布环境和生产环境。同样，这三类环境的提供也被定义为一份作业，提交给容器云运行。在实践中，构建环境、测试环境和预发布环境不一定与生产环境在同一个容器云运行。一般为开发者提供可在开发机器上直接运行的单机版容器云，它和集群版容器云的使用完全一致，主要区别是只管理单台主机。有了上述服务，云原生应用引擎支持云应用的持续集成和持续部署。

表 3-2　开发类共性服务

服务	功能
单机版容器云	管理开发机器的容器云，与集群版容器云的使用完全一致
协作开发平台	管理代码、文档、项目和团队
版本控制系统	代码托管和代码审查等
自动构建服务	自动构建生成云应用容器镜像
容器镜像中心	保存和分发容器镜像中心

为了最大限度地降低开发者的开发和运维负担，云原生应用引擎还提供一系列托管的共性后端服务，开发者在开发的云应用中直接调用这些服务。共性后端服务又可以进一步分为领域无关和领域相关两类。与具体行业领域无关的常见共性后端服务包括但不限于：

1）进程间通信类。它包括远程过程调用和消息队列等服务。

2）云存储类。它包括块存储、对象存储和分布式文件系统等服务。

3）数据库类。它包括缓存数据库、键值存储、关系型数据库、NoSQL/NewSQL数据库等服务。

4）分布式计算框架。它包括大数据分析、流处理和分布式机器学习等。

这些服务涉及有状态存储和分布式协调等问题的处理，技术复杂度高。云应用开发商必须拥有高水平的开发和运维队伍，才能够自己部署和维护。如果云原生应用引擎提供完备的共性后端服务，开发者就可以专注编写面向业务逻辑的应用。云应用开发和部署因此变得非常敏捷，这将大大提高开发者业务创新的速度和质量。

如果云应用是长时间运行的服务，云原生应用引擎提供服务发现和负载均衡机制，保证云应用能够对外服务。容器云运行的所有容器，默认运行在同一个大的虚拟网络中，彼此互通，但是与外部网络隔离。一个服务对应多个容器，有固定的内部域名。每个服务在服务入口（ingress）组件中注册为不同的访问网址。服务入口组件拥有外部可访问的 IP 地址，根据请求网址的不同，将流量导向不同的服务实例。

容器云主要关注单个云应用的所有容器化组件的部署和维护，并不涉及这些组件之间如何通信。服务网格管理容器化云服务之间的通信，保证系统的可观察性（observability）、弹性（resilience）和安全性。以开源服务网格 Istio[①] 为例，其体系架构如图 3-8 所示，包括控制面和数据面两层。

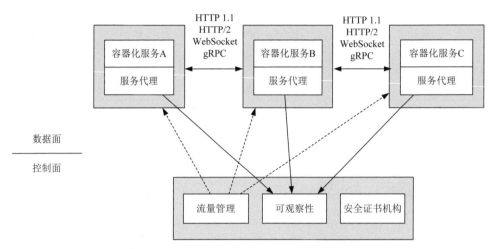

图 3-8　服务网格 Istio 体系架构

在数据面，每个容器化服务配备一个非侵入式服务代理，两者共享同一个网络名字空间。服务代理会根据定义的路由规则和策略，拦截、处理和转发该网络名字空间的所有进出网络流量，支持 TCP、gRPC、HTTP 1.1/2、WebSocket 等协议。非侵入是指服务本身不需要做任何修改，也对网络流量被修改一无所知。

在控制面，用户能够定义流量路由和服务弹性的规则。对于一个容器化服务，进入流量的路由规则主要包括目标、条件和路由三部分。目标部分指明了应用该条规则的容器化服务名称；条件部分定义了适用本条规则的网络请求特征，例如请求的地理位置、使用的移动设备类型、浏览器发出的请求头部特征等；路由部分定义了路由策略，例如按照比例将流量转发到不同版本的服务实例。

默认情况下，容器化服务的外出（egress）流量全部被封锁。外出路由规则主要包括目标和端口设置两部分。目标仍然是指明本条规则适用的容器化服务名称。端口设置则定义了允许的网络协议和端口。也就是说，这条规则定义了当前服务只允许通过指定的协议和端口访问目标服务。在定义路由规则时，还可以加上额外的设置，以保证服务弹性。

常见的设置包括请求超时设置和重试设置（包括每次尝试的超时期限以及最大尝试次数），也提供了请求熔断保护功能，能够限制最大连接数、等待的请求数、连续出错次数等。更重要的是，服务网格系统实现了客户端负载均衡功能，用户

---

① Istio：连接、保护、控制和观察服务，https://istio.io/。

指定请求源、目标服务和负载均衡策略，包括轮转、随机选择和最少连接等。负载均衡的最少连接策略是指随机选出两台主机，将请求转发到选择连接数较少的那台主机。特别棒的是，Istio 还支持混沌工程（chaos engineering）：在系统中主动引入故障，查看整个系统的工作是否正常。在定义路由规则时，可以附加定义出错的请求比例和表征出错的 HTTP 状态码，也可以定义出错的比例以及网络延迟。这对测试容器化云应用的稳健性和服务弹性非常有用。

Istio 采用开源软件 Envoy[①] 实现服务代理。Envoy 的主要工作是透明地拦截业务请求，基于规则对拦截的请求进行流量管控、路由、监控、检验和认证等，最后将请求转发出去。通常使用 iptables 拦截容器化服务的网络流量，每次拦截都要经过内核态和用户态的多次转换，造成很大的性能损耗；内核模块顺序处理网络规则，如果规则很多，也会严重影响性能。解决的思路是减少内核态和用户态的切换，提高规则处理的效率。技术路线包括利用 Linux 内核的 eBPF[②]机制或者用户态网络帧处理解决方案 VPP[③]。

除了流量管理和服务弹性，Istio 还提供了观察和安全机制。可观察性是控制论的一个概念，与可控性（controllability）的含义正好相反。可观察性描述了从系统外部输出推断系统内部状态的准确程度。一个可观察的系统，仅需从外部观察，就能够解释内部运行。预先不知道问题是什么，但是能够回答任意的问题，这是可观察性的关键特征。严格来说，可观察性与监控是不一样的。监控是定时获取设定的度量指标取值，检查系统的状态和行为是否背离基线（指标阈值）。如果背离，则发布警报。监控是回答已知问题的，因为它依赖预先聚合的数据。为了提高存储效率和查询速度，监控并不保存所有发生的事件的上下文，而是把数据聚合成为不同的系统指标。这些指标很好地描述系统的状态，但是缺少上下文，就无法探索问题的发生原因，追踪过程更无从谈起。在实践中，往往也把监控归结为可观察性的一个分支。像 Istio 就提供了进出流量的自动化监控、日志聚合、分布式追踪和可视化/报警功能。分布式追踪的概念源自 Google Dapper[128]系统，追踪了一个用户请求涉及的所有服务以及调用关系。最简单的办法是为每个请求创建唯一的标识符，请求过程中调用的所有微服务都会使用这个请求 ID 记录日志。只要在集式式日志系统中检索这个 ID，就能够找到与该请求相关的所有日志，包括该请求使用了哪些服务、调用的顺序（包括并发调用）和每个服务的耗时等关键信息。Istio 可以集成 Zipkin[④]或 Jaeger[⑤]实现分布式追踪功能。Jaeger 支持

---

① Envoy：边缘代理和服务代理开源实现，https://www.envoyproxy.io/。
② eBPF：扩展网络包过滤机制，https://en.wikipedia.org/wiki/Berkeley_Packet_Filter。
③ VPP：向量网络包处理，https://wiki.fd.io/view/VPP/What_is_VPP%3F。
④ Zipkin：分布式追踪系统，https://zipkin.io/。
⑤ Jaeger：开源、端到端分布式追踪系统，https://www.jaegertracing.io/。

OpenTracing[①] 标准，包括操作跨度（span）和踪迹（trace）。操作跨度是系统工作的逻辑单元，包括操作名字、操作开始时间和延续时间；踪迹是贯穿系统的一条数据/执行路径，实际上是由多个操作跨度组成的有向无环图。Envoy 产生的事件，被发送到分布式追踪系统，用户就能看到一个用户请求的完整生命周期，包括服务的调用顺序和耗时以及每个调用的完整上下文。Istio 提供了基于安全证书的认证与授权机制，保证服务之间的通信安全。

综上所述，一个完整的云原生应用引擎包括表 3-3 所示的组件及功能，其中领域相关共性服务以教育领域为例说明。

表 3-3　云原生应用引擎组件

类型		说明
领域相关共性服务	教育领域	学习管理、学习内容管理和教育信息管理等
领域无关共性服务	后端服务	开发者直接使用或调用的共性后端服务，主要分为进程间通信、云存储、数据库和分布式计算框架（尤其是大数据分析和分布式机器学习）几大类
	开发服务	持续交付流水线涉及的单机版容器云、在线集成开发环境、协作开发平台、版本控制系统、自动构建服务和容器镜像中心等
	服务网格	根据规则和策略，管理服务之间的网络流量路由，实现客户端负载均衡；提供超时、重试和熔断保护等服务弹性机制，保证系统的可观察性和安全通信
容器云	作业管理	根据作业定义，安装和运行单个云原生应用的容器化组件，维护和管理正在运行的容器，提供服务发现和负载均衡
	集群管理	将"公私混合、多云融合"的云主机集群抽象成为一个永不宕机、资源无限的可靠云主机

在建设云原生应用引擎的过程中，切忌盲目追求大而全，应该按照轻重缓急程度（尤其是技术成熟度和运维队伍建设进度），决定云原生应用引擎各项服务的优先级和上线时间。容器云是云原生应用引擎的内核和基础，也是建设的第一步。以容器云为基础，再考虑上线服务网格和其他急需的开发服务和后端服务。理想情况下，所有的共性服务都应该由容器云统一部署和管理，与最上层的云原生应用并无本质差别。

3.2.2　云原生应用引擎关键技术

本小节详细讨论云原生应用引擎的集群管理、作业管理和共性服务分别涉及的三项关键技术：广域大规模集群进程失效检测、共享状态乐观式作业调度算法和有状态容器化云应用在线迁移。

---

① OpenTracing：与厂商无关的分布式追踪编程接口和框架标准，https://opentracing.io/。

1. 广域大规模集群进程失效检测

容器云将云主机集群抽象成为按需分配的弹性资源池，开发者就像使用一台永不宕机的高性能计算机一样部署和运行云应用，根本不需要关注底层云主机集群的成员变化情况。集群管理组件处理集群的新成员加入、已有成员主动退出和已有成员意外失效等。前面两种情况的处理比较容易，只要成员在加入或退出集群时主动通知集群管理组件，由后者修改集群状态即可。云主机集群具有大规模、异步网络通信和节点异构等特点，有效、快速地检测成员失效相对困难。尤其是当集群成员分布在异地多个数据中心时，广域的异步网络通信使得失效检测的难度大大增加。

无论失效的原因是硬件失效、软件缺陷、配置不当或人为失误，都可以归结为主机的代理进程的健康检查失败。定义进程失效检测问题为：由 $N(N \gg 1)$ 个成员通过异步网络互连而成的进程集群 M，目标是检测出所有失效的进程

$$m_i \in M (0 \le i \le N)$$

集成失效检测问题的优化目标包括：

1）完备性。所有失效的进程都能被检测到。

2）有效性。失效检测的速度和精度。

3）扩展性。如果失效检测的速度和产生的网络负载与集群规模大小无关，说明失效检测算法的扩展性好。

为了方便讨论失效检测算法，一般使用表 3-4 列出的参数。参数 N 代表集群规模，目前业界领先的集群规模在 10 000～100 000 台。进程检测时间 T 描述了失效检测的速度，误报概率 $PM(T)$ 表征了失效检测的精度。这两个参数，加上集群成员的失效概率 p_f 和集群网络丢包概率 p_{ml}，由失效检测算法设计者根据应用需求预先设定。最坏情况集群网络包往返时间 RTT 一般用算法估算（参见附录 2）。失效检测算法在最坏情况下产生的网络负载 L，单位是字节每秒。如果每个成员的消息负载期望值相同，并且次优化因子 $\frac{L}{L^*}$ 与集群规模无关，说明失效检测算法的扩展性好。

表 3-4　失效检测问题参数含义

参数	含义	参数	含义
M	进程集群	N	集群成员个数
$m_i(1 \le i \le N)$	集群成员	T	从进程失效到被检出已经失效，最多经过 T 个时间单位
p_{ml}	集群网络丢包概率 定义 $q_{ml}=1-p_{ml}$	p_f	集群成员的失效概率 定义 $q_f=1-p_f$

续表

参数	含义	参数	含义
$PM(T)$	失效检测的误报概率	RTT	最坏情况集群网络包往返时间
$L^{*} = N \times \dfrac{\lg(PM(T))}{\lg(p_{ml}) \times T}$	最坏情况网络负载最小值	L	失效检测算法最坏情况网络负载

可以证明，在异步网络模型中，不存在同时保证完备性和零误报率的失效检测算法。在实践中，为了保证强完备性，允许失效检测算法存在一定的误报率。

通常采用心跳机制实现失效检测：

1）失效检测组件每隔 T 个时间单位向被检测的成员发送心跳信息，等待响应。

2）失效检测组件最多等待 $T_{\text{timeout}}=2 \cdot \text{RTT}$ 个时间单位。在此期间收到响应，判定该成员正常；否则，判定为已经失效。

根据体系架构的不同，失效检测算法分为集中式失效检测和分布式失效检测两类，如图 3-9 所示。集中式失效检测容易实现，检测快速、准确，缺点是扩展性差，存在单点失效的问题。完全分布式失效检测扩展性好，更健壮，缺点是收敛速度慢，准确性低。主流的开源容器云实现 Kubernetes 和 Apache Mesos[①] 均采用集中式失效检测，由运行在控制节点上的失效检测组件定期检查每一个工作节点状态是否正常。容器引擎 Docker 从 1.12 版开始，引入集群（swarm）模式。Docker Swarm 采用了分布式失效检测，极大地增强了集群管理的扩展性和健壮性。主流开源容器云实现采用联邦式管理跨区域、跨数据中心的云主机集群：每个区域或数据中心的主机单独划分为一个集群，安装一套容器云管理平台；提供一个统一的逻辑视图，汇总各容器云的信息，分发控制命令。

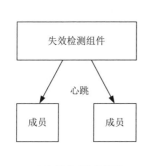

（a）集中式失效检测

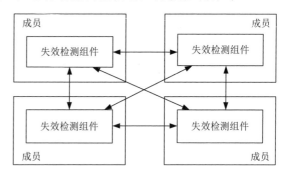

（b）分布式失效检测

图 3-9　失效检测体系架构

我们提出一种包含两级覆盖结构的失效检测方法：同一个数据中心的所有节

---

① Apache Mesos 官方站点，http://mesos.apache.org/。

点构成第一级覆盖结构；每个数据中心的节点选举产生一个领导者节点，所有的领导者节点构成第二级覆盖结构；在两级覆盖结构中，均采用改进的随机化分布式失效检测算法 SWIM[①]和谣传（gossip）通信协议[129]。这种方法能够快速、准确地检测出跨区域、跨数据中心大规模集群的进程失效。

算法 3-1　随机化分布式失效检测算法 SWIM。

每一个成员 m_i 都有稳定的本地时钟[②]：

　　int $pr=0$; // 协议周期的序号

　　$M_i \subseteq M$ // m_i 已知的所有成员组成的集合

在每个协议周期 T'：

1）$pr=pr+1$

2）随机选取一个 $m_j \subseteq M_i$

　　a）向 m_j 发送消息 ping(m_i, m_j, pr)

　　b）等待 m_j 的确认消息 ack(m_i, m_j, pr)，最多等待 RTT_{max}

　　c）收到确认消息，认定 m_j 正常

或者

　　d）超时也没有收到确认消息

　　　　i）从 M_i 随机选取 k 个成员，发送 ping-req(m_i, m_j, pr)

　　　　ii）等待返回的确认消息 ack(m_i, m_j, pr)，直到协议周期结束

　　　　iii）协议周期结束时也没有收到确认消息，宣布 m_j 失效

在任何时间点：

1）收到来自成员 m_k 的消息 ping(m_k, m_i, pr) //当前成员被检测

　　a）返回确认消息 ack(m_k, m_i, pr)

2）收到来自 m_k 的消息 ping-req(m_k, m_j, pr) //请求帮助检测其他成员

　　a）向 m_j 发送消息 ping(m_i, m_j, m_k, pr)

　　b）等待 m_j 的确认消息，最多等待 RTT_{max}

　　c）如果在时限内收到确认消息，向 m_k 发送 ack(m_k, m_j, pr)

3）收到来自 m_j 的消息 ping(m_k, m_i, m_j, pr) //m_j 帮助 m_k 检测 m_i

　　a）返回确认消息 ack(m_k, m_i, m_j, pr)

SWIM 算法的两个关键属性协议周期 T' 和失效检测组大小 k 的定义分别是：

$$T' = \frac{e^{q_f} - 1}{e^{q_f}} \cdot E(T)$$

---

① 两级覆盖结构分别对应局域网和广域网通信，采用不同的失效检测算法参数配置。

② 不同成员的时钟无须同步，只要各自的本地时钟能够稳定地运行：这一秒跟下一秒的时长差不多相同。

和

$$k = \frac{\lg\left(\dfrac{PM(T)}{q_f \times (1 - q_{ml}^2) \times \dfrac{\mathrm{e}^{q_f}}{\mathrm{e}^{q_f} - 1}}\right)}{\lg(1 - q_f \times q_{ml}^4)}$$

可以严格地证明 SWIM 算法具有下列性质：

1）完备性。以概率 1 保证。

2）有效性。失效检测的耗时期望值是 T，误报概率是 $PM(T)$。

3）扩展性。所有成员的网络负载的期望值相同，次优化因子与集群的大小无关，是一个固定的取值。

SWIM 算法只保证了失效检测耗时的期望值是 T。具体到某个具体成员，有可能一直没有被选为检测目标，即该成员的失效检测时间为无限长。为此，我们采取下列改进措施：

1）轮转（而不是随机）选择检测目标，确保每个成员在有限时间内会被选中。

2）每选完一轮，随机重排成员队列，保证 SWIM 算法性质仍然成立。

3）在轮转选择过程中，如果有新成员加入，则将它添加到成员队列的随机位置。

同时，引入怀疑机制，降低误报率。具体做法是：

1）在协议周期结束时，即使 m_i 没有收到 m_j 的确认消息，也不会马上宣布 m_j 失效。而是将 m_j 的状态设置为"suspected"，广播一条怀疑状态消息："{ Suspected m_j: m_i 怀疑 m_j 失效 }"。m_j 仍然在 m_i 的成员队列中，跟正常成员一样可以被选为检测目标。

2）成员 m_j 的怀疑状态是有时间限制的。如果在此期间没有收到确认 m_j 正常的消息，m_i 将 m_j 从成员队列中删除，广播一条失效状态消息："{ Failed m_j: m_i 确认 m_j 已经失效 }"。其他收到消息的成员，也会把 m_j 从自己的成员队列中删除。

3）如果另外一个成员 m_k（包括 m_j 自己在内）收到怀疑消息且确认 m_j 正常，广播一条正常状态消息："{ Alive m_j: m_k 确认 m_j 正常 }"。

4）使用 Lamport 时钟[130]定义消息的逻辑版本，解决消息冲突。

常规失效检测算法采用多播发送成员变换的消息。但是，多播不一定完全可靠，有的集群网络甚至不支持多播。多播也会显著增加整个网络的通信负载。因此，我们选择采用谣传协议发送消息。失效检测组件发送的 ping 或 ack 消息正好对应一个 UDP 包。为了加速消息传播和集群状态收敛，还采用 TCP 协议定期同步成员的状态。这也能够很好地应对网络分区的情况。

对跨区域、跨数据中心的云主机集群，建立两级覆盖结构，同样地应用上述改进 SWIM 算法，但是采用不同的参数配置，如表 3-5 所示。

表 3-5　失效检测算法参数配置

参数	LAN	WAN
TCP 超时	10s	30s
怀疑状态时间限制	$4 \cdot \lg(N+1) \cdot T$	$6 \cdot \lg(N+1) \cdot T$
RTT 理论值	500ms	3s
失效检测周期	1s	5s
谣传节点个数	3	4
谣传周期	200ms	500ms

采用上述机制实现的跨区域大规模云主机集群进程失效检测，有效且完备，扩展性尤其出色。以包含 100 000 成员的大规模集群为例，使用仿真实验验证失效检测的效果。在第一个实验中，假设集群网络丢包率 p_{ml}=1%，成员失效概率 p_f=1%，两种配置下失效检测的收敛时间和网络负载如图 3-10 所示。

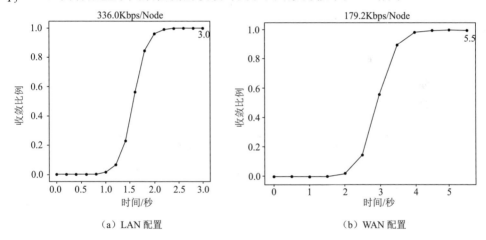

（a）LAN 配置　　　　　　　　　　（b）WAN 配置

图 3-10　高可靠集群失效检测收敛时间

如果网络情况比较糟糕且成员失效概率较高，即 p_{ml} = 15% 且 p_f = 15%，再看看两种配置下失效检测的收敛时间和单节点网络负载如图 3-11 所示。

从两次仿真实验的结果可知，失效检测给每个节点带来的网络负载并不大，即使是高达 100 000 成员的集群规模，也能在几秒内达到集群状态的收敛。无论是失效检测算法的收敛时间还是增加的网络负载，与集群规模关系不大，扩展性非常出色。

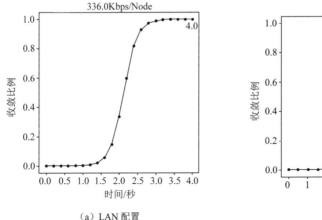
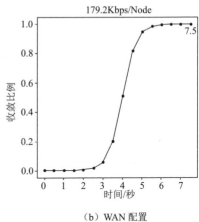

（a）LAN 配置　　　　　　　　　　（b）WAN 配置

图 3-11　低可靠集群失效检测收敛时间

集群管理组件提供的功能包括成员管理和状态管理。失效检测是成员管理的关键技术。为了保证集群状态存储的高可用性，一般将采用分布式多副本的存储方式，这就引发多副本一致性的问题。一种常见的办法是采用基于共识算法 Raft[131] 的分布式键值存储实现 Etcd① 保存集群的状态。

2. 共享状态乐观式作业调度算法

大部分集群作业管理组件都采用单体架构调度器，包括早期的 Hadoop[132]、Borg[133]、Kubernetes 和 Docker 集群模式，特点是由单独一个调度器负责节点的筛选、排序和任务分配。Mesos[134] 和 YARN[135] 支持两级调度，包括资源分配和任务放置两步。资源管理器负责分配整个集群的资源，应用级调度器决定是否接受被分配的资源，如果接受再部署任务。虽然两级调度系统支持多个应用级调度器，但是资源管理器每次只会处理一个调度器的请求；当前正在实施的调度完成之后，才会处理下一个调度器的请求。在两级调度架构中，每个应用级调度器只知道自己分配得到的资源和部署的任务，并不知道全局的资源使用和任务分配情况，因此很难实现抢占式调度，不同调度器有可能将相互干扰的任务分配到同一个节点。共享状态调度架构也支持多个调度器，每个调度器都保存一份集群状态的副本。多个调度器并发执行，以事务的形式更新状态副本。如果发生冲突，有可能导致调度失败。采用这种乐观调度架构的集群管理系统主要包括 Omega[136] 和 Apolo[137]。还有一种完全分布式（点对点式）的调度架构，集群中不存在协调服务，多个调度器独立调度，每个调度器只拥有集群的部分知识。采用完全分布式架构的代表系统是 Sparrow[138]，这种架构实现的调度健壮性强，但是效率难以得到保证。总

---

① 分布式键值存储 Etcd 代码仓库地址，https://github.com/etcd-io/etcd。

体而言，现阶段主流开源容器云实现都采用单体或者两级调度架构，本质上属于悲观作业调度，调度效率较低。

我们实现一种共享状态乐观式作业调度算法，允许多个（类）调度器并发工作，大大提高了容器云作业调度的效率。作业管理流程包括作业的发起、调度、规划和分配执行等阶段，如图 3-12 所示。

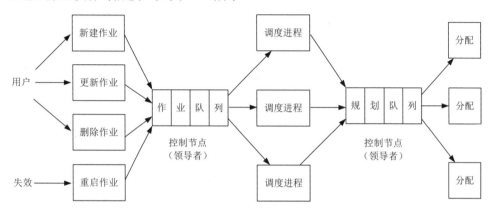

图 3-12　采用共享状态调度的作业管理流程

作业的发起有可能是因为用户新建、更新或者删除作业，也有可能是因为进程失效引起作业重启。所有作业提交到领导者控制节点的作业队列。排队顺序原则是高优先级作业排在低优先级作业之前，相同优先级的作业中先入先出。保证作业队列中每个作业至少有一次成功的投递。作业队列中的作业依次出队并投递给运行在某个控制节点（领导者或者跟随者）上的一个调度进程。一个控制节点可以运行多个调度进程，一般调度进程数对应控制节点 CPU 核的总数。每个调度进程可以分属不同类型的调度器。集群中所有的调度进程并发执行，它们分别按照调度策略，生成作业的分配规划。这些分配规划提交到领导者控制节点的规划队列。入队原则是不同优先级作业的分配规划，高优先级者位置在前；相同优先级作业的分配规划，先提交者位置在前。领导者控制节点从规划队列依次取出分配规划，检查该分配规划是否仍然可行。如果可行，则执行分配，即在指定计算节点上部署对应的作业；如果不可行，则把不可行的分配列表退还生成规划的调度进程，由它决定如何处理，包括修改甚至重新规划。

作业调度包括筛选和排序两个阶段。首先，按照顺序或者随机地从所有（或部分）正常状态的节点中筛选出满足约束条件的候选节点集合；其次，应用某种排序算法，依次计算每个候选节点的合适度。计算足够多的候选节点之后，将任务（组）部署到具有最高合适度的节点上。一般适合度计算方法只考虑节点的 CPU、内存或存储能力。已知任务集 j 和节点 i，定义

$$\text{free\_cpu\_pct}(i) = 1 - \frac{\text{任务集}\,i\,\text{需要的CPU}}{\text{节点}\,i\,\text{的CPU总量}}$$

$$\text{free\_mem\_pct}(i) = 1 - \frac{\text{任务集}\,j\,\text{需要的内存}}{\text{节点}\,i\,\text{的总内存}}$$

$$\text{free\_disk\_pct}(i) = 1 - \frac{\text{任务集}\,j\,\text{需要的磁盘}}{\text{节点}\,i\,\text{的总磁盘}}$$

第一种计算方法是最佳匹配（best fit），实质上是将任务集 j 分配到可用资源最少（得分最低）的节点上。得分计算公式包括：

V1: `score(i,j) = free_mem_pct(i) + free_cpu_pct(i)`

V2: `score(i,j) = free_mem_pct(i)^2 + free_cpu_pct(i)^2`

V3: `score(i,j) = 10^free_mem_pct(i) + 10^free_cpu_pct(i)`

V4: `score(i,j) = 10^free_mem_pct(i) + 10^free_cpu_pct(i) + 10^free_disk_pct(i)`

V5: `score(i,j) = max(free_mem_pct(i), free_cpu_pct(i))`

第二种计算方法是首个匹配（first fit），将任务集 j 分配到第一个满足资源需求的节点上。

第三种计算方法是最坏匹配（worst fit），采用的评分公式是

`score(i,j)=-1*(10^free_mem_pct(i)+10^free_cpu_pct(i)+10^free_disk_pct(i))`

一般作业调度采用装箱（bin-packing）算法：如果节点满足运行任务的资源需求，采用 best fit V3 计算节点的合适度。这种调度使得集群的吞吐表现最佳。

常见的作业类型包括系统类、长时间运行服务类和批处理任务类三种，它们对应的调度方法也不同。系统类作业定义了在所有节点上都运行的任务，不用筛选和排序。对于长时间运行服务类作业，筛选尽可能多的候选节点排序，选出运行服务的最优节点。对于批处理任务类作业，任务执行时间相对较短，只需筛选出少数候选节点排序，尽快选出运行任务的节点。计算节点适合度，有时还需要考虑当前作业已经有多少任务部署在该节点上，记为碰撞个数（collisions）。采用下面公式计算适合度

$$\text{适合度} = \text{原先计算的适合度} - \text{碰撞个数} \times N$$

其中，如果是长时间运行的服务，则采用 $N=10$；如果是批处理任务，则采用 $N=5$。这种计算方法能够降低同一个作业的任务部署在同一个节点的可能性，保证节点的反亲和性（anti-affinity）。

3. 有状态容器化云应用在线迁移

有状态容器化云应用是指用容器镜像打包应用组件，应用实例包含多个运行

的容器，部分容器的数据需要持久保存。为了系统维护、备份数据或方便以后容器自动恢复，需要实现有状态容器化云应用实例的在线迁移：在不中断云应用实例运行的前提下，将所有容器从其宿主主机节点（源节点）迁移到另外一个节点（目标节点），对应的容器分别称之为源容器和目标容器。无状态容器的在线迁移很简单，在目标节点重启一个目标容器，再关停原先的源容器即可。有状态容器的在线迁移相对复杂，因为涉及持久数据的在线迁移问题。

有状态容器在线迁移的流程包括数据快照创建、数据快照传输、增量数据创建、增量数据传输和有状态容器重建等步骤。

（1）数据快照的创建和传输

数据快照是指定数据集在某个（复制开始）时间点的完整映像，它是实现在线数据备份与恢复的基础。创建有状态容器的数据快照，需要文件系统的支持。Linux 内核自带的 Btrfs 文件系统就是满足需求的一种文件系统，它提供非常出色的功能特性：文件系统性能出色，扩展性好，整体性能不会随着系统容量的增加而降低；采用写时复制技术和总和校验码，屏蔽硬件故障，可以保证文件系统的一致性。特别是 Btrfs 系统支持创建子卷（subvolume）快照，很容易创建有状态容器数据快照，然后将快照从源节点复制到目标节点。根据快照的大小和网速不同，这个过程可能需要的持续时间不同。

（2）增量数据的创建和传输

确定从快照创建开始之后至源容器停止运行之前新增的数据。为了缩短源容器的迁移耗时，一般选择在上一步数据快照传输完成后立即停止运行源容器，尽量减少新增的数据量，通常不到 1MB，因此有状态容器的实际离线时间会非常短。利用 Btrfs 文件系统的增量复制功能，将新增数据从源节点复制到目标节点。

（3）新建目标容器

当数据快照和增量数据都复制到目标节点后，就可以在目标节点拉取容器镜像，从数据快照和增量数据恢复现有的数据，新建一个有状态容器，继续运行。

以上流程实现了有状态容器的在线（离线时间极短）迁移。除了数据，目标容器还需要保持与源容器一样的配置。大部分配置（尤其是应用层配置），采用同样的迁移方法。有些系统设置，尤其是容器网络配置，需要特殊的处理。为了保证目标容器和源容器具有同样的网络设置，采用软件定义网络技术在物理网络之上建立统一的虚拟网络（容器网络）。所有主机节点的物理网络是相通的，不同的容器分属不同的虚拟网络，同一网络的容器之间可以相互通信。每个主机节点上安装一个虚拟路由器，连接容器和物理网络。虚拟路由器的作用是利用隧道技术或基于主机的路由转发技术，依托物理网络转发虚拟网络包。因此，虚拟网络数据面是由主机上虚拟路由器组成，而控制面一般安装在容器云的控制节点上，由它定义网络路由和访问控制等规则。有状态容器的网络配置信息尤其是 IP 地址和主机名称等，都会被发送到目标节点。在运行目标容器之前，控制面更新容器网络配置，通知目标节点的虚拟路由器把目标容器设置为与源容器相同的网络配置。

上述迁移方法要求主机节点具有相同的文件系统设置，文件系统必须具有数据快照和增量发送的功能。更通用的方法是容器云提供共性存储后端服务，管理需要持久保存的数据，这就保证了云应用的所有容器都是无状态的。云原生存储后端服务实现分布式存储的容器化和自动部署，即由容器云统一管理存储服务生命周期，整体架构如图 3-13 所示。

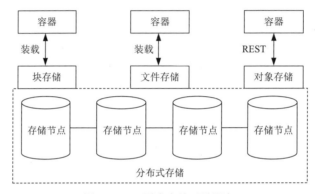

图 3-13　云原生存储后端服务

云原生存储后端服务对外提供块存储、文件存储和对象存储，分别适用不同的有状态云应用负载。块存储提供的数据管理单位是固定大小的块。块存储的使用是由操作系统加载为逻辑卷，真正操作卷的是文件系统或应用程序（如数据库管理系统）。块存储的优势是高吞吐、低延迟，支持频繁、随机地读写，适合运行数据库等性能要求较高的应用。块存储不支持逻辑卷的共享，一个逻辑卷分配给主机或容器后，其他主机或容器无法使用。块存储服务及其消费者（容器主机）一般位于同一个数据中心内。文件存储以文件为单位管理数据，提供了层级结构的文件组织。文件存储的吞吐性能也很高，但延迟低一些，因为文件的抽象层次更深。文件存储支持共享，适合运行一般应用。文件存储服务及其消费者位于同一个数据中心内。对象存储管理数据的单位是非结构化的对象，对象拥有全局唯一的标识符。消费者使用基于 HTTP 协议的 REST 接口访问对象。对象存储的扩展性非常好，支持跨区域、跨数据中心的分布式访问。对象存储的主要不足是不支持数据的频繁修改，适合存储图像和视频等静态数据。

依托云原生存储后端服务，有状态容器化云应用的在线迁移变得简单：关停原先的源容器，指定相同的存储数据，在目标节点新建和启动目标容器。

3.3　云原生计算教育应用

我们团队在国内较早关注和开展容器及容器云研究，在云原生应用引擎产品研发及关键技术研究形成特色和优势，提供云原生计算支撑的行业云整体解决方案。相关成果不仅应用在"粤教云"2.0 总体规划与建设方案，更为新型智能教育云提供技术和平台支撑，对工业互联网及其他行业云建设也具有示范意义。

3.3.1　"粤教云"2.0

历经整个"十二五"的建设，"粤教云"数据中心建设、公共服务平台建设、教育云应用和教育智能终端研发都取得了令人瞩目的进展。与此同时，"粤教云"也面临极大的挑战，暴露出一系列的问题和不足。

1. "粤教云"面临新挑战

现阶段"粤教云"总体上仍然处于云计算 1.0——虚拟化阶段，无论是基础设施资源管理还是应用管理都存在诸多亟需解决的问题，如表 3-6 所示。当前"粤教云"数据中心建设以私有云为主，基础建设、购买云基础设施以及运维团队建设导致总拥有成本居高不下。各地独立建设的数据中心由不同的运维团队分别管理，做不到全省云基础设施的统一规划和统一管理。云基础设施资源提供和云应用部署高度耦合：开发者每次部署或升级云应用，都需要云基础设施管理员专门为这次部署提供虚拟机等资源。这种做法耗时长、效率低。特别是把虚拟机与云应用静态绑定在一起，导致云主机的资源利用率较低，通常在 20%以下，资源浪费严重。开发者采用自定义工具和流程，手动管理云应用的生命周期，包括开发、部署和维护等。要求云应用开发者具有高水平的开发和运维队伍，工作强度很大。由于缺少云应用打包和部署的相关标准，无论是升级云应用还是把云应用迁移到其他数据中心，必须有云基础设施管理员的参与，由开发者手动完成。完全做不到云应用"一次构建、到处运行"的理想状态。应用层编程接口没有开放标准，不同的云应用（尤其是来自不同开发商的云应用），它们的数据和功能彼此隔离，从而形成事实上的多个应用孤岛。

表 3-6　"粤教云"面临的问题

类型	特点	问题
资源管理	自建数据中心，分散管理异地数据中心	前期投入大，运维难度高
	每次应用部署，专门提供虚拟机等资源	高耦合、耗时长、效率低
	虚拟机与云应用静态绑定	云主机资源利用率较低

续表

类型	特点	问题
应用管理	开发者手动管理云应用生命周期	要求高、耗时长、工作强度大
	采用自定义工具和流程	缺少云应用打包和部署标准，云应用升级或迁移困难
	云应用主要为最终用户服务，不提供标准化公共编程接口	很难实现不同云应用的功能集成和数据互通

这并非"粤教云"一家独有的问题。同一时期各地建设的行业云都存在类似问题，包括分散管理数据中心、人工分配云基础设施资源、人工部署和维护云应用、云应用和云基础设施资源静态绑定等。

"十三五"期间，一批教育信息化重大工程陆续上马。以广东省为例，有教育大数据应用工程、优质数据共享工程和智慧教育示范工程等。如果仍然新建一批数据中心，专门部署这些云应用，由专人管理这些云基础设施和云应用，会严重浪费云基础设施资源，与云计算产业绿色、高效、节能的发展目标背道而驰，建成云应用服务生态将遥遥无期。新时期"粤教云"建设将会遇到以下一系列新挑战：

1）数据中心多了，建设模式多样化。除了自建数据中心建设私有云，租用（多家）公有云资源越来越常见，"公私混合、多云融合"已经成为云基础设施建设的常态。云基础设施分布在异地，配置多种多样。"粤教云"2.0建设必须统一管理跨数据中心的云基础设施，使之成为按需弹性伸缩的资源池。

2）应用类型多了，高效管理是刚需。云应用服务的数量和类型增多，增效减负、建设开放应用生态势在必行。除了典型的三层架构单体Web服务，"粤教云"还必须支持大数据分析、分布式机器学习和无服务器等新型云应用负载的部署和维护；建立虚拟化技术之外的新型运行机制，支持多应用混合部署，显著提高服务器资源利用率；建立云应用打包和部署标准，实现云应用"一次构建、到处运行"；制定应用层标准，尤其是开放编程接口标准，打通不同应用之间的数据和功能，实现开放融合的云应用服务生态。

2. "粤教云"2.0总体设计

为了解决"粤教云"工程建设遇到的新问题和新挑战，必须在理念、技术和标准三个层面实现突破，提出"粤教云"2.0总体设计方案。其中，技术突破主要是指云原生计算技术和云原生应用引擎，前文已经详细讨论，这里不再赘述。

（1）理念突破

"粤教云"属于面向教育行业用户的行业云。建设国内一流、国际先进水平的教育云，首先要搞清楚参与方的职责分工，如图3-14所示。第一类角色是政府主管部门，包括省教育厅及其教育信息化主管单位省教育技术中心等。政府主管部

门的主要职责是根据国家和省的教育政策，领导教育云工程实施，包括制定实施
方案、统筹安排经费和监督执行等职责。政府主管部门兼有领导、统筹、协调和
裁判的角色。第二类角色是最终用户，即各地各级教育机构和人员，包括教育局、
学校、教师、学生和管理人员等。最终用户是教育云的最终消费者，能否满足最
终用户在教学、学习、教研和教育管理等方面的需求，是判断教育云成功与否的
根本标准。教育云大致可以分成数据中心（基础设施）和教育云应用两层。在基
础设施层涉及两类角色：①云基础设施提供商。它包括物理服务器、存储设备、
网络设备等硬件提供商以及云管理平台等软件提供商。这些软硬件提供商参与数
据中心的设备招标，负责设备的安装、配置、调试、运行和维护等工作。②云平
台运营方。它负责数据中心的建设和管理。如果教育主管部门同时也是云平台运
营方，则属于典型的私有云部署；如果云平台运营方是阿里云、腾讯云或者移动、
电信等运营商，则属于典型的公有云部署。在应用层，由软件企业及服务商开发
满足最终用户需求的各类教育云应用，部署到云平台上对外提供服务。一旦上线，
开发者还必须保证云应用的正常运行，承担维护和管理的职责。

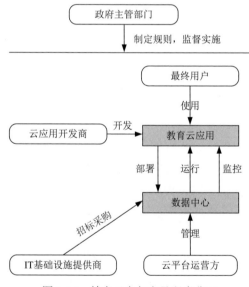

图 3-14 教育云参与方及职责分工

总结"粤教云"工程实施以来的成果和经验教训，结合国际上云计算技术的
最新发展，确立"以开发者为中心、聚焦云应用管理"的"粤教云"工程建设新
理念。这是因为最终用户需求的满足和基础设施价值的体现，完全取决于教育云
应用的功能特性和质量，这又是由开发者素质决定的。新理念决定了云原生应用
引擎成为"粤教云"2.0 工程建设的重中之重，因为云应用引擎的用户是开发者，
向下管理多云混合的云基础设施，向上管理云应用生命周期。云原生应用引擎是

迄今最先进的云应用引擎。根据"粤教云"工程建设新理念，教育云参与方新增云应用引擎开发商的角色，它负责云原生应用引擎的设计、开发、部署和维护，如图 3-15 所示。

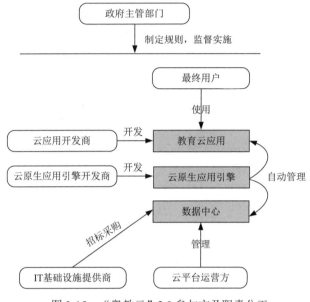

图 3-15　"粤教云"2.0 参与方及职责分工

云原生应用引擎显著提高基础设施资源利用率，降低开发者管理云应用的成本和难度，加快云应用部署，提高运维质量，使教育云成为云应用开发者的展示平台。这势必深刻变革现有以专家评审为主的云应用服务购买机制，即由专家评审选出满足初始条件的若干同类云应用，快速部署并上线运行，最终根据用户实际使用情况和满意程度作出购买决定。通过机制创新和技术支撑，充分发挥市场在云资源配置和云服务选择过程中的决定性作用。

（2）标准引领

坚持开放标准和开源技术是发展行业云的最佳技术路径选择，它关系到产业链和服务生态建设。"粤教云"面对的是"大"问题，既指数据中心的规模大，又指云应用的种类繁多。庞大的用户群导致并发访问压力，也带来海量数据。以云原生应用引擎为基础的"粤教云"2.0 解决方案的核心特征是自动化，而自动化是解决大问题的有效方法和手段。标准化是自动化的前提，标准化工作必须先行先试，才能确保云原生应用引擎的普遍适用。

《广东省教育发展"十三五"规划（2016—2020 年）》（粤教规〔2016〕39 号）提出以"粤教云"为总抓手，加强教育信息化的统筹规划和顶层设计，系统规划教育信息化整体框架。受广东省教育厅委托，我们团队承担了"广东省教育云综合标准化体系建设"项目，从广东省教育云发展实际出发，依据教育云生态系统中技术和产品、服务和应用等关键环节以及贯穿于整个生态系统的云安全，构建广东省教育云综合标准化体系，用标准化手段优化资源配置，实现自动、统一管理遵循技术标准的异地数据中心，自动管理遵循技术标准的云应用生命周期，支持云应用服务之间数据互通和功能组合，支持云应用在不同数据中心之间无缝迁移，构建开放融合的教育云应用服务生态，为广东省教育云持续快速健康发展提供技术支撑和标准引领，促进技术、产业、应用和安全协调发展。

依据教育云生态系统中技术和产品、服务和应用等关键环节，以及贯穿于整个生态系统的云安全，构建广东省教育云综合标准化体系框架，包括云基础标准、云基础设施标准、云原生应用引擎标准、教育云应用标准和云安全标准五个部分，如图 3-16 所示。

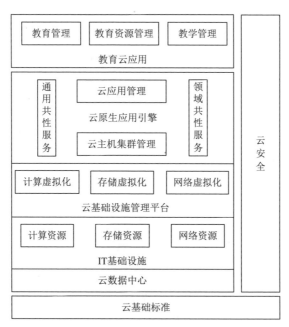

图 3-16　教育云综合标准化体系框架

云基础标准用于统一云计算及教育云相关概念，为其他各部分标准的制定提供支撑。云基础标准主要包括云计算及教育云术语、参考架构、最佳实践及指南等方面的标准。云基础设施标准用于规范和引导建设数据中心建设和管理，主要包括基建设施、IT 基础设施和云基础设施管理等方面的标准。云应用引擎标准用于规范云应用生命周期管理和共性服务，主要包括云应用软件包格式、分发、运行时和云应用编排等方面的标准。教育云应用标准用于规范教育云应用数据互通和功能集成，主要包括教育数据及元数据、教育云应用开放服务接口等方面的标准。云安全标准用于指导实现教育云服务环境下的网络安全、系统安全、服务安全和信息安全，主要包括安全管理、服务安全、安全技术和产品、安全基础等方面的标准。

坚持需求牵引，重点推进。以应用需求为引领，围绕"粤教云"发展过程中的共性问题，有重点、分阶段推进标准化工作，确保标准内容切实可行。明确教育云标准化研究方向，加快推进重要领域标准的制定及贯彻实施，夯实教育云发展的技术基础，以广东省教育云综合标准化体系框架为基础，通过研究分析云计算领域已有的国际标准和国家标准，提出目前最能直接反映教育云本质特征的八个标准研究方向，以指导具体标准的立项和制定。其中，云基础标准三个，云应用引擎标准三个，教育云应用标准两个。尚未纳入标准研制方向但属于教育云综合标准化体系框架的内容，统一作为标准化研究方向，分阶段推进实施。云基础设施标准和云安全标准遵照《云计算综合标准化体系建设指南》（工信厅信软〔2015〕132号）执行。广东省教育云标准研制方向明细如表3-7所示。

表3-7 广东省教育云标准研制方向明细表

类型	标准研制方向	说明
云基础标准	教育云标准术语	主要制定教育云术语、定义和概念，用于统一教育云的认识，指导其他标准制定
	教育云参考架构	制定参考框架标准，规定教育云生态系统中的各类角色、活动，以及用户视图和功能视图，为教育云服务的开发、提供和使用提供技术参考
	标准集成应用指南	针对不同的教育云服务采购和使用场景，开发标准集成应用方案，支持实现标准配套应用
云原生应用引擎标准	云应用容器镜像	云应用及其所有依赖打包在一起的容器镜像格式
	云应用容器运行时	云应用容器运行时的功能特性、工作流程和应用编程接口定义
	云应用容器编排	根据开发者提交的描述式作业，将云应用容器自动调度到合适的节点执行，自动维护和管理容器
教育云应用标准	教育数据及元数据	教育数据标准与代码标准建设，教育资源元数据规范，教育资源分类和标记规范等
	教育云应用开放接口	教育云应用接入使用规范、开放服务接口等

根据"粤教云"2.0工程建设的需要，按照实施优先级、重点研制与云原生应用引擎相关的三个标准：容器镜像格式及分发标准、容器运行时标准和容器化应用编排标准。OCI容器镜像规范及运行时规范有望成为公认的国际开放标准，但是镜像分发和容器应用编排标准还处于快速发展阶段。我们首先梳理Docker、CoreOS和Google等提出的不同镜像中心规范，抽取共性API及功能特性，研制镜像中心的相关标准，内容涵盖访问、扫描和认证等；参考TOSCA以及三大开

源容器云实现的编排规范，研制容器编排标准。上述标准草案兼容国际开放标准。软件开发企业使用主流开源容器工具，例如 Docker Engine、Docker Swarm 或 Kubernetes，构建的容器镜像和编排作业符合云原生应用引擎三个标准的要求。为强化标准引领，加快云应用服务生态建设，需要加紧研制并发布教育云应用标准，包括但不限于：①教育数据标准，包括教育数据标准与代码标准建设、教育资源元数据规范、教育资源分类和标记规范等；②开放服务标准，包括云应用接入标准与流程、开放编程接口技术规范、具体教育云服务的公共编程接口定义等，规范不同教育云应用服务之间的数据互通和功能集成。

近年来，广东省教育厅加强教育信息化技术标准体系建设，先后制定并发布了《广东省基础教育资源元数据标准应用指南》《广东省数字教育教学资源与应用接入及管理办法》《广东省基础教育资源公共服务标准规范》等，这些都属于教育云综合标准化体系框架中的教育云应用标准。

（3）总体架构

"粤教云" 2.0 总体架构如图 3-17 所示，它实现了 IT 基础设施来源的多样化：既可以是自建的私有云，也可以分别租用多家公有云的优势资源；既可以是物理服务器，也可以是虚拟机；主机既可以运行 Windows 操作系统，也可以运行 Linux 发行版。支持公私混合、多云融合的基础设施，可以充分发挥市场在基础设施资源配置中的决定性作用。政府主管部门的工作重点转向制定标准与规则，监督执行过程，评估实施效果。

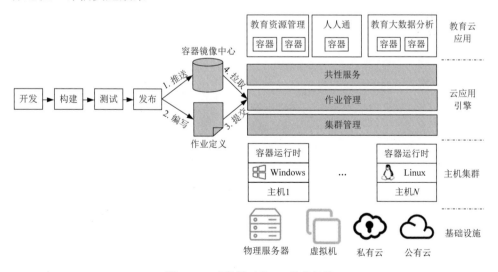

图 3-17 "粤教云" 2.0 总体架构

"粤教云" 2.0 实现资源提供的动态化。政府主管部门可以预估国家或省级教育规划/工程的需求，一次性划拨该工程的基础设施资源，组成跨云、跨数据中心的主机集群。在规划或工程的实施过程中，根据实际使用情况动态增加或移除云基础设施资源，避免了资源的闲置浪费。云原生应用引擎实现了云应用的自动化部署和维护，实际上解除了云应用与云基础设施的紧密耦合。平台运营方动态调整基础设施资源时，由云应用引擎处理受到影响的云应用的下线或迁移，极大地减轻了平台运营方的工作负担，真正提供了按需弹性伸缩的资源池。

　　云原生应用引擎是"粤教云"2.0 的核心，以容器和容器云为实现基础。集群管理组件统一管理跨云、跨数据中心的主机集群，这些主机都安装了符合标准的容器运行时。作业管理组件按照声明式作业定义，自动部署云应用，监控应用的运行状态。云应用开发者无须改变已有的开发、构建、测试和发布流程及工具，只需增加两步：将云应用的不同组件打包成多个符合标准的容器镜像，并推送到云原生应用引擎的容器镜像中心；编写符合标准的声明式作业定义，包含详细的应用编排信息。开发者向云原生应用引擎提交作业，容器化云应用就能成功地运行。从前期的试行实践来看，开发者只需掌握最流行的开源容器工具 Docker：使用 Docker 构建容器镜像；编写 Docker Compose 定义文件，调用 docker-compose 命令在单机上测试成功即可。开发者构建的容器镜像和作业定义，能够成功地应用到云原生应用引擎上。

　　"粤教云"2.0 成功地克服了以往的种种不足，解决长期困扰行业云建设的关键问题，其特点和优势如表 3-8 所示。

表 3-8　"粤教云"2.0 总体架构的优势

类型	特点	优点
资源管理	统一管理混合、多云融合基础设施	按需投入，运维难度降低
	资源分配与应用部署解耦，按需划拨资源	低耦合，部署快，效率高
	多个应用动态共享云主机	服务器资源利用率高
应用管理	自动管理云应用生命周期	降低开发者运维成本和难度
	标准化工具和流程	一次构建、到处运行
	托管共性服务，制定开放编程接口标准	降低开发难度，实现不同云应用服务之间的功能集成和数据互通

　　为了验证总体架构设计的技术可行性，我们部署了云原生应用引擎测试平台，统一管理广东省教育数据中心和部分地市教育数据中心的云主机集群。云原生应用引擎于 2017 年年底通过中国赛宝实验室专项测试，成功地验证云原生应用引擎的功能和性能。目前已经有多家软件开发企业，按照架构中云原生计算技术相关标准，将云应用成功地迁移到云原生应用引擎上运行，达到预期效果。

　　教育资源云服务是访问量最大的云应用服务，已发展成为广东省教育资源公共服务平台。"粤教云"2.0 建设主要包括下列工作，如图 3-18 所示。

1）将广东省教育资源公共服务平台提供的服务划分为共性服务和一般服务两类，将共性服务整合到云原生应用引擎。

2）将已有教育资源云应用服务进行完善和容器化升级优化，部署到云原生应用引擎，体现容器云完全具备支撑已有云应用的能力。

3）部署新型云应用，体现云原生应用引擎的通用性。

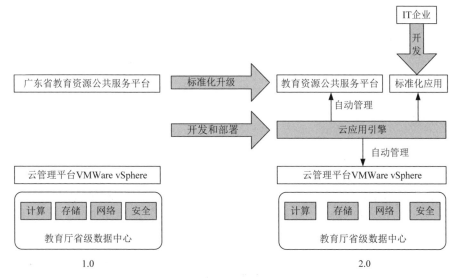

图 3-18 "粤教云" 2.0 的主要工作

3.3.2 智能教育云

在本书 3.1 节最后，简要分析了智能云的含义。智能云是指在云基础设施、云应用引擎和云应用三个层次普遍应用机器学习和人工智能技术，实现智能化。云原生计算涵盖可编程基础设施和云原生应用引擎，分别实现了基础设施和应用引擎的声明式自动化。管理员和开发者不用关心云基础设施管理、云主机集群管理和云应用生命周期管理的具体实现，只需声明预期的基础设施和云应用状态，由可编程基础设施和云原生应用引擎自动管理。声明式自动化实现了初级智能，因此可将云原生计算视为初级阶段的智能云。本节要讨论的智能教育云是指云原生计算技术支撑的教育云应用服务，以跨区域、大规模 IT 能力训练与测评为具体实现示例。它提供在线的 IT "学、练、测、评" 服务，应用机器学习技术分析程序代码和操作序列，辅助评价 IT 能力表现。

1. IT 能力训练与测评

新一代信息技术是 "十三五" 期间国家大力发展的战略性新兴产业之一。信息产业在国民经济中的地位越来越重要，发展速度高于 GDP 平均增速。以软件为核心的人工智能、云计算、大数据迅猛发展。信息产业引领经济新常态，信息技术与传统产业深度融合，信息经济占 GDP 比例高达 30%左右。人才资源是第一资源，人才竞争是最终的竞争。信息技术、信息产业和信息经济发展与 IT 人才培养密不可分。计算机类专业是国内高校第一大专业，超过高校招生总规模 10%。现阶段 IT 人才培养模式、手段及质量都存在不少问题，突出表现为实战训练太少。实践性是信息技术教育的根本特点，IT 课程强调真实问题导向、真实环境训练。IT 教育呈现"两个转移"的发展态势：①由以教师为中心向以学生主动学习为主转移；②从课堂面授为主向学生通过实验动手获取技能为主转移。与之相适应，需要改革课程内容体系，构建支持"做中学"的主动学习环境，研究支持创新实践的实训系统和个性化学习支持服务，特别是改革考试评价方法，从纸笔测验转向真实任务考核，强调对"做"的过程的测量与评价，根据解决问题的实际效果客观评判，而不是纯粹的纸上谈兵。

近年来，IT 能力培养日益得到各国政府的重视和支持。2016 年美国政府制定"全民计算机科学行动计划（Computer Science for All）"。英国政府规定自 2014 年 9 月起，将程序设计课程列为 5 岁以上学生的必修课。我国高等院校的所有专业都开设有计算机课程，2001 年就制定了中小学信息技术课程纲要。国务院最近印发的《新一代人工智能发展规划》，明确提出实施全民智能教育项目，在中小学设置人工智能相关课程，逐步推广编程教育。用高科技培训 IT 人才，实现 IT 能力在线训练与测评，是很有意义的研究课题。

IT 能力训练与测评云应用面向跨区域、大规模用户，提供 IT 全栈能力（从操作技能到认知技能）的在线训练与测评服务，工作流程如图 3-19 所示。根据学科内容和企业实践，提炼出真实任务，要求用户在真实训练环境中完成。任务类型包括操作技能类（如操作系统管理）和认知技能类（如程序设计）。用户训练的过程和结果以数据流形式提交，综合应用动态分析和静态分析方法与技术，给出

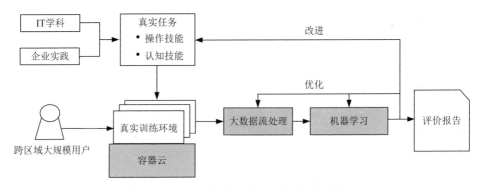

图 3-19　IT 能力训练与测评云应用工作流程

用户 IT 能力的评价报告。相关分析结果也能够改进训练任务的设计以及测评服务的表现。这种训练方式充分体现了"做中学"和基于问题的学习思想。

所谓 IT 全栈，包括由硬件、操作系统、中间件和应用软件构成的完整体系。参考 ACM 计算机科学专业课程推荐[①]，IT 全栈涵盖下列领域的知识内容，如图 3-20 所示。强调 IT 全栈，是为了突出 IT 能力训练与测评云应用的普遍适用性，即这套技术解决方案能够应用到多个知识领域和相关课程。

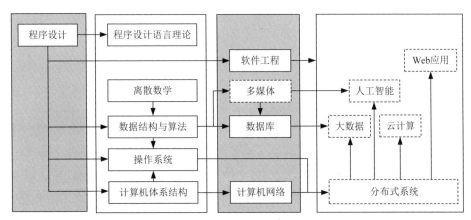

图 3-20　ACM 计算机科学专业课程推荐 2013 版

上述课程的实验和练习，需要三类不同的训练环境：单机类、多机类和编程类。单机类训练环境提供完整的主机及操作系统抽象。多机类是指由多个单机抽象组成一个集群，适用于分布式应用和分布式系统的训练。编程类训练环境更复杂，需要提供在线集成开发环境、代码版本管理、持续集成和持续部署等服务，也会用到单机类训练环境作为构建程序和执行程序的安全沙盒。IT 训练环境应该具备两个关键特性：①安全隔离。训练环境与主机之间以及不同的训练环境之间完全隔离，互不可见、互不影响。②资源限额。定量限定训练环境可用的系统资源，包括 CPU、内存容量、磁盘容量和 I/O 以及网络带宽等。虚拟机和容器是两种主要的在线 IT 训练环境实现技术：虚拟机具有独立的操作系统内核，所有容器与主机共享同一个操作系统内核。二者相比，虚拟机安全隔离性更好，同时存在资源消耗大、启动速度慢等不足。容器或容器集群适合大部分单机类和多机类训练环境的构建。如果训练涉及对硬件或操作系统内核的操作（如某些计算机体系结构和操作系统的练习），则使用容器存在很大的安全隐患。如果直接使用虚拟机，启动速度慢，云主机资源利用率太低。这就引发第一个关键问题：如何实现普遍适用的标准化 IT 训练环境，同时具备虚拟化技术和容器技术的优点。

---

① ACM 推荐计算机及相关专业课程体系，https://www.acm.org/education/curricula-recommendations。

现有大部分 IT 能力训练云服务，仅支持程序设计入门和简单系统管理的在线训练，服务的并发用户数也不多，人才培养的质量和数量都有很大的提高余地。要支持跨地域的大规模用户，为了保证访问性能，必须使用跨地域、跨数据中心的云主机集群，按需自动创建和收回训练环境。像软件工程、大数据或机器学习这样复杂认知技能的培养，仅仅管理单个训练环境是不够的，还需要自动管理训练环境集群和相关的共性服务（如在线开发环境、版本控制系统、持续集成和持续部署等）的生命周期。这就引出第二个关键问题：如何统一高效地管理跨地域、跨数据中心的云主机集群，如何自动管理一般分布式云应用服务生命周期。这正是云原生应用引擎的主要功能。所有的实验环境对应一个容器镜像，由云原生应用引擎自动管理大规模实验环境的按需构建和销毁，如图 3-21 所示。实验环境的运行时可以是虚拟机、容器或者虚拟化容器。

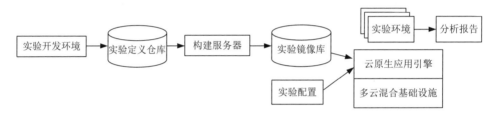

图 3-21　大规模实验环境自动构建

现有的 IT 教育云服务，有的只提供训练环境，不具备分析和评价功能；有的只提供较为简单的基于动态分析的评价。以在线竞赛及评判系统为例，它们通常采取预先设定多个测试用例，根据输出正确结果的比例进行评分。这种方法只考虑训练结果，忽视训练过程信息。如果程序代码存在缺陷，无法编译成可执行程序，就不能评判用户成绩，也无法分析出错原因并给出改进措施。用户在训练过程中持续产生相关操作信息和结果数据。这就引发需要解决的第三个关键问题：如何有效处理海量数据流，实现 IT 能力水平和整体训练模式的实时大数据分析。

2. 智能教育云关键技术

前文提及的三个关键问题，问题二已经被云原生应用引擎完美解决。问题一和问题三分别需要突破虚拟化容器和实时大数据分析两项技术。在学习者训练过程中，尤其是编程练习时，结对编程和远程指导需要在线集成开发环境具备实时协同编辑的功能。

（1）虚拟化容器

只要不涉及硬件或操作系统内核的操作，大部分训练环境都适合采用容器或容器集群构建。如果训练需要用户操作甚至修改硬件或内核，常规容器实现技术显然无法胜任。如果直接采用虚拟化技术构建的虚拟机，导致主机资源利用率低，则成本不合算。应用硬件辅助虚拟化技术，实现一种特殊的虚拟机。与容器相比，这种虚拟机具有独立的操作系统内核，安全隔离性好；与传统虚拟机相比，这种虚拟机占用的系统资源大为减少，启动速度可媲美容器。相关的命令行工具和编程接口与 Docker 容器引擎完全兼容，因此可以称之为虚拟化容器，特别适合计算机系统结构、计算机组织原理、操作系统内核和编译原理等领域的实践训练。

正常情况下，Linux 系统引导过程包括六个阶段：①BIOS 自检；②加载主引导记录；③引导程序；④内核；⑤INIT；⑥RUNLEVEL。其中，BIOS 自检以及内核和初始化阶段的检查设备、加载驱动和初始化服务耗时比较长。虚拟化容器的实现必须有效减少上述阶段的资源占用和耗时。

我们以 Hyperd 和 runV 为基础，实现与 OCI 镜像格式兼容的虚拟化容器，其工作原理如图 3-22 所示。常规容器启动过程包括准备 rootfs、准备卷、创建 NameSpace 和启动应用进程几个阶段。虚拟化容器的启动过程更加复杂。用户通过命令行或者 API 调用，将包含多个容器镜像的容器组定义提交给虚拟化容器引擎。该引擎一方面像常规容器引擎那样，准备好每个容器镜像的 rootfs 和卷；另一方面，调用轻量的虚拟机管理器，如 qemu-lite 或者 kvmtools，跳过 BIOS 引导和主引导记录加载，直接引导一个最小化的内核和经过裁剪的 INIT，省略大量检查设备、加载驱动和初始化服务的时间。虚拟机启动后，创建几个容器共享的命名空间，包括 PID、Network、IPC、UTS 和 User 等。每个容器有独立的 mount 命名空间，保证每个容器的 rootfs 和卷各自独立、互不影响。虚拟化容器镜像格式符合 OCI 镜像规范，命令行工具与 Docker 容器命令行工具兼容，因此容器云能够统一调度和管理常规容器和虚拟化容器，无须做任何特殊处理。

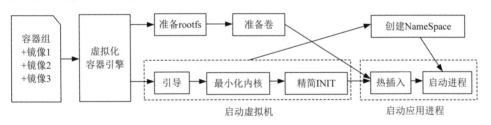

图 3-22 虚拟化容器实现原理

另外一种 Linux 虚拟化容器是 Intel Clear Container，比上述实现更复杂，功能也更强大。图 3-22 所示的虚拟化容器实现，如果运行的是网络或磁盘 I/O 密集型应用容器，则其性能将大大降低。我们参考 Clear Container 的实现，采用 DAX 技术增强虚拟化容器的文件读写性能。Hyperd 引导的最小化内核是 Linux 4.0.1 版。智能教育云引入虚拟化容器的目的是构建和运行涉及硬件或者操作系统内核的训练环境，同时监控训练过程信息，实时分析和评价。为了获取训练过程的信息，必须在内核各层布置监控探针，同时又不能显著降低系统运行的性能。Linux 内核实现的 eBPF 机制恰好能够做到这一点，但是要求内核版本比较新。我们因此精简了一个 4.10 版的最小化内核。此外，Windows 系统上有名为 Hyper-V 容器的虚拟化容器，VMWare vSphere Integrated Container (VIC) 则支持 ESXi 虚拟机管理器的虚拟化容器。

（2）操作序列和程序代码的实时大数据分析

现有 IT 能力训练与测评服务，仅仅依靠操作结果或者程序执行结果来判断用户的 IT 能力水平。但是，对于有些类型的程序，仅仅依靠程序的输出不足以评判程序的实现是否正确。例如，要求编写一个实现快速排序算法的程序。如果只看结果，则很难知道应试者是否采用正确的排序算法。因此，有必要研究程序执行过程的监控技术，为程序的动态测试提供有价值的过程信息。智能教育云不仅考虑结果信息，还实时监控和收集训练过程交互信息，包括操作序列和程序代码。

过程监控是指利用 Linux 内核提供的系统调用（包括用户态和内核态的探测和跟踪功能），跟踪和监控程序的执行过程。跟踪程序能够记录和控制程序的执行行为，它的功能可以细分为：①控制线程的运行，包括植入信号、暂停运行和单步运行等；②探测机制，即当感兴趣的事件发生时，可以执行相应的回调函数，常见的事件类型包括系统调用的开始和结束、执行、复制和退出等；③在回调中，跟踪程序能够修改线程的状态，包括内存、寄存器和用户区域的取值等。调试器 GDB 能够调试 C/C++、D、Go、Objecttive-C、OpenCL C、Fortran、Pascal、Modula-2 和 Ada 等语言编写的程序，它支持的调试命令如下：

1）运行程序。启动一个新的进程，或者附加到已经运行的进程。

2）控制程序的运行。设置断点、跟踪点和捕捉点；单步运行和继续运行；信号。

3）检查程序状态。堆栈、表达式、变量、内存等。

执行过程监控程序是 GDB/MI（machine interface，机器接口）的一个前端，它首先以 MI 模式启动 GDB 调试应用程序，然后请求 GDB 执行指定的调试命令，GDB 会返回一个表示命令成功执行或者出错的响应。通知机制是指 GDB 向监控程序报告自身或者被调试程序的状态改变（如程序退出、程序模块加载等），监控程序可以做针对性的处理。为了方便处理，首先将 GDB/MI 接口封装成一个 Go 语言库，完成启动 GDB 调试会话、常用命令封装和响应结果解析等功能。选择 Go 语言，不仅是为了与云原生应用引擎的开发语言保持一致，更是为了利用 Go 语言特有的 Channel 机制建立前端与 GDB 的高效通信通道。当前版本的 GDB/MI 封装库支持的命令包括信号、断点、程序执行、堆栈操作、数据操作、变量对象、捕捉点和跟踪点等。

监控程序调用封装库，实现两项主要功能：①监控应用程序中全局变量和局部变量的变化情况；②监控应用程序中函数调用开始和结束，包括函数的参数及取值、函数的返回值等。由于上述功能并不涉及内核态的监控，不存在内核态和用户态的频繁转换，因此不会造成应用执行性能的严重下降。程序测评服务依据需要，调用执行过程监控程序，监控结果有助于对程序的评判。例如，要求实现一个快速排序的程序。如果被试采用冒泡排序算法实现这个程序，即使程序的动态测试结果是正确的，通过监控被排序数组的取值变化情况，很容易识别出程序并没有达到要求。当前版本的监控程序能够监控 C/C++程序的执行过程。对于其他的主要编程语言，需要调用不同的调试器，例如，Java 语言的调试接口 JDI、Python 语言的 pdb 调试框架等。跟踪应用程序调用的系统调用（如文件和网络操作）是另外一种常见的执行过程监控需求。我们调用内核的 eBPF 机制监控指定的系统调用情况，这是因为 eBPF 的效率非常高。

针对 IT 能力训练数据规模大、种类多、更新速度快等特点，采用 HDFS 文件系统保存数据。HDFS 直接部署到容器云，具有高吞吐和高容错等特点。实时大数据分析应用运行在 Spark 框架之上，后者支持 SQL、流处理、机器学习和图计算等多种应用类型。Spark 框架同样由容器云自动部署和管理。

实时大数据分析应用主要分为两大类：①针对大规模用户共性特征和模式的分析与挖掘，一般采用统计分析手段即可实现；②采用机器学习尤其是深度学习算法，分析用户的操作序列或者编写的源代码，试图找出错误操作或者代码缺陷，给出改进的建议和措施。操作序列可以视为简单的小程序，因此可以归结为一类问题。

除了传统的静态分析方法，还可以将每个程序视为一个句子，应用深度学习分析程序中存在的错误。程序文本由不同的单词符号组成，包括类型、关键字、特殊符号（如分号）、函数、字面量和变量等，其中前四种（函数主要是指库函数）构成不同程序的共同词汇表。当表示一个程序时，这些词汇保持不变。剩下符号的处理逻辑是：首先定义一个固定大小的名字池，每个程序独有的名字（如变量名或自定义函数名）映射到名字池中某个名字。由于字面量不影响程序的语义，因此同一类型的所有字面量映射到同一个名字，例如所有整型值映射为 INT，所有字符串值映射为 STR。特殊符号<eos>代表句子表示的结束。综上所述，一个程序表示为一个包含多个单词符号的句子 X，希望构造一个深度神经网络，它能生成另外一个句子 Y，Y 已经识别并修改 X 中的所有错误。最终使用的深度神经网络包含一个处理输入句子 X 的编码器 RNN（递归神经网络）和一个生成输出句子的解码器 RNN。每个 RNN 都包含多层门循环单元（gated recurrent unit，GRU），解码器网络的隐藏状态的初始值就是编码器网络的最终状态。最终，解码器的输出结果经过一个放射变换层和一个归一化指数函数层，预测最有可能的输出句子，即识别和改正原有句子错误的新句子。上面实现的深度神经网络，每次只能识别原程序包含的一个错误。经过简单有效的迭代修正，就能实现一次识别原有程序的多个错误。

代码机器学习[①]是一个正在飞速发展的研究领域。像上面深度学习算法的效果究竟如何，还需要在实践中进行校验。其他机器学习算法，如马尔可夫链，有可能在分析操作序列过程中发挥较大的作用。

（3）基于操作转换的实时协同编辑

操作转换是一种通用的协同编辑技术，它既适用于普通文本，也能用到绘图、富文本文档和复杂的数据结构中。下面是客户-服务器架构实时协同编辑的实现细节。

各个客户端同时编辑的文档保存在服务器上。每一次同步之后，服务器会赋予文档一个新的版本号。客户端和服务器端的实时通信可以用 BrowserChannel 或者 WebSockets 等实现，必须确保支持消息的按顺序传递，以及连接断开后重连等功能。

在客户端，首先与服务器端建立连接，获取文档的当前快照和版本号，并订阅该文档内容变化的事件，也就是如果其他客户端修改文档内容，相应的编辑操作也会发送到订阅的客户端这里。客户端对程序代码（实质上是纯文本）的编辑操作有三种基本类型：插入（insert）、删除（remove）和保持（retain）。我们实现的在线编程开发环境，使用代码编辑器 CodeMirror，它的 Change 事件指明了在一个范围内删除的文本以及修改后的文本。在 Change 事件的回调函数中合并连续的操作（即操作合成），包括操作类型和操作区域。操作合成的目的是减少协作的通信量。合成后的操作序列是一个数组，不同类型数组元素具有不同的含义。

1）数字 N 且 $N>0$：保留接下来的 N 个字符。

2）字符串 str：在文档当前位置插入字符串 str。

3）数值 N 且 $N<0$：从文档当前位置删除 $-N$ 个字符。

对于同一个版本的文档，当客户端甲已经执行了编辑操作序列 A，同时收到服务器转发的客户端乙对该版本文档的编辑操作序列 B。同样，客户端乙已经执行了编辑操作序列 B，同时收到服务器转发的客户端甲的编辑操作序列 A。为了保证甲、乙二人看到的文档是一致的，必须计算编辑操作序列 A 和 B 分别对应的转换操作序列 A' 和 B'，并且满足：

$$\text{apply}(\text{apply}(S, A), B') = \text{apply}(\text{apply}(S, B), A')$$

其中，S 表示版本一致的文档。操作转换算法是实现实时协同编辑的关键所在。

算法 3-2 操作转换 transform(A, B)，计算转换操作 A' 和 B'。

```
A' = [], B' = [];
op1 和 op2 分别为 A 和 B 的第一个操作；
while (true) {
```

---

① 对代码机器学习有兴趣的读者可以参考 Awesome Machine Learning, On Source Code，https://github.com/src-d/awesome-machine-learning-on-source-code。

如果 *A* 和 *B* 中都没有需要处理的操作，跳出循环；

如果 op1 是插入操作：

　　添加 op1 到 *A'* 中；

　　添加一个保持操作到 *B'*，长度为 op1 的长度；

　　op1 赋值为 *A* 的下一个操作；

　　跳出本次循环。

如果 op2 是插入操作：

　　添加 op2 到 *B'* 中；

　　添加一个保持操作到 *A'*，长度为 op2 插入文本的长度；

　　op2 赋值为 *B* 的下一个操作；

　　跳出本次循环。

如果 *A* 和 *B* 中只有一个还包含需要处理的操作，报错结束。

接下来，按照表 3-9 处理操作。

表 3-9　处理操作

op1 类型	op2 类型	处理
保持	保持	minl = min(op1, op2); *A'* 和 *B'* 都添加一个长度为 minl 的保持操作； 如果 op1>op2：op1=op1-op2, op2 为 *B* 的下一个操作； 如果 op1=op2：op1 和 op2 分别为 *A* 和 *B* 的下一个操作； 如果 op1<op2：op2=op2-op1，op1 为 *A* 的下一个操作
删除	删除	如果-op1>-op2：op1=op1-op2, op2 为 *B* 的下一个操作； 如果 op1=op2：op1 和 op2 分别为 *A* 和 *B* 的下一个操作； 其他情况：op2=op2-op1，op1 为 *A* 的下一个操作
删除	保持	如果-op1>op2：op1=op1+op2, op2 为 *B* 的下一个操作； 如果-op1=op2：op1 和 op2 分别为 *A* 和 *B* 的下一个操作； 其他情况：op2=op2+op1，op1 为 *A* 的下一个操作。 往 *A'* 添加一个删除操作，长度为 min(-op1, op2)
保持	删除	如果 op1>-op2：op1=op1+op2, op2 为 *B* 的下一个操作； 如果 op1 = -op2：op1 和 op2 分别为 *A* 和 *B* 的下一个操作； 其他情况：op2=op2+op1，op1 为 *A* 的下一个操作。 往 *B'* 添加一个删除操作，长度为 min(op1, -op2)
	其他情况	报错结束

　　}

此时，A' 和 B' 就是要计算的转换操作。

算法结束。

如果遇到计算转换操作失败的情况，意味着各方的编辑操作存在相互冲突。此时，客户端可以选择放弃同步，或者从服务器更新一个最新版本。

上述实时协同编辑算法采用客户-服务器架构，需要有一个中央服务器保存文档快照和转发编辑操作消息。结对编程是一种常见的实时协同编辑使用情境，通常参与者是两人，且极有可能位于同一内网中。因此，我们还实现了基于浏览器的点对点实时协同编辑，通信的效率更高。点对点实时协同编辑，仍然使用相同的编辑操作和操作转换算法，不同点在于要在浏览器端保存文档快照和建立点对点通信。我们使用浏览器的 localForge 保存文档，它根据浏览器的类型和版本，灵活地选择 IndexedDB 或者 WebSQL 或者 localStorage 存储机制。现代浏览器都提供了 Web 实时通信（web real-time communications，WebRTC）接口，支持点对点数据通道，包括可靠数据通道和非可靠数据通道，前者保证文本或者二进制数据的按顺序传递。在开始建立点对点通信时，需要有一个代理服务器转发建立连接的消息，之后双方可以直接通信。

理想情况下，一种协同编辑算法应该具备下列性质：

1）收敛。如果所有人都停止编辑一段时间，那么所有人的文档应该是一致的。

2）因果保证。如果先收到其他人编辑操作，自己再编辑，那么应该先应用其他人的编辑操作，后应用自己的编辑操作。

3）意图保证。对于所有人而言，同一个编辑操作的应用效果是一样的。

上文提及的实时协同编辑算法具有性质 1），如果所有参与者的时钟也是同步的，也具备性质 2）。但是该算法并不具备性质 3），这是因为很难有客观的意图定义。在常见的协同编辑算法中，操作转换将文档视为一个文本字符串和几种简单的编辑操作，在生产环境中已经有很多应用。CRDT 算法则将文档视为复杂的数据结构，主要优点是能够保证合并后文档的一致性。两类算法的详细对比请参考文献[139]。CoCalc①采用一种相对简单的协同编辑算法。

1）每个用户定期计算一个带时间戳的文档补丁，广播给正在编辑该文档的其他用户。

2）当收到所有其他用户的补丁后，按照时间戳顺序依次应用这些补丁。应用补丁采取的是"尽力而为"策略。

3）如果所有的用户停止编辑，他们将得到同一份文档。

其中，计算文档差异生成补丁和应用补丁的算法是 Google 实现的 diff-match-patch②算法。可以看出，这个算法满足性质 1）和 2），但是不满足性质 3）。举个例子，新建一个文档，内容是输入几行空白，再输入字符串"abcd"，最后输

---

① CoCalc：云端协同计算，https://cocalc.com/。

② diff-match-patch：高性能同步普通文本算法，https://github.com/google/diff-match-patch。

入几行空白。使用 CoCalc 打开该文档的三个编辑窗口，先断掉网络连接，再依次执行下列编辑操作：

1）在第一个编辑窗口，新增一个字母'x'，文档字符串变成"abcxd"；

2）在第二个编辑窗口，新增一个字母'y'，文档字符串变成"abycd"；

3）在第三个编辑窗口，删除字母'y'，文档字符串变成"acd"。

重新连接 Internet，可以看到 CoCalc 最终生成的文档是"acxd"，按照编辑意图来讲，文档本应该变成"aycxd"。因此，CoCalc 采用的协同编辑算法也不能做到意图保证，不过这个算法实现简单，也不失为实践中一种可行的选择。

参 考 文 献

[1] FOSTER I, KESSELMAN C, TUECKE S. The anatomy of the grid: enabling scalable virtual organizations[J]. International journal of high performance computing applications, 2001, 15(3):200-222.

[2] DEFANTI T A, FOSTER I, PAPKA M E, et al. Overview of the I-WAY: wide area visual supercomputing[J]. International journal of high performance computing applications, 1996. 10(2-3):123-130.

[3] GRIMSHAW A S, WULF W A, FRENCH J C, et al. Legion: the next logical step toward a nationwide virtual computer[R/OL]. (1994-06) [2018-12-18]. http://www.cs.virginia.edu/~vcgr/papers/CS-94-21.pdf.

[4] FERRIS C, FARRELL J. What are web services?[J]. Communications of the ACM, 2003, 46(6):31.

[5] BARROS A, DUMAS M, OAKS P. A critical overview of the web services choreography description language (WD-CDL)[J]. BPTrends newsletter, 2005, 3(3):1-24.

[6] SABBAH D. Bringing grid & web services together[R/OL]. http://www.doc88.com/p-9159487313912.html.

[7] ZHANG L J, CAI H, ZHANG J. Services Computing[M]. Beijing: Tsinghua University Press, 2007.

[8] FOSTER I, KESSELMAN C, NICK J M, et al. The physiology of the grid: an open grid services architecture for distributed systems integration[R/OL]. (2002-06-22) [2018-12-18]. https://www.globus.org/sites/default/files/ogsa.pdf.

[9] KRAUTER K, BUYYA R, MAHESWARAN M. A taxonomy and survey of grid resource management systems for distributed computing[J]. Software practice and experience, 2002, 32(2):135-164.

[10] 许骏，史美林，李玉顺，等. 网格计算与 e-Learning Grid：体系结构·关键技术·示范应用[M]. 北京：科学出版社，2005.

[11] MILLS K L. Computer-supported cooperative work challenges[M]//Encyclopedia of Library and Information Science. New York: Taylor & Francis, 2003:678-684.

[12] JIANG J, ZHANG S, LI Y, et al. CoFrame: a framework for CSCW applications based on grid and web services[C]// IEEE International Conference on Web Services. Orlando: IEEE Computer Society, 2005:570-577.

[13] PRINZ W. NESSIE: an awareness environment for cooperative settings[C]//The Sixth European Conference on Computer Supported Cooperative Work. Copenhagen: EUSSET, 1999:391-410.

[14] JANG C Y, STEINFIELD C, PFAFF B. Supporting awareness among virtual teams in a web-based collaborative system: the TeamSCOPE system[J]. ACM SIGGROUP bulletin, 2000, 21(3):28-34.

[15] DE SOUZA C R B, BASAVESWARA S D, REDMILES D F. Using event notification servers to support application awareness[C]//International Conference on Software Engineering and Applications. Cambridge: International Association of Science and Technology for Development, 2002:691-697.

[16] KANTOR M, REDMILES D. Creating an infrastructure for ubiquitous awareness[C]// International Conference on Human-Computer Interaction. Tokyo: IFIP, 2001:431.

[17] GROSS T, PRINZ W. Modeling shared contexts in cooperative environments: concept, implementation, and evaluation[J]. Computer supported cooperative work, 2004, 13(3-4):283-303.

[18] GWIZDKA J. What's in the context?[R/OL]. (2000-04-01)[2018-12-18]. http://www.cc.gatech.edu/fee/context tool kit/chiws/JGwizdka.rtf.

[19] DEY A K, ABOWD G D. Towards a better understanding of context and context-awareness[R/OL]. (2000-04-01) [2018-12-18]. https://smartech.gatech.edu/bitstream/handle/1853/3464/00-18e.pdf.

[20] CHALMERS M. A historical view of context[J]. Computer supported cooperative work. 2004, 13(3-4):223-247.

[21] SONNENWALD D H. An evolving framework for collaborative information exploration[C]//Computer Human Interaction (CHI98-Workshop on Information Exploration). Los Angeles, 1998.

[22] STRANG T, LINNHOFF-POPIEN C. A context modeling survey[C]//Workshop on Advanced Context Modelling, Reasoning and Management of UbiComp2004. Nottingham, 2004:1-8.

[23] KIMBLE C, GOUVEIA F, KUDENKO D, et al. A group memory system for corporate knowledge management: an ontological approach[C]//1st European Conference on Knowledge Management. Bled, 2000:91-99.

[24] STAAB S, STUDER R, SCHNURR H P, et al. Knowledge processes and ontologies[J]. IEEE intelligent systems, 2001, 16(1):26-34.

[25] VASCONCELOS J, KIMBLE C, ROCHA A. An organizational memory information system using ontologies[C]// The 3rd Conference of the Associação Portuguesa de Sistemas de Informação. Coimbra:University of Coimbra, 2002.

[26] HONLLINGSWORTH D. Workflow Management Coalition: the Workflow Reference Model[R/OL]. (1995-01-19) [2018-12-18]. http://www.wfmc.org/standards/docs/tc003v11.pdf.

[27] YU J, BUYYA R. A taxonomy of workflow management systems for grid computing[J]. Journal of grid computing, 2005, 3(3-4):171-200.

[28] AMIN K, HATEGAN M, von LASZEWSKI G, et al. GridAnt: a client-controllable grid workflow system[C]// The 37th Annual Hawaii International Conference on System Sciences. Hawaii:IEEE, 2004:210-219.

[29] CARDOSO J, SHETH A, MILLER J A, et al. Quality of service for workflows and web service processes[J]. Journal of web semantics, 2004, 1(3):281-308.

[30] PATEL C, SUPEKAR K, LEE Y. A QoS oriented framework for adaptive management of web service based workflows[C]// International Conference on Database and Expert Systems Applications. Prague, 2003:826-835.

[31] KACSUK P, DÓZSA G, KOVÁCS J, et al. P-GRADE: a grid programming environment[J]. Journal of grid computing, 2003, 1(2):171-197.

[32] ZHENG G, WILMARTH T, JAGADISHPRASAD P, et al. Simulation-based performance prediction for large parallel machines[J]. International journal of parallel programming, 2005, 33(2-3):183-207.

[33] DINDA P A. Online prediction of the running time of tasks[J]. Cluster computing, 2002, 5(3):225-236.

[34] BERMAN F, CASANOVA H, CHIEN A, et al. New grid scheduling and rescheduling methods in the GrADS project[J]. International journal of parallel programming, 2005, 33(2-3):209-229.

[35] JANG S, WU X, TAYLOR V, et al. Using performance prediction to allocate grid resources[R/OL]. (2004) [2018-12-18]. https://pdfs.semanticscholar.org/4308/2e5f0a6f372fc634311db52b8ad8a0c08c0b.pdf.

[36] SMITH W, FOSTER I, TAYLOR V. Predicting application run times with historical information[C]// Lecture Notes in Computer Science. Berlin: Springer, 1998: 122-142.

[37] MAYER A, MCGOUGH S, FURMENTO N, et al. ICENI dataflow and workflow: composition and scheduling in space and time[C]// UK e-Science All Hands Meeting, 2003:627-634.

[38] GALSTYAN A, CZAJKOWSKI K, LERMAN K. Resource allocation in the grid using reinforcement learning[C]// The Third International Joint Conference on Autonomous Agents and Multiagent Systems. New York: IEEE Computer Society, 2004:1314-1315.

[39] BACIGALUPO D A, JARVIS S A, HE L, et al. An investigation into the application of different performance prediction methods to distributed enterprise applications[J]. The journal of supercomputing, 2005, 34(2):93-111.

[40] PRODAN R, FAHRINGER T. Dynamic scheduling of scientific workflow applications on the grid: a case study[C]// The 2005 ACM Symposium on Applied computing. Santa Fe: ACM, 2005:687-694.

[41] VENUGOPAL S, BUYYA R, WINTON L. A grid service broker for scheduling distributed data-oriented applications on global grids[C]// The 2nd workshop on Middleware for grid computing. Toronto:ACM, 2004:75-80.

[42] SONG S, KWOK Y K. HWANG K. Security-driven heuristics and a fast genetic algorithm for trusted grid job scheduling[C]// The 19th IEEE International Parallel and Distributed Processing Symposium. Denver:IEEE, 2005:10.

[43] ZHANG S, JIANG J, SHI M, et al. Pattern-oriented planning approach for grid workflow generation[C]// International Conference on Grid and Cooperative Computing Workshops. Hunan:IEEE,2006:275-281.

[44] 沈浴竹，向勇，张少华，等. 扩展 BPEL4WS 实现基于语义的服务流程动态细化[J]. 通信学报，2006，27(11):106-112.

[45] 张少华，向勇，沈浴竹，等. POWER：知识丰富的智能网格工作流框架[J]. 通信学报，2006，27(11):125-133.

[46] EDELSTEIN H. Unraveling client/server architecture[J]. DBMS, 1994, 7(5):34-41.

[47] WEHRLE K, STEINMETZ R. Peer-to-peer systems and applications[M]. Berlin:Springer, 2005.

[48] GALLAUGHER J M, RAMANATHAN S C. Choosing a client/server architecture: a comparison of two-and three-tier systems[J]. Information systems management, 1996, 13(2):7-13.

[49] FOSTER I, IAMNITCHI A. Taxes and the convergence of peer-to-peer and grid computing[C]// The 2nd International Workshop on Peer-to-Peer Systems. Berlin:Springer, 2003:118-128.

[50] TALIA D, TRUNFIO P. Toward a synergy between P2P and grids[J]. IEEE Internet computing, 2003, 7(4):94-96.

[51] AMIN K, von LASZEWSKI G, MIKLER A R. Toward an architecture for ad hoc grids[C]// The IEEE 12th International Conference on Advanced Computing and Communications. Ahmedabad:IEEE, 2004:15-18.

[52] SMITH M, FRIESE T, FREISLEBEN B. Towards a service-oriented ad hoc grid[C]// The Third International Symposium on Parallel and Distributed Computing/Third International Workshop on Algorithms, Models and Tools for Parallel Computing on Heterogeneous Networks. Cork:IEEE, 2004:201-208.

[53] IAMNITCHI A, FOSTER I, NURMI D. A peer-to-peer approach to resource discovery in grid environments[C] //The 11th Symposium of High Performance Distributed Computing. Edinbourgh:IEEE, 2002:419.

[54] ALUNKAL B K, VELJKOVIC I, von LASZEWSKI G, et al. Reputation-based grid resource selection[C]// Workshop on Adaptive Grid Middleware. New Orleans, 2003:432-438.

[55] FOX G, PALLICKARA S, RAO X. Towards enabling peer-to-peer grids[J]. Concurrency and computation: practice and experience, 2005, 17(7-8):1109-1131.

[56] MARZOLLA M, MORDACCHINI M, ORLANDO S. Peer-to-peer systems for discovering resources in a dynamic grid[J]. Parallel computing, 2007, 33(4-5):339-358.

[57] WULF W A. The collaboratory opportunity[J]. Science, 1993, 261(5123):854-855.

[58] KOUZES R T, MYERS J D, WULF W A. Collaboratories: doing science on the Internet[J]. IEEE computer, 1996, 29(8):40-46.

[59] FOSTER I, KESSELMAN C. The Grid: blueprint for a new computing infrastructure[M]. San Mateo: Morgan Kaufmann, 2004.

[60] HEY T, TREFETHEN A E. The UK e-science core programme and the grid[J]. Future generation computer systems, 2002, 18(8):1017-1031.

[61] NENTWICH M. Cyberscience: research in the age of the Internet[M]. Vienna: Austrian Academy of Sciences Press, 2003.

[62] ATKINS D E, DROEGEMEIER K K, FELDMAN S I, et al. Revolutionizing science and engineering through cyberinfrastructure [R/OL]. (2003-01)[2018-12-18]. https://www.cs.odu.edu/~keyes/scales/reports/cyberinfra_2003.pdf.

[63] GOLDBERG D, NICHOLS D, OKI B M, et al. Using collaborative filtering to weave an information tapestry[J]. Communications of the ACM, 1992, 35(12):61-70.

[64] MCNEE S M, ALBERT I, COSLEY D, et al. On the recommending of citations for research papers[C]// The 2002

ACM conference on Computer supported cooperative work. New Orleans: ACM, 2002:116-125.

[65] BALABANOVIĆ M, SHOHAM Y. Fab: content-based, collaborative recommendation[J]. Communications of the ACM, 1997, 40(3):66-72.

[66] SIDIROPOULOS A, MANOLOPOULOS Y. A new perspective to automatically rank scientific conferences using digital libraries[J]. Information processing & management, 2005, 41(2):289-312.

[67] KLEINBERG J M. Authoritative sources in a hyperlinked environment[J]. Journal of the ACM, 1999, 46(5):604-632.

[68] LEMPEL R, MORAN S. The stochastic approach for link-structure analysis (SALSA) and the TKC effect[J]. Computer networks, 33(1-6):387-401.

[69] BRIN S, PAGE L. The anatomy of a large-scale hypertextual web search engine[J]. Computer networks and ISDN systems, 1998, 30(1-7):107-117.

[70] TSENG Y C, NI S Y, CHEN Y S, et al. The broadcast storm problem in a mobile ad hoc network[J]. Wireless networks, 2002, 8(2-3):153-167.

[71] NEWMAN M E. Scientific collaboration networks[J]. Physical review E, 2001, 64(1):016131.

[72] WATTS D J, STROGATZ S H. Collective dynamics of 'small-world' networks[J]. Nature, 1998, 393:440-442.

[73] ALBERT R, JEONG H, BARABÁSI A L. Internet: diameter of the world-wide web[J]. Nature, 1999, 401:130-131.

[74] AMARAL L A, SCALA A, BARTHELEMY M, et al. Classes of small-world networks[J]. Proceedings of the national academy of sciences, 2000, 97(21): 11149-11152.

[75] KOSSINETS G, WATTS D J. Empirical analysis of an evolving social network[J]. Science, 2006, 311(5757):88-90.

[76] BOLLOBÁS B E, RIORDAN O, SPENCER J, et al. The degree sequence of a scale-free random graph process[J]. Random structures & algorithms, 2001, 18(3):279-290.

[77] CAPUANO N, GAETA A, LARIA G, et al. How to use gird technology for building the next generation learning environments[C]//The 2nd International LeGE-WG Workshop on E-Learning and Grid Technologies: a Fundamental Challenge for Europe. Paris, 2002:182-191.

[78] ARDAIZ O, de CERIO L D, GALLARDO A, et al. ULabGrid framework for computationally intensive remote and collaborative learning laboratories[C]// International Symposium on Cluster Computing and the Grid (CCGrid). Chicago:IEEE, 2004:119-125.

[79] YACEF K. Some thoughts on the synergetic effects of combining ITS and LMS technologies for the service of Education[C]// The First "Towards Intelligent Management Systems" workshop. Sydney: AIED, 2003.

[80] AIKEN B, STRASSNER J, CARPENTER B, et al. Network policy and services: a report of a workshop on middleware[R/OL]. (2000-02)[2018-12-18]. https://tools.ietf.org/html/rfc2768.

[81] LIN N H, KORBA L, YEE G, et al. Security and privacy technologies for distance education applications[C]//The 18th International Conference on Advanced Information Networking and Applications. Fukuoka:IEEE, 2004: 580-585.

[82] RESCORLA E, SCHIFFMAN A. The secure hypertext transfer protocol[R/OL]. (1999-08)[2018-12-18]. https://tools. ietf.org/html/rfc2660.

[83] OPPLIGER R. Microsoft .net passport: a security analysis[J]. IEEE computer, 2003, 36(7):29-35.

[84] OASIS. Web Service Security: SOAP Message Security 1.0[R/OL]. (2004-02-17)[2018-12-18]. https://www.oasis-open.org/committees/download.php/5531/oasis-200401-wss-soap-message-security-1.0.pdf.

[85] W3C Recommendation. XML Encryption Syntax and Processing Version 1.1[R/OL]. (2013-04-11)[2018-12-18]. https://www. w3.org/TR/xmlenc-core1/.

[86] W3C Recommendation. XML Signature Syntax and Processing Version 1.1[R/OL]. (2013-04-11)[2018-12-18]. https://www. w3.org/TR/xmldsig-core1/.

[87] MELL P, GRANCE T. The NIST definition of cloud computing[R/OL]. (2011-10-25)[2018-12-18]. http://csrc.nist.gov/publications/PubsSPs.html#800-145.

[88] 顾炯炯. 云计算架构技术与实践[M]. 2 版. 北京：清华大学出版社，2017.

[89] WU D, HOU Y T, ZHU W, et al. Streaming video over the Internet: approaches and directions[J]. IEEE transactions on circuits and systems for video technology, 2001, 11(3):282-300.

[90] SOLOMON D A, RUSSINOVICH M E. Inside Microsoft Windows 2000[M]. 3rd ed. Redmond:Microsoft Press, 2000.

[91] SILBERSCHATZ A, GALVIN P B, GAGNE G. Operating system concepts[M]. 6th ed. Hoboken:John Wiley & Sons, 2002.

[92] MCKUSICK M K, JOY W N, LEFFLER S J, et al. A fast file system for UNIX[J]. ACM transactions on computer systems (TOCS), 1984, 2(3):181-197.

[93] SHENOY P, GOYAL P, VIN H M. Architectural considerations for next generation file systems[J]. Multimedia systems, 2002, 8(4):270-283.

[94] SANTOS J R, MUNTZ R. Performance analysis of the RIO multimedia storage system with heterogeneous disk configurations[C]//The Sixth ACM International Conference on Multimedia. Bristol:ACM, 1998:303-308.

[95] HASKIN R L. The Shark continuous-media file server[C]// Digest of Papers, Compcon Spring. San Francisco:IEEE, 1993:12-15.

[96] HASKIN R L. Tiger Shark:a scalable file system for multimedia[J]. IBM journal of research and development, 1998, 42(2):185-198.

[97] BARHAM P R. A fresh approach to file system quality of service[C]//The 7th International Workshop on Network and Operating System Support for Digital Audio and Video. St. Louis:IEEE, 1997:113-122.

[98] ÖZDEN B, RASTOGI R, SILBERSCHATZ A, et al. The Fellini Multimedia Storage Server[M]//Multimedia Information Storage and Management. Boston:Kluwer Academic, 1996:117-146.

[99] SHENOY P J, GOYAL P, RAO S S, et al. Symphony: an integrated multimedia file system[C]//The SPIE/ACM Conference on Multimedia Computing and Networking (MMCN). San Jose:SPIE/ACM, 1998:124-138.

[100] DAN A, SITARAM D, SHAHABUDDIN P. Scheduling policies for an on-demand video server with batching[C]//The Second ACM International Conference on Multimedia. New York:ACM, 1994:15-23.

[101] DAN A, SITARAM D, SHAHABUDDIN P. Dynamic batching policies for an on-demand video server[J]. Multimedia systems, 1996, 4(3):112-121.

[102] AGGARWAL C C, WOLF J L, YU P S. On optimal batching policies for video-on-demand storage servers[C]//The Third International Conference on Multimedia Computing and Systems. Hiroshima:IEEE, 1996:253-258.

[103] SHACHNAI H, PHILIP S Y. Exploring wait tolerance in effective batching for video-on-demand scheduling[J]. Multimedia systems, 1998, 6(6):382-394.

[104] HUA K A, CAI Y, SHEU S. Patching: a multicast technique for true video-on-demand services[C]//The Sixth ACM International Conference on Multimedia. Bristol:ACM, 1998:191-200.

[105] MA W H, DU D H. Design a progressive video caching policy for video proxy servers[J]. IEEE transactions on multimedia, 2004, 6(4):599-610.

[106] TAVANAPONG W, TRAN M, ZHOU J, et al. Video caching network for on-demand video streaming[C]// Global Telecommunications Conference (GLOBECOM). Taipei:IEEE, 2002:1723-1727.

[107] GOLUBCHIK L, LUI J C S, MUNTZ R R. Adaptive piggybacking: a novel technique for data sharing in video-on-demand storage servers[J]. Multimedia systems, 1996, 4(3):140-155.

[108] AGGARWAL C C, WOLF J L, YU P S. On optimal piggyback merging policies for video-on-demand systems[C]//

International Conference on Measurement and Modeling of Computer Systems. Philadelphia:ACM, 1996:200-209.

[109] HU A. Video-on-demand broadcasting protocols: a comprehensive study[C]//The Twentieth Annual Joint Conference of the IEEE Computer and Communications Societies (INFOCOM). Anchorage:IEEE, 2001:508-517.

[110] VISWANATHAN S, IMIELINSKI T. Pyramid broadcasting for video-on-demand service[C]//Multimedia Computing and Networking Conference. San Jose:SPIE, 1995:66-78.

[111] HUA K A, SHEU S. Skyscraper broadcasting: a new broadcasting scheme for metropolitan video-on-demand systems[J]. ACM SIGCOMM computer communication review, 1997, 27(4):89-100.

[112] JUHN L S, TSENG L M. Harmonic broadcasting for video-on-demand service[J]. IEEE transactions on broadcasting, 1997, 43(3):268-271.

[113] PÂRIS J F, CARTER S W, LONG D D E. A Hybrid broadcasting protocol for video on demand[C]//Multimedia Computing and Networking Conference. San Jose:IEEE, 1998:317-327.

[114] PÂRIS J F. A simple low-bandwidth broadcasting protocol for video-on-demand[C]//The 8th International Conference on Computer Communications and Networks. Boston:IEEE, 1999:118-123.

[115] XU D, KULKARNI S S, ROSENBERG C, et al. Analysis of a CDN-P2P hybrid architecture for cost-effective streaming media distribution[J]. Multimedia systems, 2006:11(4):383-399.

[116] 龙泓. 分布式工作流调度框架的设计和实现[D]. 北京：清华大学，2001.

[117] 倪晚成，刘连臣，吴澄. Web 服务组合方法综述[J]. 计算机工程，2008，34(4): 79-81.

[118] 岳昆，王晓玲，周傲英. Web 服务核心支撑技术：研究综述[J]. 软件学报，2004，15(3): 428-442.

[119] 唐迪，孙瑞志，向勇，等. 基于 Web 服务的异构工作流互联接口设计[J]. 计算机应用, 2013, 33(6): 1650-1653, 1718.

[120] 袁钢. 基于业务知识的流程优化研究[D]. 北京：中国农业大学, 2015.

[121] YUAN G，SUN R Z，SHI Y X. Research of the combination of distributed business processes based on dynamic planning[J]. International journal of u-and e-service, science and technology, 2015, 8(6):257-266.

[122] YUAN G, SUN R Z, XIANG Y, et al. Research of the interconnection of workflow system based on web service[J]. International journal of multimedia and ubiquitous engineering, 2015, 10(2): 137-152.

[123] BARROSO L A, HÖLZLE U, RANGANATHAN P. The datacenter as a computer: an introduction to the design of warehouse-scale machines[M]. 3rd ed. San Rafael:Morgan & Claypool, 2018.

[124] BAILIS P, KINGSBURY K. The network is reliable[J]. ACM queue, 2014, 12(7):20.

[125] GILBERT S, LYNCH N. Brewer's conjecture and the feasibility of consistent, available, partition-tolerant web services[J]. ACM SIGACT news, 2002, 33(2):51-59.

[126] BREWER E. CAP twelve years later: how the "rules" have changed[J]. IEEE computer, 2012, 45(2):23-29.

[127] ABADI D J. Consistency tradeoffs in modern distributed database system design: CAP is only part of the story[J]. IEEE computer, 2012, 45(2):37-42.

[128] SIGELMAN B H, BARROSO L A, BURROWS M, et al. Dapper, a large-scale distributed systems tracing infrastructure. (2010-04-27)[2018-12-18]. https://static.googleusercontent.com/media/research.google.com/zh-CN//archive/papers/dapper- 2010-1.pdf.

[129] DAS A, GUPTA I, MOTIVALA A. SWIM: scalable weakly-consistent infection-style process group membership protocol[C]// Dependable Systems and Networks (DSN). Washington:IEEE, 2002:303-312.

[130] LAMPORT L. Time, clocks, and the ordering of events in a distributed system[J]. Communications of the ACM, 1978, 21(7):558-565.

[131] ONGARO D, OUSTERHOUT J K. In search of an understandable consensus algorithm[C]//Proceedings of the USENIX Annual Technical Conference. Philadelphia:USENIX, 2014:305-319.

[132] SHVACHKO K, KUANG H, RADIA S, et al. The Hadoop distributed file system[C]//The 26th Symposium on Mass Storage Systems and Technologies (MSST). Incline Village:IEEE, 2010:1-10.

[133] VERMA A, PEDROSA L, KORUPOLU M, et al. Large-scale cluster management at Google with Borg[C]//The Tenth European Conference on Computer Systems (EuroSys). Bordeaux:ACM, 2015, (18):1-17.

[134] HINDMAN B, KONWINSKI A, ZAHARIA M, et al. Mesos: a platform for fine-grained resource sharing in the data center[C]//The 8th USENIX Conference on Networked Systems Design and Implementation (NSDI). Boston:USENIX, 2011.

[135] VAVILAPALLI V K, MURTHY A C, DOUGLAS C, et al. Apache Hadoop yarn: yet another resource negotiator[C]// The 4th Annual Symposium on Cloud Computing (SoCC). Santa Clara:ACM, 2013, (5):1-16.

[136] SCHWARZKOPF M, KONWINSKI A, ABD-EL-MALEK M, et al. Omega: flexible, scalable schedulers for large compute clusters[C]//The 8th ACM European Conference on Computer Systems (EuroSys). Prague:ACM, 2013: 351-364.

[137] BOUTIN E, EKANAYAKE J, LIN W, et al. Apollo: scalable and coordinated scheduling for cloud-scale computing[C]//The 11th USENIX Symposium on Operating Systems Design and Implementation (OSDI). Broomfield: USENIX, 2014:285-300.

[138] OUSTERHOUT K, WENDELL P, ZAHARIA M, et al. Sparrow: distributed, low latency scheduling[C]//The Twenty-Fourth ACM Symposium on Operating Systems Principles (SOSP). Farminton:ACM, 2013:69-84.

[139] SUN C, SUN D, AGUSTINA, et al. Real differences between OT and CRDT for Co-Editors[R/OL]. (2018-10-04) [2018-12-18]. https://arxiv.org/pdf/1810.02137.

附　　录

附录1　云原生应用引擎作业规范简表

对象	分类	属性名称 类型：默认值	说明
job 作业	数据	meta 对象：nil	用户设定的作业元数据 该对象的属性是键值映射
		parameter 对象：nil	作业的参数 该对象的属性是键值映射
	筛选条件	region 字符串："global"	从该区域的数据中心选择运行任务的节点
		datacenters 字符串数组	从指定的数据中心选择运行任务的节点 必须属性，无默认值
		constraint 对象：nil	只有满足约束条件的节点才能部署任务 约束条件是节点属性的关系表达式
	排序策略	type 字符串："service"	指定使用的调度算法。取值范围是"service"，"batch"或"system"
		priority 整型：50	作业调度优先级，取值范围1～100
	运行配置	group 对象	运行的一个或多个任务组 必须属性
		periodic 对象	按照指定的时间点、日期或时间区间，重新运行作业
	维护配置	update 对象	指定任务更新的策略 包括健康检查和重新部署的相关设置
group 任务组	数据	meta 对象：nil	用户设定的作业元数据 该对象的属性是键值映射
	调度配置	constraint 对象：nil	只有满足约束条件的节点才能部署任务 约束条件是节点属性的关系表达式
	运行配置	count 整型：1	运行该任务组的实例个数
		task 对象	该任务包含的一个或多个任务 必需属性
	维护配置	restart 对象：nil	指定任务组包含的所有任务的重启策略 包括尝试次数和每次尝试的间隔等

续表

对象	分类	属性名称 类型：默认值	说明
task 任务	筛选条件	constraint 对象：nil	只有满足约束条件的节点才能部署任务 约束条件是节点属性的关系表达式
	运行配置	driver 字符串	运行任务的驱动（机制）。可能的取值包括容器引擎、虚拟化管理器和直接物理执行
		artifact 对象	运行任务所需的软件包，可定义多个
		config 对象	运行应用软件包的配置，由任务驱动处理
		env 对象	运行应用时的环境变量设置
		user 字符串	运行应用的用户身份
	维护设置	kill 对象	设定杀死当前任务的信号和超时限制
		leader 布尔型：False	如果设置为 True，则当前任务结束执行后，将自动关停当前任务组的其他任务
		logs 对象	当前任务的日志设置
		service 对象	服务发现设置

附录 2　最坏情况网络包往返时间估算

每个集群成员都对应一个网络坐标向量。

1. 成员 m_i 发送一个 ping 消息到 m_j，记录此时的时间 t_{send}。
2. m_j 发送一个 ack 消息给 m_i，消息中包含了 m_j 的网络坐标。
3. m_i 收到 ack 消息后，记录此时的时间 t_{recv}。
4. $t_{recv} - t_{send}$ 就是本次通信的实际 RTT 值。
5. 用两个成员的网络坐标可以计算 RTT 的理论值。
6. 调整 m_i 的网络坐标，使得 RTT 的实际值与理论值之间的误差最小。

附录3　"粤教云"工程大事记

2009 年

12 月 22 日，广东高校计算机网络与信息系统工程技术研究中心获广东省教育厅批准立项建设，重点发展"云计算与行业云"和"移动自组织网络与无线传感网络"两个研究方向，聚焦云计算关键技术、云服务应用创新及区域重点行业云计算公共服务示范系统研究。中国工程院院士、中国科学院计算技术研究所倪光南研究员任工程中心技术委员会主任，华南师范大学许骏教授任工程中心主任，柳泉波博士、王冬青副教授任工程中心副主任。

2010 年

从 2 月开始，工程中心团队论证云计算重大科研项目，需要一个示范工程。数字教育服务网格示范工程 LAGrid 是我们团队在清华大学计算机科学与技术系完成的一项标志性成果，随着研究重点从网格计算走向云计算，很自然想到将教育服务网格推向教育云。最初的计划是以珠海教育云工程作为示范工程。

7 月，华南师范大学教育信息技术学院与广东省教育技术中心签订合作协议，建立领导联席会议制度，由时任教育信息技术学院院长许骏教授和时任省教育技术中心彭红光主任共同主持。

2011 年

工程中心团队参加《广东省教育信息化发展"十二五"规划》编制工作，向广东省教育厅提出实施广东省教育云计划的建议，简称"粤教云"计划，内容包括建设"粤教云"公共服务平台和省级数据中心，开展"粤教云"示范应用等。

2012 年

2 月 5 日，工程中心团队向广东省科技厅提交"云计算若干关键技术及产业化与'粤教云'工程"项目申请。项目目标与任务是：突破和掌握若干云计算核心技术，研发具有自主知识产权的产品和服务，实现云计算服务创新与关键技术产业化。建设"粤教云"工程，开展百万级用户规模的示范应用，促进新型高端电子信息产业、软件及信息服务业发展。

3 月 13 日，教育部发布《教育信息化十年发展规划（2011—2020 年）》（教技〔2012〕5 号），提出建立国家教育云服务模式。采用云计算技术，形成资源配置与服务的集约化发展途径，建设目标是支撑优质资源全国共享和教育管理信息化。

5 月 15 日，工程中心团队联合广东省教育技术中心向教育部科技司提交"实施'粤教云'计划，探索信息技术与教育深度融合的新机制与新模式"教育部教育信息化试点项目申请。

8 月 23 日，广东省人民政府发布《关于加快推进我省云计算发展的意见》（粤府办〔2012〕84 号），将"粤教云"确定为七大重点示范应用项目之一。七大重点示范应用项目基本上都是行业云，包括电子政务云、教育云、文化娱乐云、交通物流云、医疗健康云、信息安全云和企业服务云，只有教育云正式命名为"粤教云"，这与工程中心团队的前期论证工作密不可分。

8 月 30 日，广东省教育厅发布《广东省教育信息化发展"十二五"规划》（粤教电〔2012〕1 号），"粤教云"计划被列为五大行动计划之一。

8 月 31 日，"云计算若干关键技术及产业化与'粤教云'工程"项目获广东省重大科技专项支持。

9 月 24～27 日，由教育部和深圳市人民政府联合主办，教育部中央电化教育馆、广东省教育厅和深圳市教育局承办的首届"全国中小学信息技术教学应用展演"在深圳举行。"粤教云"公共服务平台首次亮相，引起广泛关注。

11 月 30 日，广东省教育厅和人民教育出版社签署战略合作协议。人民教育出版社作为"粤教云"计划的主要合作伙伴，为"粤教云"计划的实施和应用提供权威、规范的主课程数字化网络教材及配套资源，共同推动"粤教云"计划走进主课堂、服务主课程。

11 月 15 日，《教育部关于公布第一批教育信息化试点单位名单的通知》（教技函〔2012〕70 号），广东省教育厅牵头的"实施'粤教云'计划，探索信息技术与教育深度融合的新机制与新模式"列入教育部首批教育信息化试点项目。

2013 年

3 月 5 日，广东省教育厅发布《关于成立"粤教云"项目领导小组和专家组的通知》（粤教信息函〔2013〕12 号），正式成立"粤教云"项目领导小组和专家组。罗伟其厅长任项目领导小组组长，华南师范大学许骏教授和省教育技术中心彭红光主任担任项目专家组召集人。中国工程院院士倪光南研究员、中国科学院院士张景中教授等著名科学家任专家组顾问。

5 月 10 日，广东省人民政府发布《广东省信息化发展规划纲要（2013—2020年）》（粤府〔2013〕48 号），"粤教云"工程列入民生领域重点项目。

8 月 2 日，广东省教育厅副厅长、"粤教云"项目领导小组副组长朱超华一行，到华南师范大学广东高校计算机网络与信息系统工程技术研究中心调研"粤教云"工程进展情况。中心主任、"粤教云"项目专家组召集人许骏教授汇报了广东省重大科技专项"云计算若干关键技术及产业化与'粤教云'工程"项目的进展及成果。

8 月 26 日，广东省教育厅、广东省发展和改革委员会、广东省经济和信息化委员会、广东省科学技术厅、广东省财政厅、广东省人力资源和社会保障厅、广东省广播电影电视局、广东省质量技术监督局等八部门联合发布《关于加快推进教育信息化发展的意见》（粤教信息〔2013〕5 号），提出加快实施"粤教云"计划，建设"粤教云"公共服务平台，开展"粤教云"示范应用试点。

8 月 31 日，教育部科技司副司长雷朝滋一行莅临华南师范大学广东高校计算机网络与信息系统工程技术研究中心调研"粤教云"工程进展情况，中心主任、"粤教云"项目专家组召集人许骏教授汇报了"粤教云"计划及示范工程建设进展情况。

10 月 17 日，广东省教育厅发布《关于开展"粤教云"示范应用试点工作的通知》（粤教信息函〔2013〕31 号），明确了试点目标、内容及组织实施办法。试点工作在广东省教育厅"粤教云"项目领导小组的领导下进行，广东省教育技术中心负责示范应用试点的日常管理工作，"粤教云"项目组设在华南师范大学广东高校计算机网络与信息系统工程技术研究中心，负责制定示范应用试点工作指引，对试点工作进行指导。各有关（区、县）教育行政部门负责本地区试点工作的组织与实施。

12 月 5 日，广东省科技厅批准在广东高校计算机网络与信息系统工程技术研究中心的基础上，组建广东省教育云服务工程技术研究中心（粤科函政字〔2013〕1589 号），作为支撑"粤教云"工程的协同创新平台。广东省计算机学会理事长、华南理工大学计算机科学与工程学院院长韩国强教授任工程中心技术委员会主任，华南师范大学许骏教授任工程中心主任，柳泉波博士、王冬青副教授任工程中心副主任。

2014 年

1 月 16 日，珠海市教育局召开"粤教云"示范应用试点工作座谈会。

1 月 22 日，珠海市首批"粤教云"试点学校建设写入 2014 年珠海市政府工作报告，成立了以市教育局赵文华副局长为组长的"粤教云"珠海试验区工作组，并安排了专项经费。

3 月 19～20 日，珠海市教育局召开"粤教云"示范应用工作推进会及培训会，出台了《珠海试验区"粤教云"示范应用实施方案（征求意见稿）》。珠海市教育局是广东省重大科技专项"云计算若干关键技术及产业化与'粤教云'工程"项目的参与单位，有很好的工作基础，"粤教云"示范应用走在全省前列。

4 月 11 日，广东省人民政府办公厅发布《广东省云计算发展规划（2014—2020年）》（粤府办〔2014〕17 号），将建设"粤教云"数据中心和"粤教云"公共服务平台，推进"粤教云"示范应用列入社会服务领域云计算应用重点项目。

4 月 24 日，中央电教馆馆长王珠珠一行莅临华南师范大学广东省教育云服务工程技术研究中心调研"粤教云"工程进展情况，建议尽快实现国家教育资源云平台与"粤教云"公共服务平台互联互通。

5月27日，广东省教育厅发布《关于公布"粤教云"示范应用第一批试验区名单的通知》（粤教信息函〔2014〕16号），确定珠海市、惠州市、东莞市、肇庆市、清远市、佛山市顺德区、广州市越秀区、广州市天河区、深圳市南山区等9个地区为第一批"粤教云"示范应用试验区。

5月30日，广东省教育厅在珠海市召开"粤教云"示范应用推进会，总结"粤教云"计划前期工作，部署下一阶段示范应用试点工作。会议期间，组织了人教数字教材暨"粤教云"课堂应用成果发布，华南师范大学与人民教育出版社共建"人教数字产品应用研究中心"也在会上揭牌。

6月5日，广东省教育厅发展规划处处长兼信息办主任欧阳谦一行莅临华南师范大学广东省教育云服务工程技术研究中心调研"粤教云"工程进展情况。

8月18日，人民教育出版社数字教育资源广东省落地仪式暨优质数字教育资源演示活动在广州举行。广东省出版集团与人民教育出版社宣布将合作共建基础教育优质数字资源，依托"粤教云"平台逐步向广东省中小学推广。

9月10日，广东省副省长陈云贤到华南师范大学看望慰问教师，在听取"粤教云"工程进展汇报时，提出进一步通过"粤教云"等信息技术手段，加大对粤东西北地区的师资培训和帮扶力度，促进区域教育均衡优质发展。随后，"粤教云"工程团队支持岭南师范学院开展"粤教云"对接粤西中小学教学的资源共享项目。清远市是第一批"粤教云"试验区中唯一的欠发达地区，积极探索利用"粤教云"平台缩小区域、城乡、校际差距，推进义务教育的均衡发展。

11月12日，广东省教育技术中心委托华南师范大学广东省教育云服务工程技术研究中心编制《广东省教育资源公共服务平台建设方案》，将"粤教云"公共服务平台数字内容云服务迁移至广东省教育资源公共服务平台，并与"粤教云"公共服务平台一体化设计。

2015 年

1月29日，《广东省人民政府关于深化教育领域综合改革的实施意见》（粤府〔2015〕20号）正式发布，提出推进省级教育数据中心和"粤教云"公共服务平台建设，推动省级业务系统的数据对接和广泛应用。推进信息技术与教育教学和教育管理深度融合，开展中小学数字化教材应用试验。该文件在附件中对"粤教云"等相关名词给出解释。

1月30日，华南师范大学广东省教育云服务工程技术研究中心与广东省教育技术中心共同承担广东省深化教育领域综合改革试点项目"'粤教云'公共服务平台总体规划、建设模式及应用试点"，开启"粤教云"公共服务体系建设。

广东省教育技术中心与华南师范大学广东省教育云服务工程技术研究中心共同承担广东省深化教育领域改革试点项目"数字教材规模化应用模式及服务机制创新与实践"，目标是探索数字教材在全省应用的途径与方法、数字教材应用培训模式及服务机制等。

珠海市教育局承担广东省深化教育领域综合改革试点项目"建设'粤教云'珠海试验区，探索信息技术与教育深度融合的新机制与新模式"。

5 月 23～25 日，教育部与联合国教科文组织共同在青岛举办国际教育信息化大会。会议期间举办全国中小学教学信息化应用展览，"粤教云"代表广东省参展，引发广泛关注。随后，部分兄弟省、市纷纷组团前来广东考察调研"粤教云"做法与经验。

9 月 23 日，广东省人民政府办公厅《关于印发广东省"互联网+"行动计划（2015—2020 年）的通知》（粤府办〔2015〕53 号），提出发展"互联网+"教育，加快"粤教云"等在线教育平台建设，建立全省教育大数据库，推进各级各类优质教学资源联网共享。推广"移动个性化学习终端""电子书包"等学习工具，引导学生运用互联网海量信息资源开展自主式学习。

10 月 8 日，"面向'粤教云'教育资源大数据云服务平台建设及规模化应用"获广东省应用型科技研发重大项目支持。

10 月 29 日，广东省教育厅在广州召开《广东省教育发展"十三五"规划（2016—2020 年）》编制座谈会，"粤教云"工程专家组召集人许骏教授代表项目团队提出"十三五"期间继续推进"粤教云"计划，完善"粤教云"公共服务体系，巩固"粤教云"示范应用试验区建设成果，加强全省教育信息化的统筹规划和顶层设计，重视标准研制，推进国家、省、市（区）平台互联互通和数据资源融合共享，形成全省教育信息化资源优化配置与协调服务的发展格局。这些意见和建议得到重视并采纳。

11 月 1 日，广东省教育技术中心与华南师范大学广东省教育云服务工程技术研究中心联合启动全省首批"粤教云"计划专项研究（粤电教函〔2015〕45 号），全省共立项重点课题 39 项，一般课题 53 项。

11 月 26 日，广东省教育厅《关于委托华南师范大学广东省教育云服务工程技术研究中心开展粤教云公共服务体系建设研究的函》（粤教信息函〔2015〕44 号），聘任华南师范大学许骏教授担任"粤教云"工程首席专家，委托广东省教育云服务工程技术研究中心牵头负责"粤教云"工程总体设计、技术标准和实施方案研究，为省教育厅提供决策咨询。

2016 年

5 月 25 日，广东省教育资源公共服务平台（一期）上线试运行。

5月26日,广东省教育资源公共服务平台资源应用培训会在广州市召开,来自全省各地市和部分县(区)电教站站长、信息中心主任及相关负责人近 200 人参会。广东省教育技术中心唐连章主任以新"粤教云"的整体规划与设想为主题,对广东省教育资源公共服务平台作了总体概览和后期规划。

8月4日,广东省教育厅赵康巡视员主持召开"粤教云"工程专题研讨会,"粤教云"工程专家组召集人、首席专家许骏教授代表项目团队汇报《"粤教云"2.0总体设计、系统架构、技术标准及建设方案》。会上明确了"十三五"粤教云的目标与任务,即充分整合资源,加快技术标准体系建设,谋划教育管理和教育资源两大公共服务平台融合升级,合力打造"粤教云"2.0,为"十三五"期间广东教育大数据应用工程和智慧教育示范工程提供支撑与服务。"十三五"粤教云定位为全省教育信息化"总抓手"。

8月29日,广东省教育厅赵康巡视员在领导在线信访节目中,通过省教育厅网上信访大厅与全省 21 个地级市教育局负责人及广大网民互动交流,在回答有关"十三五"广东教育信息化建设重要举措的提问时,提出以"粤教云"为总抓手,谋划教育管理与教育资源两大公共平台融合升级,实施教育大数据应用。

12月27日,全省推进粤东西北地区基础教育信息化工作现场会在英德市召开,广东省副省长蓝佛安出席会议并作讲话,要求各地、各有关部门切实增强做好我省粤东西北地区基础教育信息化工作的责任感和紧迫感,以"粤教云"为总抓手,建设与广东教育现代化相适应的教育信息化体系,促进粤东西北地区加快实现教育现代化。

12月30日,《广东省教育发展"十三五"规划(2016—2020年)》正式发布(粤教规〔2016〕39号),提出积极发展"互联网+教育",以"粤教云"为总抓手,加强教育信息化的统筹规划和顶层设计。从技术支撑角度看,"总抓手"是指向下统一管理跨云、跨数据中心的主机集群,支持混合、多云融合的基础设施;向上支撑各类教育云应用,实现云应用的自动化部署和运维,真正成为开发者展示云应用的开放平台,充分发挥市场在资源配置中的决定性作用。从这个意义上讲,"粤教云"2.0 是"总抓手"理念的技术解决方案,对工业云、政务云等重点行业云建设具有示范与借鉴意义。

2017 年

1月10日,广东省教育厅发布"厅长谈广东教育'十三五'"专题系列微课(微访谈)。广东省教育厅党组成员、巡视员赵康指出:"十三五"期间,广东省教育信息化的主要任务和举措,可以用"1个总抓手、2个关键、3条主线、4个模式、5项工程"来概括。1个总抓手就是以"粤教云"为总抓手。

6月19日,广东省教育技术中心委托华南师范大学广东省教育云服务工程技术研究中心承担"广东省教育云综合标准化体系建设"项目。

8月30日，"容器云关键技术及产品研发与示范应用"项目获广东省重大科技专项支持。

10月30日，广东省教育技术中心委托华南师范大学广东省教育云服务工程技术研究中心承担"广东省教育资源公共服务平台（二期）总体架构设计及实施方案编制"项目。

2018年

1月9日，中国人工智能学会在广州主持召开"面向教育的智能终端技术解决方案及系列产品"科技成果鉴定会。鉴定委员会给予高度评价，认为该项成果的行业特色和技术集成创新优势明显，总体达到国际先进、国内领先水平。

7月6日，广东省教育技术中心在华南师范大学主持召开"广东省教育云综合标准化体系建设指南"项目验收会。

7月19日，广东省教育技术中心在广州主持召开"广东省教育资源公共服务平台（二期）总体架构设计及实施方案编制"专家咨询论证评审会。论证评审意见要点：①总体架构设计理念先进、技术创新性强。以云应用引擎及相关技术标准为核心，统一管理混合、跨云的IT基础设施，解决了多应用混合部署和服务生态建构等关键问题，实现了云应用生命周期的自动化管理和云应用交付方式的变革，推动教育云服务从虚拟化阶段进入自动化阶段。②实施方案设计完整。围绕IT基础设施、云应用引擎和教育资源云应用三个层面进行规划。基础设施层支持IT基础设施来源的多样化；平台层通过云应用引擎提供集群管理、作业管理和共性服务；应用层包括了一期的优化升级和二期的新增服务。③总体架构已通过验证性测试，具有较强的可行性和可操作性。

8月2日，中国人工智能学会在广州主持召开"云计算关键技术及新型云应用引擎与'粤教云'工程"科技成果鉴定会。鉴定委员会给予高度评价，认为该项成果创新性强，应用效果显著，总体达到国际先进、国内领先水平。

10月16日，广东省教育技术中心主持召开"广东省教育资源公共服务平台（二期）总体架构设计及实施方案编制"项目验收会。

12月21日，广东省教育厅在广州召开"广东省教育资源公共服务平台（二期）总体架构及技术标准发布暨'粤教云'示范应用试验区总结会"，全省各地级以上市教育局分管领导、电教站（馆）长或教育信息中心主任，广州市天河区、越秀区，深圳市南山区，佛山市顺德区教育局分管领导、电教站（馆）长或教育信息中心主任参加了会议。广东省教育厅王创副厅长出席会议，并作了题为《加强统筹规划和顶层设计，开创我省基础教育信息化工作新局面》的讲话，主要讲了四点意见：①"粤教云"试验区工作取得很好的成效；②构建广东省教育资源公共服务平台（二期）总体架构及技术标准，加强对教育信息化建设与应用工作的指导；③适应新时代信息化发展新要求，构建"广东新时代新教育体系"；④加强统筹，做好明年及今后教育信息化工作。"粤教云"工程专家组召集人、首席专家许骏教授作了题为《云计算推动教育信息化战略升级："粤教云"工程起源与发展》的大会报告，系统回顾了"粤教云"工程的起源与发展历程，介绍了总体架构、关键技术及标准体系研究的最新进展。广东省教育云服务工程技术研究中心副主任柳泉波博士在会上介绍了教育云总体架构与技术标准体系，并进行了相关成果展演。珠海市教育局赵文华副局长介绍了"粤教云"珠海试验区的经验。会议总结了"粤教云"示范应用试验区建设成果与经验，研讨、交流了各地推进教育信息化建设与应用工作的经验和做法，为提升总体架构及技术标准对构建服务生态的支撑引领作用，会上发布了《广东省教育云总体架构及技术标准体系指引（征求意见稿）》。